U0151590

我的两次月球之旅

【美】尤金·塞尔南 唐·戴维斯 著

张天光 译

上海交通大学出版社
SHANGHAI JIAO TONG UNIVERSITY PRESS

内容提要

本书作者尤金·塞尔南是美国国家航空航天局的宇航员，他曾三次进入太空，其中两次是前往月球，他1972年登月以来，至今人类再无登月活动。他在本书中生动、详实地记述了他进入太空、登陆月球那独特而惊险的经历。

本书的读者对象是航空航天和登月纪实爱好者，特别是关注登月和星际旅行的广大青年学生等。

The Last Man on the Moon: Astronaut Eugene Cernan and America's Race in Space
Text Copyright 2016 by Eugene Cernan and Donald A. Davis Published by arrangement with St. Martin's Publishing Group. All rights reserved
上海市版权局著作权合同登记号：图字 09-2020-615

图书在版编目（CIP）数据

我的两次月球之旅/（美）尤金·塞尔南
(Eugene Cernan),（美）唐·戴维斯（Don Davis）著；
张天光译. 一上海：上海交通大学出版社,2022.7
ISBN 978-7-313-26615-6

Ⅰ.①我… Ⅱ.①尤…②唐…③张… Ⅲ.①月球探索-研究-美国 Ⅳ.①V1

中国版本图书馆 CIP 数据核字(2022)第 030956 号

我的两次月球之旅
WO DE LIANGCI YUEQIU ZHI LU

著　者：[美]尤金·塞尔南　唐·戴维斯	译　者：张天光
出版发行：上海交通大学出版社	地　址：上海市番禺路 951 号
邮政编码：200030	电　话：021-64071208
印　制：上海盛通时代印刷有限公司	经　销：全国新华书店
开　本：880mm×1230mm　1/32	印　张：15.125
字　数：311 千字	
版　次：2022 年 7 月第 1 版	印　次：2022 年 7 月第 1 次印刷
书　号：ISBN 978-7-313-26615-6	
定　价：68.00 元	

译者序

　　去其他星球上看看是人类永恒的梦想。月球是离我们最近的一个星球，"阿波罗"登月计划则是人类历史上最伟大的太空探险行动。月球上到底有什么？在飞往月球的路上能看到什么景象？宇航员都是一些什么样的人？这些问题我们都可以从本书中找到答案。

　　作者尤金·塞尔南（被同事和朋友亲切地称呼为"吉恩"）是美国国家航空航天局（NASA）的宇航员，他曾三次进入太空，其中两次是前往月球，是 1972 年以来人类最后一位登月宇航员。感谢作者把我们带入了一个奇异的世界；我们虽然不能直接参与登月和月球探险，但至少可以跟随作者间接体验那种奇妙无比的经历。在长达一年的翻译过程中，我不知多少次泪眼模糊，也不知多少次拍案大笑；登月过程中那惊心动魄的情节和作者生动、细腻的描述给了我终生难忘的体验和享受。我相信读者也会从中获得同样的体验和感受。

　　人类的太空探索永无止境。2020 年 9 月，NASA 宣布，美国宇航员将于 2024 年重返月球。2020 年 12 月，我国的嫦娥五号无人月球着陆器携带着采集的月球样品成功返回地球。2021年 2 月，美国"毅力"号火星车成功登陆火星并释放了一架无人直升机。2021 年 5 月，我国的天问一号无人火星着陆器在火星成功着陆。这标志着人类的太空探索进入了一个新的历史时期，人类的目光投向了更远的星球。

我自 1986 年开始从事翻译工作，1989 年荣获"全国第一届韩素音青年翻译奖"竞赛唯一的一等奖，此后，英语和翻译成了我人生中最美的音乐。36 年来，我一直把翻译质量当作自己的坚守底线，一直把准确和传神当作自己的奋斗目标。

我要感谢我的妻子杨立红女士，她不仅给我腾出时间让我全身心投入本书的翻译，而且还是本书中文稿的第一位读者。此外，在本书的翻译过程中，旅居美国的李庆中博士和他儿子对书中个别语句准确意思的确定提供了非常及时的帮助，这里深表谢意。当然，最需要感谢的是上海交通大学出版社，在航天热潮再次掀起的时候，出版社第一时间拿到了本书的中文翻译版权，使广大读者有机会读到这么精彩的登月纪实。

张天光

前言

多年来，我一直想为我的孙辈们写本书。我想让阿什莉、卡森、凯丽、凯特琳、惠特尼和那些尚未出生的孩子听我讲述这个如何实现梦想的故事，希望有一天他们能够更好地理解他们的姥爷。而且，我也想为那许许多多帮助我登上月球的人们创作一部特别的作品，要是没有他们的承诺、全心全意的投入和个人牺牲，我不可能到达那么远的地方，也不可能有机会分享我的故事。虽然我无法把他们的名字——列出来，但我对他们每个人都深表谢意。

我要感谢那些在初稿的多轮编写过程中，对本书不同部分提出意见的人，特别是我的同行，他们的看法极有价值。我对他们极为敬重。此外，我将永远珍视与迪克、艾伦、罗杰和罗恩的友谊，他们生前在我的生活中扮演了极其重要的角色。

特别感谢我的代理人珍妮·戴斯特尔和她的员工，以及我的责任编辑查理·斯派塞和圣马丁出版社的团队，他们策划了这个选题，使它变成现实并不断加以改进。还要特别感谢我的共同策划者唐和罗宾·戴维斯，没有他们，我不可能完成这本书。

最重要的是，我要感谢我的家人和亲密的朋友，在这个持续时间很长的项目中，他们的支持和帮助非常重要。妈妈和爸爸在精神上一直陪伴着我。德洛丽丝和吉姆提供了我们成长背景的信息和安全舒适的住所。芭芭拉·塞尔南对过去进行了深入挖掘，来帮助回忆和记录很久以前的事件。玛莎·查菲痛苦地回忆了她的家庭故事，并在关键时刻提供了及时的帮助。堪萨斯宇宙与太空中心的麦克斯·阿里、诺玛·范邦南和其他工作人员及时提供了极有价值的帮助，找到了埋藏时间超过 25 年的文件和电影胶片。斯基普·弗隆、弗雷德·鲍德温、汤姆和卡罗尔·肖特帮我确认了我们早年的故事。克莱尔·约翰逊凭借她一贯的魅力和效率，终于挺过了写作和出版过程的煎熬。

我女儿特蕾西、凯莉和丹妮尔在任务似乎无法完成、图书完稿遥遥无期的时候，给了我很多的鼓励。

对我的妻子简仅仅说一句"谢谢你"似乎很不够，她承受了几个月的磨难，因为在此期间，我重温了一段她并未参与的生活。她的爱和理解使本书得以完成。

所有帮助美国宇航员登上月球的人，不管你们今天在哪里，我向你们致敬。

尤金·塞尔南
于美国得克萨斯州休斯敦
1998 年 9 月

目录

1 发射塔上的大火

1967 年 1 月 27 日（星期五），是南加利福尼亚州又一个微风拂面、充满暖意的冬日，温度为 70 华氏度（约 21 摄氏度）出头，但暴风雪也有可能吹袭北美航空工业公司在唐尼的工厂。在高空环境试验舱内，汤姆·斯塔福德、约翰·扬和我被安全带捆绑在一个和餐桌大不了多少的钛合金箱体内，里面没有空气，更不用说天气变化了。我们关心的不是下雪或阳光，而是时间。作为美国航天计划里最有经验的宇航员乘组（已完成 5 次飞行任务），我们正努力把一个从未试验过、难以驾驭的新飞船调试到发射状态，但收效甚微。

在美国的另一端——佛罗里达州下午的阳光里，我们的三位宇航员同事正在同样的飞船里做类似的试验。飞船坐落在肯尼迪角的"土星"1-B 运载火箭上。全世界都知道格斯·格里索姆、埃德·怀特和罗杰·查菲是"阿波罗"1 号飞船的乘员，他们将在不到一个月的时间里上天。然而他们的试验也不顺利。

单人的"墨丘利"航天飞行的日子似乎成了遥远的过去，而两人的"双子星座"飞船的系列飞行证明了我们可以在太空行走、会合以及待上较长的时间。现在，开始"阿波罗"计划的时机已经到来，这是一项能够实现肯尼迪总统梦想的伟大工程——在 20 世纪 60 年代结束前，把一位美国人送上月球并使他安全返回。

作为试飞员，我的直觉告诉我：尽管项目计划急需实施这次飞行，但这只"大鸟"并没有准备好。实际上，令我感到惊奇的是，离发射时间都这么近了，竟还有这么多问题没有解决。"阿波罗"1 号飞船上天前，运载火箭和飞船上的数万个零部件必须运行得完美无暇才行，但到目前为止，情况并非如此。可问题在于，讨厌的苏联人正步步紧逼，我们正强迫飞船去完成它被赋予的任务，尽管我们不得不通过坚定的意志来扭曲有些力学和物理学定律。虽然存在各种问题，但所有迹象都表明，"阿波罗"1 号飞船仍将按计划起飞。

在佛罗里达州，主乘宇航员们正在空腔火箭的顶部进行所谓的"拔掉插头"试验——除了"土星"1-B 火箭没有加注燃料外，其他的都和正式发射一样。在加利福尼亚州，我们的乘组正位于环境试验舱中一艘复制的飞船里，试验舱模拟的是外太空的真空环境。锥形的指令舱在我爬进之前就给出了明显的警告：今天不会很顺利。那扇 40 磅[①]重的舱门掉落在我的脚上，我发誓这"大鸟"是故意这么做的，其部分阴谋就是要阻止我——吉恩·塞尔南[②]再次飞向太空。

---

① 磅：质量单位，1 磅 = 0.45 千克。——译注
② 吉恩·塞尔南即本书作者尤金·塞尔南，"吉恩"是同事和朋友对他的昵称。——译注

我像蚯蚓一样钻入飞船的小舱门，滑落到中间的帆布沙发座椅上，然后再挪到乘员舱右侧我自己的位置。尽管和"墨丘利""双子星座"这样的小不点飞船相比空间大了不少，但"阿波罗"飞船里的空间仍然不够大，我小心翼翼地在一堆未加保护的电缆中间寻找下脚的地方。一位技术员帮我系好安全带并把管路接到我的宇航服上，我头盔的耳机里立刻传来一连串的天电干扰噪声。我一边等着其他两位爬进来，一边把检查项目清单粘在"阿波罗"飞船内壁上的尼龙搭扣上。我们发现使用这种尼龙搭扣是无重力环境下避免东西乱漂的最好手段。

　　指令长汤姆·斯塔福德挤入舱门，然后快速挪到左侧的位置。最后，指令舱驾驶员约翰·扬坐入中间的空位，并在外部人员的帮助下抓起那个大舱门，顶在头上的舱门位置上，再拧紧多个夹紧装置进行锁定。这玩意儿很笨重，是个令人头疼的大麻烦，不仅如此，我的脚也被砸疼了。

　　我们都进入飞船后，驾驶舱开始用纯氧进行充压，美国所有的太空飞行任务都是这样进行的。空气从高空环境试验舱中抽出来，以模拟太空环境，尽管实际上我们是在海平面上，距离太平洋只有几英里①。充压到要求的压力后，我们检查了宇航服回路系统——给我们的生命保障系统提供能源的蛇形软管，同时验证了飞船能够承受我们周围的"太空"真空的能力。指令舱内氧气的压力高于外部真空的压力，这样就压紧了向内开的舱门。舱门

① 英里：长度单位，1 英里 = 1.61 千米。——译注

密封得太紧了，几头大象都拉不开它。没人希望在飞船飞往月球的路上舱门意外掉落下来。

汤姆、约翰和我都急切地想在那个周五把任务完成，这样我们就可以剥掉笨拙的宇航服，跳上那两架几天前就停在洛杉矶国际机场的 T-38 喷气飞机，飞回休斯敦。但我们必须先完成试验，哪怕是周末加班都行。于是我们躺在像小型蹦蹦床似的小沙发座椅上，检测着"阿波罗"飞船的电子系统。

我们的工作在磕磕绊绊中持续着。一个软管把有毒的乙二醇冷却液滴在了飞船的地板上，电气短路中断了我们与试验舱外控制室的联系。令人心烦的几小时过去后，汤姆抱怨道："飞到月球？这鬼东西恐怕连地球轨道都上不去。"如果不解决，这样的缺陷就会积累起来，并不断地困扰我们。我们能在地面上发现并解决一个问题，宇航员们在太空就少一份担忧。于是我们仍然绑定在座位上，没完没了地检查各种系统、仪表和开关。

时间就是敌人，日历很快就要翻到发射日期——2 月 21 日了。

在佛罗里达州的肯尼迪航天中心，格斯·格里索姆正在抱怨通信问题。他向发射小组吼道："你们说的我一句也听不清！天哪！我说的是如果我们在两三栋楼之间都不能通话，我们还登什么月球？"格斯说话、做事不需要婉转或低调。作为"首批七杰"宇航员之一，他已在太空飞过两次，现在是"阿波罗"1 号飞船的指令长。登月计划里的每个人都清楚，格斯坚信：第一个踏上月球土地的美国人，他宇航服上的名字一定是"格斯·格里索姆"。如果格斯对某件事情看不惯，他会直言不讳地说出来。有一次，他把一个代表残次品的大柠檬挂在笨拙的指令舱模拟器上，来把这台故障频出的太空时代的机器比作一辆老旧不堪的汽车。他的这种发飙使他放荡不羁的名声更具色彩。

身穿宇航服、和格斯在一起的埃德·怀特，是宇航员队伍里的另一位明星。他毕业于西点军校，父亲是一位将军，人长得高挑帅气，而且既诚实又可靠。仅仅 18 个月前，埃德成为第一个在太空行走的美国人。第三位乘员——罗杰·查菲是个新手，他从来没有上过天，但因为给我们的上司们留下了很好的印象，所以在首次"阿波罗"飞行中获得了一个令人羡慕的机会。罗杰是我的邻居和最要好的同事之一。

我们在肯尼迪角和唐尼碰到的一系列问题进一步加深了宇航员和北美航空工业公司之间的紧张关系。"墨丘利"和"双子星座"计划的飞船都来自圣路易斯市的麦克唐纳飞机公司，建造飞船的麦克唐纳工程师和驾驶飞船的宇航员之间已经建立了强烈的信任关系。

当听到北美航空工业公司中标成为"阿波罗"飞船指令舱的主承包商的消息时，我们感到很震惊。我们知道这家公司在制造飞机方面有着极好的声誉，但飞船却是完全不同的东西。几个月过去后，我们很多人都觉得北美航空工业公司的设计团队似乎铁了心要从零开始，而不是利用经过验证的设计。在一个经历了两万个系统故障的项目里，这种态度令人很难接受。

我们还感觉到，他们对宇航员提出的建议很少或根本不感兴趣。在他们眼里，我们进行过太空飞行并且将成为他们新发明产品的驾驶员这些事实并不意味着我们就是专家。北美航空工业公司的工程师们承受着极大的工作压力，而且项目的费用已经高得惊人，时间节点异常紧迫，他们不想让有些宇航员的"愿望清单"使问题进一步复杂化。其结果是，我们之间只是令人尴尬的休战，而不是全面合作。

那天测试的两艘飞船（称为Ⅰ型产品）并不是设计用来飞向月球的，而是用来在地球轨道飞行。每次的"阿波罗"飞行任务都建立在之前的飞行经验上，然后慢慢使我们的太空之桥逐步接近月球表面。Ⅰ型产品只是一辆"破车"而已，然而，唉，它们是我们仅有的"破车"。而且，天哪，我们准备让它们飞上天！

Ⅱ型产品（能把我们某些人送上月球的真正飞船）正在下线，但短时间内不会达到发射状态，而我们现在急需一次发射。苏联人在过去的一年里已发射三个月球探测器，太空竞赛已经白热化。

当我们在唐尼工厂的试验大约进行了一半时，一位技术员那空幻的声音像点着的爆竹一样在我们的耳机中响起："我们现在要终止试验，把你们放出来。"

"终止?"我们难以置信地嚷道。在这样的试验中，总会有一些小问题，一些处理问题期间让时钟停摆的"暂停"。在这期间，我们会耐心等待，或者转而做其他工作。这也许是几分钟或几个小时，但这也是我们工作的一部分。

"暂停"就是这样，但"终止"就不一样了。没人（尤其是乘组）愿意在没有完成任务的情况下停止试验，因为整个试验有可能会重来一遍，从而让我们在周末加班。此外，给试验舱解除真空状态、卸下烦人的复杂舱门、穿着宇航服爬出来并不是一件容易的事。

　　"为啥？"汤姆叫道。我们真的不想出去。我们想等待，把试验做完，然后回家。经过几个小时的工作，问题好像越来越多，而不是越来越少。耐心从来就不是宇航员的优点。

　　"汤姆，你有一个重要电话。"对方答道。这很奇怪。试验期间我们从不接电话，不管它多么重要。但他们已经开始给试验舱输送空气。

　　"谁呀？告诉他们我随后打回去。"汤姆坚持道。

　　只听对方说道："不行，我们被告知让你现在就接电话。"再有几分钟，技术员就会打开舱门，帮我们爬出去。

　　我一边卸下宇航服上的软管，一边思考着各种可能性。也许事情发生了变化。航天计划总是发生变化。也许我们被安排为一次登月任务的主乘宇航员。就是呀，我们在太空的总飞行时间比任何其他乘组都长，而且我们已经是下次"阿波罗"飞行任务的正式后备宇航员了。但为这事打电话不至于这么着急，一定是发生了重要的事情。

　　嘿，也许我们乘组被选为首次登月乘组；也许我们的噩梦成真，苏联人正在飞往月球的路上。我唯一能够记起的一次令人摸不着头脑的情况，是"双子星座"9号飞行前两名宇航员在飞机失事中丧生了。我只是自己默默地瞎想。

我瞄了一眼汤姆，我们总是开他准备进入政界的玩笑。"也许是你的竞选经理打来的，参议员。"我说道。"也许是总统找你呢。"约翰叫道。正对终止试验感到恼火的汤姆并不觉得我们的玩笑好笑。

工作人员大约花了 15 分钟才把我们拽出舱门，就像从罐头里往外拉沙丁鱼。汤姆从等在指令舱外面的一位技术员手中拽过电话，我和约翰则一边走向待命室，一边舒展我们酸疼的肌肉。我们没有脱下宇航服，因为我们也许需要返回工作岗位，脱下宇航服可不像脱下运动衫那么简单。在这一整天中，约翰和我第一次放松下来，一边喝着热咖啡，一边谈论我们会是提前回家，还是继续待在加利福尼亚州然后明天重新开始试验。

5 分钟后，汤姆走过来，脸色煞白。我和汤姆都经历过令人胆战心惊的场面，我知道他是一个特别镇定、总是能够自制的人。我从来没有见过他像今天这样。我们还没有张口问他怎么了，他就盯着我们迟疑地说："发射塔上着火了。"

约翰和我快速交换了一下目光。发射塔上着火了？那意味着什么呢？"他们怎么样?"

汤姆摇摇头说："他们死了。格斯、埃德和罗杰都死了。"

2　安息号

　　一架北美航空工业公司的直升机把我们送到洛杉矶国际机场。顾不上做复杂的飞行前检查，我们就驾驶 T-38 出发了——汤姆和我的飞机作为长机，约翰的飞机作为僚机。在空中，除了在唐尼工厂知道的，我们没有得到更多的信息。随着我们在下午的天空中疾驶，太平洋海岸和庞杂的洛杉矶城区渐渐远去，前面出现的是横跨加利福尼亚州、亚利桑那州和新墨西哥州的空旷沙漠。太阳在我们身后落下去，前面的天空黑下来。我通过内部通信系统问道："汤姆，他们都跟你说了些啥？"随着夜幕降临在沙漠中的居民点，微弱的灯光开始闪烁。汤姆试图回忆听到的每一个字，从简短的通话中寻找新的线索，理解其中的含意。他唯一知道并能够告诉我的是：我们的同事死了，发射塔上着火了。到现在为止，这样的事情令人难以置信。1 小时 20 分钟后，我们在埃尔帕索加油，然后继续飞行，在 45 000 英尺①冰冷的寂静中以接近声速巡航。

　　我们一路都觉得无话可说。想到他们以这种方式死去，我默

---

① 英尺：长度单位，1 英尺 = 0.304 8 米。——译注

默产生一种厌恶之情。也有别的宇航员在航天计划中丧生，但他们是在飞机失事中死去的。每个人都认为，也许有一天一位宇航员会牺牲在太空里。我们从未想到我们的某位同事会死在地面上的飞船里。作为飞行员，我们愿意接受各种风险，爬上一架新型飞机时依靠的是我们的训练和自信。要是有一天我会死在自己的岗位上，我至少希望是在飞行状态下死去，而不是无助地在发射塔上等死。

这三位同事在那枚巨大的火箭上还没有来得及启动发动机。见鬼！火箭甚至都没有加注燃料。如果起飞后火箭发生了爆炸，他们仍然会死，这仍然是一次悲惨的事故，但至少会让人更好接受些。格斯、埃德、罗杰和我们这些人之所以想当宇航员是为了冒险去登月，而不是为了坐在发射塔上被烧死。

你要求我解决一个难题，或做出一项决定，不管是正确的还是错误的，但至少要给我一次努力争取的机会，而他们都没有这样的机会。我们知道我们在一系列未知的问题面前不堪一击，但死于发射塔上的一次火灾？这是无谓的浪费，是我们意想不到的。

我不知道我的愤怒如何发泄。我不能指责任何人，因为我不知道到底发生了什么，而且指责也没有任何用处——他们已经死了。

圣安东尼奥的光亮在我们身后慢慢消失了，休斯敦明亮的灯光从黑夜的地平线上升起来，我们开始下降。

罗杰·查菲在普渡大学的海军后备军官训练队时比我低一

届，在我们当海军航空兵的前几年我也不认识他。但当我们都成为1963年10月宣布的14位宇航员时，我们的生活就紧紧地联系在一起。不说别的，光看按字母排列的名字：塞尔南（Cernan）之后就是查菲（Chaffee）。在正式的集体照相以及很多其他场合，他总是站在我的身边。

我们都在1964年1月抵达休斯敦。他和妻子玛莎在休斯敦东南的克利尔湖租了一小套棕黄色的复式公寓。玛莎年轻、漂亮，在普渡大学上一年级时是校友返校节的"女王"。他们有两个孩子：谢乐尔和史蒂夫。我们一家——我妻子芭芭拉、9个月大的女儿特蕾西和我——则在亨特里斯巷附近租了一套房子住下了。作为年轻的上尉，我们每年的收入不到一万美元，但NASA与《生活》杂志签署的出版协议很快使我们获得了一笔意外之财，我们用这笔钱在一个新开发的小区买了两块地，紧邻着盖了两套房，薄薄的木栅栏把我们沿巴布达巷的院子分开。我们相隔不到10天就先后搬入了新居。罗杰在家里建了这个街区的第一个游泳池，我则在我们的家庭活动室建了一个临街的酒吧，于是我们家就成了聚会之地。周围居住的人几乎都与航天项目有关，几个宇航员仅相距一箭之地。麦克（迈克尔的昵称）·柯林斯、吉姆·麦克迪威特、迪克·戈登和我都住在一条街上，而艾伦·比恩、巴兹·奥尔德林和戴夫（戴维的昵称）·斯科特则住在街道拐角不远的地方。

罗杰是个工作狂，我想我们大家都是，但工作之余，他是一个有着极强的幽默感的人。我们经常一起打猎，我总是使用一把他手工打造的猎枪，因为我自己没有这样的猎枪。后来，玛莎把这把 0.243 口径的"玛格南"猎枪送给了我，它现在成了我最珍惜的家产之一。仅仅 6 个星期前，我们两家人刚在他家共进了感恩节的晚餐。在那同一个周末，罗杰和我一同与高尔夫"大神"吉米·德马雷特去打猎。在我们飞往得克萨斯州西部时，我在吉米那架比奇飞机公司生产的小型"戴博娜"飞机上出现了晕机。罗杰让我对这件事终生难忘。一位晕机的航天英雄？"吉恩，你在飞往月球的路上也会吐吗？"后来的事实证明，有的宇航员确实吐了。我相信罗杰不会，因为他有一个钢铁般的胃，他能两口吃掉香蕉大小的墨西哥胡椒。

聚会时，罗杰会挑战别人玩"扫帚把戏"。他把扫帚水平地拿在身前，然后跳过去，双手从身后往上扭动，越过头顶再回到初始位置，整个过程双手不能松开。如果你镇静自若且关节比较柔韧，这很容易，否则就会出洋相。他特别喜欢看巴兹·奥尔德林的热闹——这位天生的运动员竟被这个简单的室内游戏给难住了。罗杰和我的关系越来越密切。我们拥有同样的梦想。从某种意义上来说，我们成了兄弟。但现在，他却死了。

从到 NASA 报到那天开始，我俩在太空生涯中就一直并肩而行。我们一同租车，在宾馆同住一间，还常常一同搭机出行。实际上，我们都在努力学习，以赢取"阿波罗"飞船登月舱驾驶员的岗位。这是一种特别的荣誉，因为 I 型飞船还不具备与登月舱对接的能力（我们将驾驶登月舱在月球表面着陆），而且格鲁曼公司还没有完成登月舱的建造。所以，在 1967 年 1 月的那一天，作为登月舱的驾驶员，罗杰和我分别登上了两艘没有登月舱的飞船。

很多星期五的晚上，在完成一周的训练，驾驶 T-38（就像我现在这样）回家时，罗杰和我都会在向左急转向、放下起落架降落在埃灵顿空军基地前，低空飞过我们的家。还远在圣安东尼奥时，我们就把尖尖的机头对准我们两家之间的车道，以 600 节的速度咆哮着掠过巴布达巷，震得房瓦乱颤，碗碟叮当乱响。这种声响就是想让我们的妻子（和邻居）知道我们马上就到家了。落地后，我们跳入各自的汽车，冲上两车道的老加尔维斯顿公路，通过韦伯斯特镇唯一的红绿灯，以每小时 80 英里的速度一路飞驰到家门口（总共不到 10 分钟）。这其实是违法的，可我们不管那么多，我们是宇航员！

当汤姆和我开始下降时，我正回忆着那些在家门口的低空飞掠，但我们这次降落时避开了街坊，默默地把飞机停在了停机坪上。从加利福尼亚州回家是遥远的旅程，但这次我并不愿意看到旅程的结束。终于只剩我一个人了，我慢慢地开车回家，内心充满了不知所措。

我把车停在我家的车道上，熄了火；窄窄的街道上停满了车辆。我来不及换下带有汗渍的黄色飞行服，穿过草坪，来到与我家相距 36 步的罗杰家，向正在阻止人群和记者进入的保安点点头。我不用回到我的家，因为我知道妻子芭芭拉正和罗杰的妻子玛莎在一起。航天计划中宇航员的妻子们属于特殊的群体，她们知道怎么做，因为她们以前经历过这样的悲剧。她们都有一个同样的噩梦——她们的丈夫可能有一天不会回家，表情严肃的官员会来敲门，并告知她们可怕的消息。

一看见芭芭拉，我就给了她一个长长的拥抱，以证明我们俩都还活着。我找到玛莎，给了她一个紧紧的拥抱，这是我俩都特别需要的。情感上的空落使得我想用拥抱来表达无法用语言表达的情绪。我能说什么呢？我很难过，因为你丈夫被活活烧死了？好在我不是那位向玛莎解释事故是怎么发生的那个人。这是麦克·柯林斯要做的事。

当艾伦·比恩的妻子苏意外地来到时，玛莎正在厨房准备晚饭——热狗。她并不感到意外，因为妻子们来访很正常，芭芭拉也许从电影院回来后就会过来。外面的车辆似乎多了起来，这也正常，因为周末大家都下班了。两个孩子——5 岁的史蒂夫和 8 岁的谢乐尔正在书房里看电视。当苏不安地和她聊天时，玛莎并不担心她丈夫。罗杰在佛罗里达州，今天连飞机都不开。

然后，麦克出现在门口。玛莎心想：他这时候不应该来我们家，这不正常。当她看到麦克的眼睛时，玛莎意识到极其可怕的事情发生了，一切都写在他脸上。她明白了。

麦克告诉她这个可怕的消息时，另一位朋友走进书房把电视关了，因为电视很快就会插播新闻。朋友用烟盒的锡箔包装纸折成小鸭子来陪孩子们玩。一阵震惊之后，玛莎把儿子和女儿带到卧室，迟疑地告诉他们爸爸再也不会回来了。谢乐尔一开始还以为她妈妈说的是爸爸妈妈要离婚，但当她明白爸爸已经不在了时，一种被遗弃的感觉油然而生。玛莎从脖子上取下一条带有两个心形吊坠的项链——这是罗杰多年前送给她的礼物——把它挂在女儿的脖子上，让她更好地记住爸爸。谢乐尔至今仍戴着这条项链。

我看到了女士们在分担悲伤这项艰难的工作上所展现的姐妹亲情，她们通过自己的行动向玛莎表明：大家是爱她的。尽管玛莎进出各个房间时有些恍惚，但她仍然像聚会的女主人那样，尽量使自己忙碌着做事而不去想罗杰今晚不回家了，或者说再也不回来了。这也太难为她了，但我见她耸耸肩，扬起脸，擦干眼泪，继续做自己该做的事，而不为现实所困。她是宇航员的妻子，而宇航员的妻子都有自己的信仰。她不允许有任何瑕疵，甚至在最悲伤的时候也是如此。她忙里偷闲从后院到我们家打了一个私密的电话。当她从前门返回时，保安拉住她问清身份后才让她回到自己的家里。

我们的顶头上司迪克·斯莱顿很快告知我把所有的事情先放下，专门帮助照看玛莎。这并不难理解，因为航天计划突然急刹车，本就没有多少事情可干。其他宇航员被派去照看帕特·怀特和贝蒂·格里索姆，使他们度过这广泛报道的死亡所带来的难以承受的迷惘时期。

我发现罗杰什么事情都追求完美的做法也带来了负面影响。他统领着他的家庭，签署所有的支票，做出所有的决定。现在他走了，剩下他的妻子和孩子们在陌生的海洋里随波逐流。玛莎甚至都不知道家人有没有保险，这都是罗杰操心的事。

随后的几天是在忙乱中度过的。我试着把朋友的事情整理妥当，使他的家庭有安全感。每一件事都是芭芭拉和我一起完成的。

　　一个非正式的纪念仪式在老加尔维斯顿公路旁边的韦伯斯特长老会教堂举行。白色的小教堂挤满了悲痛不已的朋友和邻居，一位平民牧师做了布道。当我们聚集在教堂外面时，一队由宇航员驾驶的 T-38 以陨落队形飞过，当他们掠过教堂的尖塔时，其中一架飞离而去。这个仪式仅仅面向内部人员——最了解三位宇航员的人，把生命中最珍贵的岁月献给 NASA 的人。我们不仅感到悲伤，每个人还怀有一种负罪感——没有努力去阻止这一影响我们生活的悲剧发生。

　　一月的最后一天，阿灵顿国家公墓有些冷，尤其对我们这些从得克萨斯州北上的人来说更是如此。六匹黑马载着罗杰·查菲覆盖着国旗的灵柩，伴着寒风对马鬃的抽打和缓慢的踢踏声，行走在墓碑中间蜿蜒的小路上。骑在左侧三匹马上的是表情严肃的军人，而右侧的三匹马上只有空空的马鞍，代表着逝去的骑马人。不是一位，是三位。格斯几个小时前安葬在阿灵顿，埃德则安葬在位于西点的美国军官学校公墓。冬日的太阳照在高高的云团上，但这是令人忧郁、悲伤的一天，是美国航天史上最令人难过的一天。

　　我身着蓝色海军制服，脚踏锃亮的皮鞋，走在结霜的地面上，来到这个简短仪式给我们安排的位置。当我环顾这个阴郁的场景时，心怦怦直跳。周围的一切都显得那么怪异。

玛莎紧紧地握着我的手，我俩的手套似乎要融在一起。这位失去丈夫的女人受到了打击，我也一样。还有她的两个孩子，当紧挨着妈妈坐在冰冷的椅子上时，他们几乎不知道这到底是怎么了。芭芭拉也一样，由于过度劳累，她一直在宾馆里卧床不起。还有罗杰的父母，他们从密歇根州的大急流城赶过来。还有美国总统林登·约翰逊，他站在墓穴旁边。还有整个国家，因为这一切根本就不应该发生。

在过去的几天里，可怕的事故细节已浮出水面。显而易见的是，在错综复杂的布线中间发生了电打火，既而在飞船里面的纯氧环境中引发了大火灾。三位宇航员拼命求生，试图打开那扇该死的笨重舱门，但几秒钟内就在宇航服里窒息而死。

美国的航天计划对这样的灾难措手不及，现在我们聚在阿灵顿不是作为航天英雄，而仅仅是作为一群被剥掉了不可战胜的外衣、因为失败而引人注目的普通人。

灵车辘辘前行，凛冽的风吹拂着带有红、白、蓝三色的国旗。拉着灵柩的马匹行走在从举行简短追悼仪式的公墓管理处到位于寒冷山顶的 2502-F 墓穴这一英里的蜿蜒小路上，罗杰将紧挨着格斯长眠于此。一路上，除了军乐队在低沉的鼓声中奏起的哀乐——《前进吧，基督战士》，还有皮制马鞍的吱扭声、金属连接件的叮当声和马蹄轻磕地面的踢踏声。宇航员们是护柩人。

在这个弗吉尼亚州阴郁的小山丘上，气温要比休斯敦低 30华氏度。罗杰·查菲少校被授予全部军事荣誉，在仅差几个星期就成为第 20 位进入太空的美国人的时候，他失去了自己的生命。

玛莎擦干了女儿谢乐尔脸上的泪水，罗杰的父亲颤抖着把手放在冰冷的钢制灵柩上。约翰逊总统亲自表达了这个国家对罗杰的感谢，尽管玛莎也不会记住。第一夫人伯德·约翰逊和副总统休伯特·汉弗莱正在西点军校进行同样的追悼仪式。国会议员、NASA 官员以及数百位其他人员分散在墓穴周围一定的范围内。此时，几位海军战士把国旗从灵柩上取下，折叠成一个三角形交给玛莎。

　　三组步枪的齐射声突然响起，悲伤的安息号似乎一直响着。透过落光叶子、像患了关节炎的林木望向天空，我们看到一队"鬼怪"式喷气战斗机轰鸣着飞过，向死难者致敬，其中一架脱离队形，飞向远方。现在终于结束了。

　　在我们悲伤之外，有一个特别令人困扰的问题：我们在这里是为了哀悼我们的亲人和朋友，还是为了埋葬载人航天计划？从现在开始，把人送入地球轨道和更远的太空这一梦想将会通过需要多少牺牲这一棱镜加以细细察看。它是一项艰险的计划，我们现在才完全理解肯尼迪总统当年讲话的含意：我们国家愿意接受这一挑战，不是因为这一计划很容易，而是因为它很艰难。他要求我们在这个十年结束前把一个人送上月球，可现在——1967年初，能使我们走向这一目标的第一艘飞船却毁于一旦。时间飞逝，而我们还有很长的路要走。也许肯尼迪总统提出的目标根本就无法实现。

　　看着罗杰下葬，我开始琢磨格斯、埃德和罗杰的死是否使我们丧失了登月的机会。"阿波罗"计划会不会就此终结？

3　买来的孩子

　　过于自信和胆大妄为是早期宇航员的本性，因为你要是对自己和自己的能力没有完全的自信，你就无法坐在巨型火箭顶部的驾驶舱里准备起飞或急切地准备起飞。也许可以说我们有些盲目自大——我可以做任何事情！对不好的事情我们总是你争我抢：驾驶我们的科尔维特运动轿车绕着海角比赛，实施精心策划的恶作剧，开着我们的 T-38 飞机在天空中横冲直撞，或者把一个日常的飞行任务变成一次空中格斗。

　　但有一个特殊的人物能够把我们镇住，他就是沃纳·冯·布劳恩。在美国公众眼里，我们是前途无限的无畏英雄；但在冯·布劳恩博士面前，我们只是一群怀揣着飞天梦的小学生。我们只是聪明，而他则是才华横溢，是他正在研发能把我们送往月球的巨型火箭。我们拥有的是强健的身体，而他拥有的是强健的大脑。

　　一天晚上，在休斯敦的一家餐馆里，他把我们四个还没有上过天的新手宇航员召集起来。他浓密的黑发梳理得油光发亮，眼睛里散发着只有对太空旅行充满信仰的人才具有的炽热光芒。我一下子意识到，这位几乎和电影明星一样帅气的大块头德国人并不仅仅是一位科学家，他是一位看透未来的梦想家和哲学家，是当代的儒勒·凡尔纳。德国科学家通常被认为是极具"棱角"的人：工程师和技术人员都不顾一切地追求最完美。冯·布劳恩把这种理念进一步扩展到认知领域，其中的线条是弯曲的，而且没有边界；他认为那些死板的公式只有对他太空旅行的追求有帮助时才有意义。他是最伟大的工程师，同时也是一位梦想家——这正是航天计划所需要的，因而他在当前的航天计划中显得特别出类拔萃。冯·布劳恩是能够把科学幻想变成科学现实的"炼金师"。

他倾身向前，胳膊放在平展的白色桌布上，他那专注的目光和充满自信的话语让我们产生了一种高山仰止的感觉。"登月用不着担心。"他几乎是漫不经心地说着。他大手一挥，把花费了大量时间、精力和资金的各种问题归结为几类可以解决的技术问题。他把解决问题的思路一一传授给我们。

我的同事们都在忙着相互讨论冯·布劳恩的某个预测，当他把锐利的目光投向我时，这种讨论声慢慢平静下来。他说："吉恩，现在轮到你了。你必须完成这一梦想。"我肯定是惊呆了，因为他笑了起来。"你将成为探险者之一，我真羡慕你。"

我难以置信地盯着他看，拿不准这人到底是一位真正的天才，还是一个真正的疯子。马歇尔航天中心的主任羡慕我？但这也符合逻辑。我正接受训练并将乘坐他那巨大的"土星"5号火箭飞往月球，而他唯一类似的经历，是小时候把一捆冲天鞭炮绑在一辆架子车上，点着后坐在车上狂跑了一阵儿。冯·布劳恩现在只能通过我们的太空之行来间接实现他的梦想。

他调整了一下座椅，拿起了桌子中间的一个小东西，说道："真正重要的是你们到达月球之后要做的事情。"仅仅是升空、着陆、返回是不够的。"林德伯格飞越大西洋并不是为了到达巴黎。"探索性旅行必须扩展知识的领域，它是一项永无止境的工作。

冯·布劳恩推了一下带有银盖的小盐瓶，就像在推一个小玩具。"吉恩，你需要一定的运动能力。我们会准备一辆小车。"在他的心目中，我们将离开月球着陆器，到远处去探索外星地表从未涉足的未知土地。

由于我特别崇拜他，因此我没有说"行了吧，沃纳。一辆车？拉倒吧！我们连把宇宙飞船送入地球轨道来进行基本的会合对接都很困难，你现在却说我将乘坐月球车畅游陨石坑？"我无法想象这一方案。但我什么也没说，我那时什么也不说真是太明智了，因为在"阿波罗"17号的飞行任务中，我正是按照冯·布劳恩预测的那样去做的——乘月球车到距离飞船数英里远的地方去探险。

几乎自1934年3月14日在芝加哥的圣安东尼医院出生时起，我就间接地与冯·布劳恩的工作联系在一起了。小时候，我姐姐德洛丽丝为了让我听话，在我耳边小声说，我最好做个好孩子，因为我并不是家庭的一员，是她在圣安东尼医院花两美元从修女那里买来的。

安德鲁·乔治·塞尔南和罗斯·塞尔南生下第二个孩子这件事并未引起外界的注意，只有家人和我们在芝加哥郊外布罗德维尤的邻居知道。其他的孩子那年确实引人瞩目。5月，5个女婴——迪翁五胞胎——挤满了加拿大安大略省卡伦德的一家农舍。几个月后，一个名叫布鲁诺·理查德·豪普特曼的移民木匠因劫持、杀害航空先驱查尔斯·林德伯格的婴儿被捕。那年夏天，我的出生当然不是家乡里最重要的事件，我的出生证上并没有写上刚出生的这位将是最后在月球上行走的人。不，新闻头条给了黑帮头目约翰·狄林杰尔，他被电影《红衣女郎》出卖了，他在离开市中心的电影院时被联邦调查局的人打死了。

欧洲的事件并没有多少报道，那里的乌云正在酝酿，并最终覆盖了整个世界。那一年，阿道夫·希特勒谋杀了他在纳粹的对手，给自己冠上了一个令世界恐惧的头衔——元首。

同样在这一年的德国，一个由火箭科学家组成的独特小组正走向成熟。然而，他们的试验费用很高，可用于这种高深研究的私人资助又非常有限。于是，德国的将军们提出愿意提供经费、完全的支持和安全的工作地点。这群天真的科学家接受了这一提议，认为希特勒只是一个傻瓜，不久就会淡出政治舞台。冯·布劳恩在很多事情上都是正确的，但他对希特勒的判断却完全错了，希特勒对太空探索并不感兴趣。科学家们被动员起来成为德国战争机器的一部分，他们研制的创新性V-1和V-2火箭被装上战斗部，不断倾泻到英国。

1945年战争结束时，苏联和美国军队迅速赶到位于海滨城镇佩讷明德的火箭基地，奋力抢夺科学家、文档资料和硬件等宝贵资源。冯·布劳恩等117名德国专家向美军投降，但更多的则被苏联人抓获了。这就是主导我人生的太空竞赛的开始。

我是捷克和斯洛伐克裔的第二代美国人。罗扎莉和弗朗齐歇克·西赫拉尔以及斯蒂凡和安娜·塞尔南在第一次世界大战开始前来到美国，并和很多捷克和斯洛伐克人一样，住在芝加哥附近。

来自距布拉格大约100英里的波希米亚小镇——塔博尔的我母亲一家（西赫拉尔家族），被认为更有修养和才华。我姥爷把名字改成了弗兰克，在一家煤场干活儿，并和伊利诺伊州布雷德伍德的罗扎莉·彼得卡（一个后来把名字美国化为"罗斯"的漂亮女孩）结婚。我母亲生于1903年，也叫罗斯，成长为一位美丽、黑眼睛的女士。在照片里，她苗条，面带微笑，身穿20世纪20年代流行的"摩登"套装。我1岁时，姥爷和姥姥都去世了。

捷克人（如我母亲一家）在家乡被认为是精英阶层；而斯蒂凡和安娜·塞尔南都是并不富裕的斯洛伐克农民，来自一座距波兰南部边境大约24英里、名叫维约斯卡·纳德·基苏库的制造业小镇。斯蒂凡只有4英尺11.5英寸高（约150厘米），体重120磅（约54千克），但正是他给了我战胜各种困难的勇气和坚定信念。

他先来到美国，22岁时把他的新娘——安娜·卢肯也带到了美国。安娜于1904年生下我父亲安德鲁。后来他们生下了第二个儿子——我叔叔史蒂夫（即斯蒂凡的美国称呼）。爷爷在煤矿干活儿，用存下的钱在芝加哥南边的霍因路买了一套不大的房子。但呛人的工作使他的肺受到重创，这使他不得不做出改变。1930年，他和奶奶离开芝加哥，到威斯康星州安提哥北部森林的农场里工作，为的是那里清新的空气。

他们好像并不是搬到了另一个州，而是又回到了旧世界。在芝加哥，他们体验着工业化生活的便利，有电、自来水和煤炉。在农场里，这些东西都没有，而节俭则是他们的生活方式。如果有需要做的事情，他们就亲自动手。我长大后接触到了未来，经历了只有在科幻故事中才有的情节。当我回想起年幼时，走在从信箱到我爷爷的农场那一英里的碎石路上的事就像时光发生了倒流。

爷爷是像守护神一样的小个子，胳膊上带有厚厚的腱子肌，给他提供帮助的只有他的两匹马——多利和王子。他清理出80英亩①的土地，把从肥土中挖出的大石头和树桩堆在一起，在腾出的土地上种上成行的玉米。当我父亲想把电力引入农场时，爷爷毫不妥协地拒绝了。还有什么电力能做而他却不能做的事呢？有些人总想知道我决不妥协的秉性是从哪里来的，也许这就是答案。

在两层农舍关闭的门后面，奶奶管理着一个整洁的王国；面

---

① 英亩：面积单位，1英亩＝4 047平方米。——译注

带笑容的她穿着长裙，戴着头巾，是典型的旧世界的农家妇女。大型实木家具上的装饰巾总是干干净净，几乎是无菌的；地板也是一样。我们进屋之前需要脱鞋。晚上，墙上的挂钟"嘀嗒"地走着，我们对着煤油灯读书，或者在手摇留声机上听波尔卡音乐唱片，奶奶则在烧木头的厨房炉灶上"创造奇迹"。奶奶用切肉刀把自己做的面卷切成条，然后煮成面条，我就撒些盐，一把一把地吃。晚饭是炖牛肉或炖鸡和甜玉米，还有表面撒了糖和葡萄干的斯洛伐克煎饼。奶奶总是在后门廊里酿酒，然后存放在一个堆满袋装土豆的凉爽、神秘的地窖里。

洗澡是一件奢侈的事。一个镀锌的大浴缸放在厨房的油毡地面上，用水桶打来的水放在烧木头的炉子上烧热。在寒冷的冬天，我们睡在放有四张床的未经装修的阁楼里，盖着厚厚的鸭绒被，楼下火炉散发的热量使我们不至于太冷。

虽然我常常希望爷爷在使用省力装备方面更加理性，但扬干草、喂牲口和做家务都使我的身体更加强健。那是一种十九世纪的生活。我最不想干但却非常锻炼意志的一项工作是帮助清理那个两蹲坑的旱厕。每年春天，德洛丽丝和我都被赶到阁楼上，然后爷爷和爸爸就开始屠宰一只不停惨叫的小牛，这样我们就可以把夏天要吃的肉带回家。直到今天，德洛丽丝仍不敢吃小牛肉。

农场里最好的东西放在一个老棚子里。在农具之间，散发着干草味的是一辆 A 型福特汽车，它带有辐条轮和无篷座，身披一件马毯，轮下放着挡块。它将成为我人生重要的组成部分。

我母亲罗斯和我父亲安德鲁都在芝加哥附近长大，他俩在一次舞会上相识。他们本来是带着自己的约会对象去的，相互介绍后就变换了对象。母亲于 1925 年 6 月成了新娘。由于有责任感，知道节俭，在父母的培养下懂得努力工作，两个年轻人于 1928 年积攒了足够的钱在伊利诺伊州布罗德维优的第 18 大道买了一套房子，第二年，我姐姐德洛丽丝成了这个市郊新小区第一个诞生的小孩。几年后，正当美国经济变得异常艰难之时，我来到了这个世界，意外地成了一位"大萧条小孩"。那时，人们最不想看到的就是多出了一张吃饭的嘴，特别是我姐姐说她花了自己手里的现金把我买回来，想必这个家庭有点陷入困境。

父亲原在一家总部位于堪萨斯州的搪瓷企业工作，由于大萧条，企业倒闭了，父亲失去了工作，之后失去了那套房子。我们不得不搬家，在不远的贝尔伍德第 23 大道租了一套房子，我对那里的主要记忆是从我大约三岁时开始的。德洛丽丝经历了一阵猩红热的爆发，我也遇到了意外。父亲在工作间有一个丙烷燃气灶，用来加热电烙铁，这样的燃气灶在当时并不像我们今天经常野营用的燃气灶那么安全。有一天，燃气灶发生爆炸，我身上着火了，父亲把我扔到外面的草地上不停地滚，把火弄灭。我没有留下任何伤疤，并成功度过了在第 23 大道那总共一年的时光。然后，当我大约 4 岁时，我们搬进在梅伍德的南 21 大道租赁的房子并住了好几年，每月的租金是令人吃惊的 35 美元。

我们家从未出过将军，所以没人指导我如何在军中实现自己的梦想。我姥爷在 1853 年是奥地利陆军的征募兵，我家的亲戚很少有人在第二次世界大战中服役。我父亲在第一次世界大战时太年轻，在第二次世界大战时又太老，所以小时候，我对军旅生涯几乎没有什么概念。

1941 年，当珍珠港受到袭击、美国加入第二次世界大战时，我只有 7 岁，正在罗斯福小学上二年级。这场战争对我的父母来说意味着有了新的工作。父亲当时在美国制罐公司上班，后来公司新开了一个为海军制造鱼雷的工厂，他就开始在新工厂倒班。母亲在贝尔伍德的杰斐逊电气公司找了一份工作。她每天坐在一张大工作台旁边的小凳子上，耐心地用她纤细的手指拉直细细的线束，再把线束紧紧地缠绕在陶瓷芯轴上，来制作变压器。每天工作结束时，她厚厚的手套和里面的手指好像被锋利的刀子切过似的。

父亲常常叫我到他的大花园和车库里帮他干活儿，他教我机器是如何工作的，怎么种植西红柿，东西是如何装配在一起的。他什么都能干——从修理厕所到检修汽车发动机。如果父亲拿起了榔头，我也会拿起榔头，他总是要求我：不管做什么，一定要做到最好。如果我在板子上把钉子钉弯了，父亲会让我把钉子拔出来，弄直后再重新钉好。他坚持说："要做就把事情做好，否则就不要做。"

战争年代使我萌发了一个重要想法。这要从一场电影说起。我们一家人经常出去看电影，有一次我们到邻近的郊外小区的电影院看双片连映。我发现自己对电影新闻（一种和今天的电视新闻差不多的世界新闻录像）很感兴趣。令我着迷的是来自太平洋战区的战争报道，包括像威克岛、中途岛和瓜达尔卡纳尔岛这些神奇地方的战争。英勇的美国海军飞行员们驾驶战斗机攻击敌人，直到取得最后的胜利，然后返回在海浪中沉浮、迂回的航母上。当高速的"地狱猫"战斗机和装有海鸥翼的"空中海盗"战斗机的尾钩钩住宽敞、平坦的甲板上的阻拦索时，机头稍微沉了一下，我觉得特别有意思。我用脚踏住前排的椅子，拉回想象中的控制杆，和着屏幕上的飞行员，努力完成一个安全的着陆。我一下子觉得：这正是我想做的！

　　1945年我11岁时，战争终于结束了，芝加哥又回到了那种忙乱的正常状态。经济的改善使我们家的收入大幅提升，也使我们有能力搬入贝尔伍德小区马歇尔939号的一座小二层，并在那里住了很多年。这座乔治王朝风格的房子售价6 500美元，其面积不超过800平方英尺（不包括地下室），只有一个卫生间。姐姐德洛丽丝和我在二楼同住一间，第一次不用睡在一张床上了。我从出生到她出嫁和我离家上大学，我们俩都没有自己单独的房间。后来，挤在小小的宇宙飞船里工作和生活对我来说真是小菜一碟。至少其他宇航员不会塞进一张花哨的梳妆台，上面放上大圆镜子，再摆满各种奇怪的面霜、指甲油、眼霜和口红。

　　我无法出去拯救世界的民主，于是就爱上了体育运动。花上5美分我就可以乘轻轨到瑞格利体育场，观看芝加哥小熊队的比赛。1945年他们赢得了全国职业棒球联赛冠军，第二年我成了他们的球迷，经常与冠军同行。我至今仍然能够说出 1946 年球队的首发阵容，仍然每年都为他们的败绩心碎一次，因为从那以后他们再也没有得过冠军。在街道和空地上，我开始玩橄榄球、篮球和棒球，并发现自己非常擅长体育项目，尽管我不得不加倍练习，因为其他很多人似乎更有天赋。

1947 年 10 月 14 日，一位名叫查克·耶格尔，既年轻又有天赋的试飞员，在加利福尼亚州平坦的沙漠上空飞向远方，首次打破了飞行声障。在得克萨斯州，沃纳·冯·布劳恩正在撰写《太空飞行——一项国际科研计划》一书。这两件事都将对我的生活产生影响：耶格尔的成就开创了喷气飞机的新纪元，而布劳恩的研究则正式给出了太空探索的实际计划。我将在随后的年月里有幸认识他们两位。

我在贝尔伍德的麦金利学校读 7 年级和 8 年级，然后于 1948 年到相邻市郊小区梅伍德的普罗维索高中上学，其间，我在母亲的坚持下在乐队中吹奏单簧管，是一个有点笨拙的孩子。高中的前两年，我在一二年级联赛中打橄榄球，然后会在随后的学校运动会的中场休息期间换上我的乐队服装，边走边吹。父亲关心的是我的学习成绩，他的梦想是让儿子上美国最好的工程大学。麻省理工学院是首屈一指的工程大学，但学费对我们家来说高不可攀，于是他让我把位于邻近印第安纳州的普渡大学当作自己的奋斗目标。

此时，除了参加学校组织的运动项目外，我还喜欢与女孩子交往，这意味着我需要一辆汽车，也意味着我需要有点钱。小时候我就打过好几年的零工——在杰斐逊电气公司做货架勤杂工，送报纸（《芝加哥论坛报》和《每日新闻》），收运废品。现在上了高中，我开始赚一些大钱。我在麦地那乡村俱乐部当球童，每次扛着两袋球杆，一个周末能挣到多达24美元。能够解决我的交通难题的就是那辆停在爷爷谷仓里的A型福特轿车。我15岁时拿到了自己的驾照，我的生活也从此发生了改变。那辆1931年的两门福特车需要大修。在父亲的指导下，我打开它的"心脏"来了解这台老旧的四缸发动机是如何工作的，从而对机械工程有了初步的认识。发动机的活塞像吃饭的盘子那么大。汽车配备的是敞篷折叠座椅和机械刹车系统，备胎挂在驾驶员一侧，挡风玻璃可以推开。我给汽车装上了一台在旧货市场找到的收音机，把外表打磨得乌黑发亮，再配上挡泥板，把保险杠和轮胎侧壁都喷成银色。很快，当我威风凛凛地驾车在校园里狂奔，去免下车电影院和年轻人的聚会时，车上挂满了我的哥们儿，也会有一两个女孩坐在我的身边。我买25美分的汽油可以开一个星期。

高中的课程对我来说比较容易，但高三那年的橄榄球赛季开始时，我需要做出一个重要决定——是在学校运动会的半场吹奏单簧管，还是专心去打橄榄球。我不能两者都做，而且做出选择也不难。当一个运动员并不容易，但吹奏单簧管对我来说真是难上加难。虽然妈妈不太高兴，但我还是成为学校橄榄球队的一名后卫。

进入学校橄榄球队后，我再次在父亲的指导下学到了重要的一课。其他的球员可能比我更高大、更有经验、更有天赋，但他建议我每一场比赛都要坚持不懈，竭尽全力。他说得非常对。我从来不是最好的球员，不是天才运动员，也不是水平最高的，但我比大多数球员都更卖力，而且愿意听教练的话。到高四时，我成了学校篮球队、棒球队和橄榄球队的运动员，在和我们的跨城对手新特里尔的比赛中成功完成了80码的触地得分，并当选为莱特曼俱乐部的队长。达特茅斯学院甚至提出给我橄榄球奖学金，杜克大学也表示出了一定的兴趣。

在比我低两级的一个班里有位16岁的大高个，名叫雷·尼奇克，他总是主导着橄榄球场，可以做60码的空中直传。雷·尼奇克后来作为绿湾包装工队的后卫在橄榄球界一举成名。比我高几届的学生中，我姐姐德洛丽丝有一位漂亮的女同学叫卡罗尔·拉里亚，她就是后来才华横溢的歌手和演员卡罗尔·劳伦斯。

我上高四时，朝鲜战争爆发了，这对我们家的影响也是直接的。我姐姐德洛丽丝刚刚拿到了教师的学位，和吉姆·莱利（住在贝尔伍德和我家相隔两家的一位好朋友）结了婚，而吉姆很快就乘船去了朝鲜。战争期间德洛丽丝搬回了我们家。

我几乎没有想过可能会到朝鲜当步兵，因为我有其他的计划。我并不是要逃避去朝鲜，即使去我也会作为海军航空兵去那里。为了实现驾机飞行的梦想，同时也为了回应我父亲希望我上大学的期望，我一上高四就申请了海军的后备军官训练队奖学金。

我高分通过了申请并与普渡大学的后备军官训练队项目签署

了协议，包括全额奖学金、生活费、三次夏季出海航行、四年毕业并获正规海军少尉军衔。然而，海军说普渡大学的名额已经用完，提出让我上伊利诺伊大学，奖励内容完全一样。我父亲不愿意，他觉得伊利诺伊大学并不是最好的工程大学。

海军随后提出可以提供在普渡大学的部分奖学金——一项提供少量资金支持和可获得海军预备役部队少尉军衔的计划。我可不愿意接受这样的条件，因为这样的话，作为一个非本州的学生，我们全家都得努力工作才能供我上普渡大学。但在父亲的坚持下，我不情愿地同意了，因为我知道我不仅可以获得大学学位，而且可以获得海军的少尉军衔（尽管是在预备役部队），也许还可以通过这一途径实现我驾机飞行的梦想。

1952年6月，我在普罗维索高中762名学生中以第14名的成绩毕业。虽然在学习上下的功夫不大，但我还是赢得了铜、银、金档奖学金和国家荣誉会员资格。我就要去普渡大学了，它将成为我实现从航母甲板上驾机飞行这一梦想的踏板，尽管我从未见过航母，也从来没有坐进过飞机。

4 金翅膀

　　美国正在变成轮子上的国家，我也成为这场机械革命的一部分。我卖掉了我的 A 型福特车，继承了家里的雪佛兰，沿美国52 号公路赶往 150 英里外、位于印第安纳州西拉斐特市的普渡大学。大学生活对我来说如鱼得水，同时我也第一次真正感受到了自己的责任。

　　家里的经济状况很紧张，我有责任帮助家里付自己的学费。一年级时我和一位打橄榄球的哥们儿同住一间宿舍，第一次不和姐姐同住一个房间。为了弥补一些上学的费用，我在学校的食堂打零工，还赢得了少量的学术奖学金，因为海军后备军官训练队的奖学金到三年级时才会发放。

　　一年级第二学期，我加入了 Phi Gamma Delta 兄弟会，兄弟会给我们提供了组织和群体感，给了我一个活动中心，一个家。二年级时，我搬进了兄弟会公寓，我的室友是比尔·史密斯，一位曾经为新特里尔高中（我母校普罗维索高中的竞争对手）打橄榄球的黄头发小伙儿。在普渡大学，男女比例为七比一，因为女生对其主要研究领域——工程和农业不感兴趣。但加入兄弟会给了我认识女生的有利条件，以至于比尔调侃说由于我经常坠入爱河，因此当我与最近迷上的女孩约会回来时，他只是视而不见。

我经常出去打篮球和棒球，但我很快发现，不管我多么努力，我并不擅长参加十大代表队比赛。但我可以参加校内运动，而且这样的赛事几乎同样困难，因为队员们都是以前的全州高中运动员和仅次于校队队员的运动员。在兄弟会和海军后备军官训练队的运动队，我们不仅经常和普渡大学的各种运动队比赛，而且还与其他大学的棒球队和篮球队进行比赛。

普渡大学的很多学生年龄都较大，他们从朝鲜战场上回来，通过《退伍军人权利法案》来上学。比尔·史密斯最好的朋友之一是来自新特里尔高中的简·沙龙，她的男朋友正好是这种退伍军人。这人比我高一年级，他太低调了，竟没人知道他曾驾驶"黑豹"喷气战斗机从"埃塞克斯"号航空母舰上执行了78次飞行任务，而且获得了3个飞行勋章。他的名字叫尼尔·阿姆斯特朗。

几年后，当尼尔在爱德华兹空军基地成为实验型X-15火箭飞机的首席试飞员时，比尔·史密斯前去拜访。在地下室，他很快发现自己面对的是一位沉默寡言的飞行员，一位只顾自己往管子上缠绝缘带的飞行员。史密斯那时是航空工程师，自然对这种美国天空中最热门的飞机感兴趣，于是问道："尼尔，你确实在飞X-15吗?"尼尔一边继续给管子缠绝缘带，一边说："是。"谈话就这样结束了。尼尔不是通过语言而是通过工作业绩给人们留下深刻印象。实际上，他太沉默寡言了，以至于他在月球上踩下人类的第一个脚印时，只是简单地说道："对一个人来说，这是一小步；对人类来说，这是一次巨大的飞跃。"对我们这些非常了解他的人来说，他说出这么令人难忘的句子我们并不感到吃惊。让我们真正感到吃惊的是，他竟没有一言不发。

多年以后，普渡大学终于把第一位和最后一位登上月球的人列入了校友簿。尼尔和我分别于1955年和1956年从普渡大学毕业。友善的罗杰·查菲毕业于1957年。在我们之前的1950届毕业的是格斯·格里索姆；比格斯早一届毕业的是艾文·金奇洛——用实验型贝尔X-2创下126 000英尺高度世界纪录的试飞员。在随后的年月里，很多其他的飞行员和工程师都发现，太空项目的从业人员主要来自普渡大学。显然，该校的工程教育相当不错。

对我来说，在普渡大学前几个学期的学业只是比高中时略难，我轻轻松松地就搞定了，较难的电气工程专业课也一直保持着高分。当时《我爱露西》正吸引着越来越多的美国电视观众，但我还是错过了这个喜剧节目，因为兄弟会强调学业优异，大家通过投票决定兄弟会公寓中不放电视，因为我们担心电视会影响我们的学习。

正当我洋洋自得的时候，理论电路课给了我当头棒喝。我突然觉得这门课程特别难，好像是天书。我沮丧地看着书，却怎么也看不懂！我的天啊，我这门课会不会得C，甚至D？对一个总是能够轻而易举地拿到高分的人来说，这是一个需要认真思考的时刻。我不得不承认我绝对进入了一个新世界。如果得了一个D，我会不会挂科？当我的父母努力挣钱让我上大学的时候，当挂科会让我父亲失望而且也会打碎我的飞行梦的时候，我别无选择。我意识到，现在该是努力学习、学会如何学习的时候了。

今天，我们回顾艾森豪威尔担任美国总统的年代时，认为那是一段美好的时光，因为我们把总统那著名的微笑看作是日子越来越好的象征。但那个时期也有涌动的暗流。法国在法属印度支那（即我们后来所知道的越南）一个叫作奠边府的闷热山谷里被打得溃不成军。在美国国内，参议员乔·麦卡锡狂热的竞选活动加大了我们的恐惧。

在太平洋深处，美国专家在埃尼威托克环礁组装了一枚 65 吨重的装置，该装置有一个很好听的名字——"麦克"。1952 年 11 月 1 日清晨，"麦克"——世界上第一枚氢弹——爆炸了，直径达 4 英里的火球像燃烧的太阳，恐怖的蘑菇云升到了 25 英里高，只是原来的岛礁早已不见踪影。不久，苏联宣布他们也有了一枚氢弹。世界已被疯狂地引向热核时代。我哪里知道几年后我驾驶的飞机也会携带具有类似破坏力的武器。

如果把大萧条之后的那个时代当作我的婴儿期，那么冷战时期就是塑造我的军事生涯的成长期。可在当时，全球事件似乎离我太远，和我的生活没有关系，即使当我穿上海军后备军官训练队制服、花大量时间研究海军科学和历史的时候，我的想法依然如此。但有时候在凌晨两点，躺在位于罗素大街 640 号兄弟会公寓的床上，我会听到来自战略空军司令部的 B-36 轰炸机轰鸣着飞过夜空，投下令人不安的模拟炸弹。我们觉得这些飞机携带着

"大炸弹"，尽管这种想法并没有改变我的生活，但现实世界正在敲响我的房门，因为海军后备军官塞尔南想成为一名海军飞行员。

到大学三年级，海军终于开始给我发放承诺的奖学金——每月有 27 美元之多，而且还有一些买书的补贴。三年级结束时，我被提名为兄弟会的主席。大四的学生仍然可以投票，有几个人不想让一个天主教徒领导普渡大学的兄弟会。我第一次感受到了歧视对我的影响，但这种影响很快就消失了；尽管我没有被选上，但那位选上的同学后来退学了，最后我还是主持了兄弟会的工作。

当我的学业成绩和服役记录都符合担任普渡大学海军后备军官训练队指挥官的要求时，我再次受到了这样的歧视，尽管这次并不是出于宗教偏见。由于我不属于正规的海军项目，只是一个拿后备役军官奖学金的学生，因此我在四年级时只能担任执行指挥官。这让我开始怀疑我到底还有没有机会上飞行学校。

当然，这种歧视很难与当年美国最高法院判决的重大问题——禁止公立学校的种族隔离——相提并论，但我人生中第一次感受到了对我的歧视。这种歧视只会让我更加坚定。

和其他后备军官训练队的学员一样，我需要在第三学年的夏天做一次随船巡航。我乘火车来到弗吉尼亚州的诺福克，停在那里的巡洋舰 USS "罗诺克"像个灰色的庞然大物，大炮的炮筒像电线杆一样粗。我分别向扇形船尾的旗帜和甲板上的军人敬礼，请求获准上船。我第一次感受到了脚下坚实的钢铁甲板。我很快意识到，虽然这艘巡洋舰很大，但它缺少了什么东西——"罗诺克"上面没有飞机！我可能会在这艘巡洋舰上待上一段时间，但它不是我想要的军舰。

海上最初的几天，我病得非常厉害。我从来没有想到，像"罗诺克"巡洋舰这样的大家伙在海上颠簸得像个暖瓶塞。我试着躺在摇摆的吊床上睡觉，胃里翻腾着，鼻子离上面吊床上那个同样晕船的学员下垂的身体只有 4 英寸①。我们大部分学员在最初的几天都在这艘大型战舰的一侧呕吐，让那些有经验的军士长们（后来成了我们的朋友和指导老师）笑个不停。

环绕加勒比海航行时，我们访问了波多黎各，1955 年我们在哈瓦那上岸休整。古巴人不是太友善，因为一个美国水兵最近在赌场里明亮的灯光下往他们的独裁领导人富尔根西奥·巴蒂斯塔的雕像上撒尿。在偏远的深山里，菲德尔·卡斯特罗正在酝酿革命。

我一边开始学习一些日常职责（如"罗诺克"这样的舰船是如何工作的），一边把眼睛不停地瞄向在附近航行的航母，想看看真正的海军飞行员如何把真正的海军飞机降落在真正的海军航母上。我心想：不会太久了。我觉得我早就该学习驾驶飞机了。

海上航行结束后，我乘火车回芝加哥休假。假期结束时，我爸爸花 14 美元给我买了一张回普渡大学的机票，飞机是中湖航空

---

① 英寸：长度单位，1 英寸 = 2.54 厘米。——译注

公司笨重的 DC-3。第一次坐飞机并没有像期待的那样兴奋：我坐在拥挤的座位上，只是日常航线上的一名普通乘客，乘坐的飞机在当时就被认为是老飞机了。然后，一位兄弟会的朋友带我乘坐一架小型塞斯纳 152 飞机，随着发动机速度的加快、轮子的离地，我知道我在职业选择上做出了正确的决定。现在，我可以透过小窗户看到向后闪去的薄云，随着机翼向上弯曲，我看见了旋转的螺旋桨带动我们前行，听见了它发出的有力而动听的"嗡嗡"声。当朋友让我感受一下各种控制器时，我感觉自己和飞机融为了一体。普通人会盯住远处的草地，而我的目光则会投向天空。

在我大学四年级的时候，一种反抗的意识正渗透到我们的文化之中。在亚拉巴马州的蒙哥马利，由年轻牧师马丁·路德·金领导的黑人群众正在抵制公交系统。在美国的大学里，"垮掉的一代"开始留胡子，朗诵诗歌，做一些怪异的事情。艾森豪威尔总统稳固的执政基础开始出现裂痕，但对我的生活没有实际的影响。我学习太努力了，而且现在离我个人的目标已经很近了，所以我不会关注其他事情。

随着课程接近结束，我收到了工资诱人的工作邀请，一个优秀的普渡大学毕业生每月可以拿到大约 380 美元。如果你想成为一位工程师，那是非常好的，但我的"海军梦"既强烈又现实。

1956 年 6 月 6 日，我从普渡大学毕业并获得电气工程学士学位，平均成绩为 5.1 分（满分为 6 分）。我以少尉的军衔加入美国海军（后备役）。两周后，我来到佛罗里达州的彭萨科拉，向"塞班岛"号航空母舰 CV-48 报到。这是一艘从海军舰队退役的方方正正的老航母，现在用于进行训练。在我看来，这艘平甲板的老航母真是帅呆了！我需要在海军服役三年——两年强制性义务和一年飞行训练。

在随后的 18 个星期里，我成为"塞班岛"号航母的乘员，之后我才可以在 10 月份开始上预飞学校。与此同时，我了解到，航母上的飞行员如果被安排为非飞行岗位（如飞行管理或维护），他们每月必须飞行 8 个小时才有资格继续拿飞行津贴，于是我就尽可能地央求他们让我坐在后座上随他们一起飞。就这样，在这期间我有了意外收获：有的飞行员鼓励我申请加入正规海军，我照办了，而且也获准了。这样我就甩掉了"后备役"的标签，看上去不再像一个临时工。在自己的名字之后写上"美国海军"，我感到很高兴，但长期在海军服役似乎不太可能，因为那时候只有安纳波利斯海军学院的毕业生才能成为海军上将。

我只是航母上新来的一位军官，每当"塞班岛"号驶入墨西哥湾，我都会在甲板上花好几个小时，看学员们尝试降落，并不是每个学员都能做好。我想象着自己也在驾驶室里。他们现在做的，我希望一年后我也能做——驾驶由螺旋桨驱动的 T-28 飞机降落在甲板上，尾钩钩住航母的阻拦索后慢慢停下来。那一年长得如同永恒，对我来说，时间慢得就像一个小孩儿在等待圣诞节一样。

我还在参加空勤预备学校的培训时，苏联总理尼基塔·赫鲁晓夫以其臭名昭著的"我们将埋葬你们"的承诺来蔑视美国。我现在已成为一名军官，他的挑战似乎与我息息相关。我照了照镜子，里面是一位年轻、高挑、理着小平头、带着坚毅神情的未来飞行员，身着飞行服，上面缝着训练中队的臂章。我准备跃入我的喷气战机，给赫鲁晓夫一点颜色看看。问题是我现在还不知道如何驾驶飞机。

对我来说，自1957年1月开始，飞行就是一件非常容易的事。我爸爸教会了我发动机的工作原理，普渡大学教会了我如何学习，体育教会了我如何竞争，而预飞学校则教会了我关于飞机的各种知识。我完全了解把我带离地面的这种机器。不知不觉中，我受到的工程教育终于派上了用场。我现在知道飞机是如何飞行的，在不同的条件下会有什么样的声音，我对各种系统熟悉的程度足以让它们和我"对话"。对有些学员来说，飞行就等同于在血汗工厂里干活儿，好像是在和飞机进行较量。有人退出了飞行训练计划，也有人由于技术不好而最终被摔死。有一天，我正准备执行飞行任务，猛然看见一桩非常恐怖的事故发生：一个学员以机腹落向跑道，飞机顿时爆炸。这个学员被烧死了，因为他降落前忘记放下起落架了。

对我来说，飞行非常轻松自如。自从我于1957年1月开始培训后不到一个月，经过累计11个小时的培训，我回头看了看驾驶舱，发现这架单引擎T-34飞机的后座上并没有教练。现在是让我单飞的时候了，起飞、控制全由我自己做主。我带着满脸的微笑起飞了，只想消失在天空里。这是一种每个人都应体验的欣快感。

我们累计飞行30个小时后，海军把学员们分成两组，把我们这些获得单引擎培训合格证的学员送到怀廷机场飞 T-28——一种动力高达 1 425 马力的飞机。在随后的 6 个月里，我们的训练循序渐进，学习飞行的各种复杂技巧：编队飞行、使用机炮、全国导航，而且大部分都在夜间完成。我们第一次真正体验到军事航空的危险性，你偶尔会碰到坠机、空中相撞，或者有的夜航学员有可能回不来。已经成为好朋友的学员突然就不在了，你感到他们或他们的飞机肯定出了问题。但这种事情不会在我身上发生。

累计飞行 100 个小时后，我被转到巴伦机场，为航母上的起降做准备：在普通跑道上画了航母甲板的线框，我们开始学习把飞机降落在线框以内。这样，如果一个学员跑出了"甲板"，他依然在陆地上。正常情况下，在巴伦机场拿到航母起降合格证之后，我会被转到得克萨斯州的科珀斯克里斯蒂，进行最终执飞喷气飞机的高级培训。这才是我刻苦训练的意义所在，我为实现这一目标等待得太久了。

在我准备以飞行员的身份回到"塞班岛"号航母的一个星期之前，一个意想不到的机会降临到我的头上。海军上将们不满于花费一百万美元和 18 个月的时间培养一位海军飞行员，而他只需在海军服役一年半就可以退役，然后轻而易举地在航空公司找到工作。于是，五角大楼发出特别命令：想当海军飞行员的人必须能够服役 5 年。这就好像一把大镰刀划过了飞行员队伍。那些即将获得飞行徽章的人突然需要再服役 2 年，而那些刚刚开始训练的人甚至连 5 年服役的终点都看不到。对有些人来说，这种服役承诺过于漫长。海军后来估算，这道命令使海军潜在的飞行员几乎损失了一半。

我一点也不在意，因为我的理想就是飞行。我年轻，有激情，没有妻子和孩子，也没有比当海军飞行员更想做的事情，于是我表示愿意并在承诺书上签了字。然而，很多人不愿意，这样孟菲斯海军航空站就出现了学员不足的情况。当他们到处征求自愿者时，我看到了机会。不利的一面是，我将错过上船的机会，而驾机在航母上降落一直是我想做的事情。尽管如此，这是我获得飞行徽章的捷径，于是我抓住了这次机会。

通常情况下，我需要继续进行 6 到 8 周的高级培训——飞螺旋桨飞机 T-28，学习仪表和全天候飞行，然后慢慢换成喷气飞机。但来到孟菲斯后不到一个月，我就坐进了喷气战斗机——老式的 T-33 "流星" 的驾驶舱，它安静、迅猛地把我推向高空，穿过云层，冲向 3 万英尺的蓝天。来到田纳西州是我做出的最英明的决定之一。现在情况有些紧急，因为再有一个月，我就可以在孟菲斯拿到我的飞行徽章了，而此时苏联把一颗重 184 磅的闪亮钢球发射升空，成为进入地球轨道的第一个人造物体；这个钢球带有四个尖叉，像后掠的金属胡子。他们称之为 "人造卫星"，它每次经过我们国家，都会从太空发出无线电蜂鸣信号，告诉我们冷战的规则已发生变化。我有时会站在黑夜中，仰望田纳西州的夜空，寻找那个小玩意儿，尽管我知道我根本看不到这个淹没在群星中的微弱斑点。他们是怎么把它弄上去的？为了证明发射不是侥幸成功，苏联于 1957 年 11 月 3 日把 "人造卫星" 2 号送入地球轨道，而且还把一只名叫 "莱卡" 的狗当作乘员。就这样，在离我获得海军飞行徽章还有 3 个星期的时候，俄罗斯的一只杂种狗做的这次飞行比历史上的任何人都更远、更快、更高、时间更长。我从来就没有想过一只狗会进入太空，更不用说人和我自己了。

1957 年 11 月 22 日，在我开始飞行只有 10 个月（而不是通常的 18 个月）后，母亲把金色的飞行徽章别在我蓝色的制服上，父亲则在一边自豪地看着。我赢得了飞行徽章，但竞赛并没有结束。我是一位海军飞行员，但还没有完成飞行训练，也没有在航母上降落过。

苏联正在成功地发射卫星，美国也正在努力进入太空竞赛，但还没有成功。苏联人发射卫星都是秘密进行的，而我们所有的事情都在带有斑点的黑白电视上进行现场直播。美国首次尝试向地球轨道发射卫星时，我们眼睁睁地看着卫星发生了爆炸。

当转向我们的德国人后，我们终于取得了成功。多年来，冯·布劳恩一直在说，他和他的团队可以发射卫星，而且可以赶在苏联人之前，但他一直被对手压制和嘲笑。空军想要控制所有的太空计划，而把太空计划看作是其在爱德华兹空军基地进行的飞机试飞工作的扩展。海军也是一样，他们正准备试验自己的"先锋"号火箭。不幸的是，德国人服务的是美国陆军。嫉妒发挥了作用。

德国人利用"朱庇特"-C（一种与他们为希特勒制造的 V-2 非常接近的火箭）完成了任务。在苏联的"人造卫星"创造历史将近 4 个月后，"探险者" 1 号从佛罗里达州海岸上一个称为卡纳维拉尔角的不知名沙洲被送入地球轨道；卫星只有 7 英尺长，携带着重量为 11 磅的科学设备和两个无线电发射机。美国加入了太空竞赛。

"你只是一只猎狗！" 1957 年圣诞节后，在从孟菲斯开车回彭萨科拉的路上，我听了埃尔维斯·普雷斯利的最新热门歌曲可能不下 50 遍。我不同意埃尔维斯的说法，我觉得自己比任何狗都强大，包括吃了最后一顿掺了毒药的晚饭而在地球轨道上死去的莱卡。我不仅获得了飞行徽章，而且还被提升为中尉，这意味着我不再是一个卑微的少尉，尽管我仍然离它非常近。这种提升水到渠成，你只要活着就会发生。尽管如此，我在贝尔伍德回家过节时，仍然自豪地佩戴上了新的军衔——一个银杠。

还是说一点严肃的话题吧。我父亲的身体每况愈下，令我非常担心。我想让我的父母知道，我非常感激他们为实现我的理想所做的一切。我在彭萨科拉给他写信道："我尽最大的努力让你们为我感到自豪，因为这一切都归功于你和妈妈。"

我坐入单座的 F9F "黑豹" 战斗机——一架给子弹孔打上补丁的朝鲜战争时期的飞机，这是我第一次控制一架没有后座的奇怪飞机。他们交给我一架飞机、一本飞行说明书、一点课堂讲解，然后站在一边说道："好了，全靠你了。"这时候你才知道你真正变成了一位飞行员。我踏上了另一个台阶，尽管仍然没有在航母上降落，但我已经越来越接近了。

驾驶轰鸣的 T-28 螺旋桨飞机和缓慢的教练机的日子一去不复返了。"黑豹"是真正的喷气战斗机，它的安静令我吃惊。咆哮的发动机远在飞机的后部，我戴着头盔听到的声音像低沉的耳语。这架墨绿色、亮闪闪的飞机对我轻微的操控都能做出响应，就像和我融为一体一样。驾驶舱就在飞机的头部，给我一种在天空中滑翔的感觉。我发现我可以利用指尖轻微的感觉进行控制，那时我并没有意识到这种靠直觉的飞行是多么重要，这种意识是我坐在"土星"5 号火箭顶上或者把登月舱降落在月球上的时候才产生的。当时真正令我兴奋的是我知道自己正坐在一个"致命的箭头"上。

危险始终伴随着这个"无情"的职业，即使在高级培训中，也有年轻学员在试图掌控我这种飞机时坠亡了。我不会让这种情况发生在我身上，因为我自信地认为我能够掌控驾机飞行业务。坠机只会发生在其他人身上，通常因为他们犯了愚蠢的错误。算了吧，其实我们都会犯错误，只是我们当中有的人比其他人更幸运。

一直到训练生涯的最后一次飞行，我的飞行记录都是完美无瑕的。我们每次的飞行都会被打分，成绩不好会给个"下"，然后重飞一次。从我第一次爬进驾驶舱以来，从来就没有靠近过"下"。那种分数都是给一般人的，至少我是这样想的。这种情况在我们的最后一次飞行中发生了变化。我们四个学员驾驶"黑豹"进行常规的射击训练，目标是另一架飞机拖着的长条幅。由于我们的自我感觉非常好，因此决定先把条幅打成一个个的条带，再把条带创纪录地打成碎片。我们从不同方向扑向教练那架拖着条幅的目标机，开始实弹射击，结果把他吓得不轻。教练是个海军陆战队员，一点幽默感都没有，对我们出色的技能并不认可。他给我们每个人的成绩都是"下"，还命令我们明天重飞这个任务，让我们在空中再闹腾一回。这次我们比较循规蹈矩，避免惹他不高兴。

我在训练班以第三名的成绩毕业，海军给了我几个岗位选项。我选择了单引擎喷气攻击机，因为我喜欢快速低飞和投弹。我还选择了去西海岸，因为巡航神秘的亚洲对我很有吸引力。

1958 年 2 月，我把自己的所有家当放入我的雪佛兰敞篷车后备箱，打开摇滚音乐，横跨美国，前往圣迭戈——米拉玛海军航空站的所在地，美国的战斗机之城。说到这个地方，后代的年轻人只会想到《壮志凌云》。我来到航空站，看见海军的战斗机和喷气攻击机在加利福尼亚州耀眼的阳光里冲向天空或者盘旋着降落，意识到我在这里可能不再是"空中之王"。作为没有任何资历的新手，我最初的职位是一个百无聊赖的中队执勤官——接电话，整理文件，确保房顶不会塌下来。在我上班的第一天，房顶还真的差点儿塌下来。我有生以来第一次经历的地震一下子就发生了，机库摇晃起来，跑道起了褶皱，把我这个中队执勤官吓得魂都没有了。这是针对未来的一种预兆，提醒我我的人生不会平平淡淡，这是上帝的一种表达方式：欢迎来到真实的世界，你这个年轻人。

5 白色天使队

我是一个钢铁战士，正以 500 节的速度穿越加利福尼亚州的天空，距离沙漠上的蜥蜴和仙人掌只有 50 英尺，全神贯注于把我驾驶的 FJ4-B "狂暴"机身下的核弹准确投向目标。通过检测点时我必须猛拉控制器，把速度从 500 节降到 300 节，4 倍于体重的压力把我像煎饼一样推向座位，眼球疼得难以忍受。我以一个 "紧急上拉"直冲上去，按下按钮把炸弹投出去。我驾驶 "狂暴"开始俯冲，把油门一下推过防火墙，使它的速度超过设计师的想象。然后，随着炸弹越过其抛物线轨道的最高点并开始向地面做致命的回落时，我紧贴地面拼命逃离。我现在的任务是超越即将到来的核爆炸冲击波和耀眼闪光的速度，否则，这一波一波的巨大能量会把我震到天外。我能做到吗？没人知道！感谢上帝，我再也不需要知道答案了。

这就是冷战时期一位攻击机飞行员的日常生活。有一天，我驾机掠过南加利福尼亚州湛蓝的天空，这只是一次练习，炸弹是模拟弹，我们称为 "牛眼"的目标点由插入石块和沙子里的四根木桩标识。每根木桩长 12 英尺，埋入地下 2 英尺，露出地面 10 英尺。我开始进入投弹轨迹，为了提高准确性，我像土拨鼠一样掠地飞行（在实际攻击时是为了躲避雷达）。看不到我，他们就不会朝我射击。我飞得很低，一旦出现一根木桩，我就会驾机一跃而过，就像在运动场上跨栏。这很有趣，但有点蠢，只有一个刚走出飞行训练学校大门的年轻孩子才会这样做。

当我看着仪表、迎着阵风做出调整时，这架敏捷的喷气飞机以平稳的速度呼啸着飞过模糊而又起伏的棕黄色地面。"嘭"的一声，紧接着是剧烈的颠簸。我那以 500 节高速飞行的"狂暴"把一根作为标识的木桩切掉了 1 英尺。我感觉到了强烈的振动，知道撞到了什么东西，但飞机还在飞，也没有报警灯闪烁，于是我爬升到更安全的高度，飞往埃尔森特罗，并驾驶轰鸣的"狂暴"安全降落。

在我解开安全带、镇定自若地爬出驾驶舱时，地勤人员和其他飞行员都过来围观，然后都难以置信地直摇头。机头的一个炮口被一块木头堵得严严实实，因为木头被切成了炮口的形状。机身右侧有一道撕裂的口子，从机头一直延伸到机翼，一块块的蒙皮松开了，锯末从里面掉落出来。

堵塞的木桩离发动机的进气口只有不到 6 英寸，撞上发动机就会导致灾难性的爆炸。这种事情在其他飞行员身上发生过，但从未发生在我身上。我很快意识到，我做了一件非常愚蠢的事，这件事会让我死在沙漠里，葬身于一堆着火的残骸中。犯错误是难免的，但做蠢事是不可原谅的。

中队的兄弟们把我簇拥到军官俱乐部大喝一场，还给了我一面猩红色的旗帜，上面写着："撞弯木桩奖章——仅限于还活着的低飞飞行员"。当然，我对此一笑了之，因为不成文的规定要求我们绝对不能显露恐惧。在过去几个月里，我确信自己是坚不可摧、难以发现和刀枪不入的。我现在仍然是一个勇猛的飞行员，但从那天开始，我对自己这个危险的职业一下子有了敬畏之心。

1958年，圣迭戈。我简直生活在天堂里——热辣辣的墨西哥餐和冰爽的啤酒，有人冲浪的黎明和晒太阳的加州姑娘。"当然，宝贝儿，我飞喷气战斗机！"她们并不需要知道我只是一个新手，一个差点儿把自己的命弄没了的家伙。

我来到米拉玛海军航空站时，仍然没有在航母上降落过飞机，这是一种很罕见的情况。当我被分配到攻击中队VA-126（呼号为"硬汉"）时，这种情况终于成为历史。经过在画成航母甲板的跑道上进行练习之后，他们让我驾驶一架A-4"天鹰"飞往"突击者"号航母CVA-61——美国建造的带有起飞坡道、空间宽敞的第三艘超级航母。为什么从我的驾驶舱看过去CVA-61航母那么小？为什么它颠簸得那么厉害？为什么一艘大航母在平静的海面上像个玩具一样上下沉浮？

我第一次降落时，航母似乎落入了一个波谷。我听着着陆信号官的指挥，眼睛盯着那个"肉球"——那个给我指示降落轨迹的跳动的光球，把速度降到仅比失速速度稍高一点。突然，"突击者"号的停机坪在我身下闪过，飞机的尾钩钩住了阻拦索，随着"天鹰"一个摇晃的急停，我把油门一推到底，飞机顿时发出狂怒的声响——明明被钢索拉着不能动，你却让我使劲飞。我被安全带勒着甩向前方，猛烈得牙齿都开始打颤，速度眨眼之间从125节降到零。塞尔南，干得漂亮！现在再做11次。

拿掉阻拦索后，我开始向前滑行，甲板上的工作人员把飞机挂在蒸汽弹射机构上，我向弹射官敬了个礼，这是飞行员表明已做好起飞准备的传统信号。一股强大的动力一下子把我的头甩向后面，弹射系统把我甩回到125节，"突击者"号航母一下子闪向身后。那一天结束时，我拿到了航母起降的合格证，终于可以自豪地扬起头了。现在，我成了真正的海军飞行员。嘿！宝贝儿！我飞喷气战斗机！

我在米拉玛海军航空站太沉浸于自己的世界了，几乎不太了解发射太空卫星的竞赛正在加速。火箭发射已变得司空见惯。

1958年11月，国家航空咨询委员会（NACA）变成了新的国家航空航天局（NASA）。同月，我被重新分配到VA-113（呼号"毒刺"）飞"天鹰"，它是"香格里拉"号航母上第11航空大队的组成部分。"天鹰"是敏捷的单引擎小型攻击机，被我们亲切地称为"滑板车"，它唯一的用途是向敌人投放炸弹和发射火箭。

1959年3月，我第一次出发去西太平洋远航，到一个令人不安的世界里巡逻，航母上载有数千人和50多架飞机。大约5 000名美国海军陆战队队员已赶赴黎巴嫩，以支持民选的政府；菲德尔·卡斯特罗领导的反政府武装正向哈瓦那进发；一场游击战正在刚刚分裂的越南展开。

第一次来到"香格里拉"号航母的军官生活区时，我到处看了看。航母上有几个中队的飞行员，他们飞的飞机有"恶魔""美洲狮""天空勇士""天鹰""太空突击者"和"老虎队"。每个中队有15～18个飞行员，都是出类拔萃的。我们知道我们当中有些人将再也回不到岸上了。也许弹射座椅会出故障，也许蒸汽弹射系统失去动力而飞行员会驾驶飞机冲入一直前行的航母前面的水中，也许有人会撞到山上或者直接飞入水中。在落到航母、滑行至升降机、下到机库甲板、从飞机里爬出来之前，谁也不敢说自己是安全的。

一旦进入太平洋，生活就变得平淡无奇，我的飞行技术也逐日提高。我在广阔的海洋上空飞行，然后安全返回。飞行员要么降落，要么坠海。每次坠海之后通常都在飞行甲板上举行安静的追悼会，经常连飞行员的尸体都找不到。更糟糕的是，"香格里拉"号航母并不像超级航母"突击者"号那么宽大。它是一艘27-查理级、由滑跃起飞甲板截平后改造而成的平甲板航母。降落区域比橄榄球场还要短，天气不好时看上去非常渺小，在晚上几乎看不见。我深吸一口气，沿着那个光球飞过去。

斯基普·弗隆和弗雷德·鲍德温也在这艘航母上，他俩是我在米拉玛海军航空站时同一个中队的朋友，我们一起经历在航母上起降的危险，一起喝鸡尾酒，从东京到新加坡的停靠以及第七舰队的操场上，我们总是引起骚动。我们也因此结下了深厚的友谊。

我的自信心之所以非常强，是因为泽克·科米尔教过我们几个如何真正地进行飞行。他教我们的不仅仅是如何驾驶飞机，而是如何让我们强劲的"天鹰"划过天空并用闪亮的特技动作在天空绘制图案。

作为海军著名的"蓝色天使"飞行表演队的队长，在完成巡回表演之后，泽克在"香格里拉"号航母上成为航空大队的头儿，这位帅气的意大利裔美国人看上去像是刚刚从招聘海报上走下来一样。他不满足于日常的飞行训练，于是把我们三个新手（我们只知道和泽克一起去飞行）组织起来，创建了"白色天使队"。泽克为长机，我在一侧，弗雷德·鲍德温在另一侧，又瘦又白的迪克·"幽灵"·韦伯位于中间。泽克教我们高难度的飞行动作，我们很快就开始在整个亚洲进行精准的飞行表演。一开始，海军对此非常满意，但后来要求我们把名字改掉，避免与"蓝色天使队"的名字发生冲突。于是我们就以我们中队的名字——"毒刺"进行表演，但仍然对各地的表演请求应接不暇。

飞在泽克的侧翼非常轻松，因为他是我们遇到的最卓越的飞行员之一。他没有猝然、怪异的动作，飞行顺滑得无可挑剔；锁定在他的一侧，我从来不知道自己是在倒飞还是侧飞。翻筋斗时，如果他飞入水中，我们都会以完美的队形飞入水中。他甚至想让我们穿越针眼，有时候他还真会这么做，拖着彩色的烟雾，让人们搞不清楚我们是真的技术这么高超还是疯了。

25 岁生日那天，我早早地起床，攻击了夏威夷。"香格里拉"号航母正在参加一项称为"作战准备"的军事演习，设想我们的第 50 个州遭到了入侵；我们 4 个"毒刺"成员在凌晨 3 点半被召唤起来，交代了 6 点的飞行任务。我从寒冷、颠簸的甲板上冲入漆黑的夜空，看不到远处的地平线。当清澈的黎明到来时，我把模拟炸弹投放到设定为目标的一个无人小岛上。由于还有很多燃料，因此我在返程的路上飞过了几个植被茂密的岛屿，像一个坐在百万美元的空中缆车中的游客，欣赏着纯洁的海滩和碧绿的海水。当我飞过福特岛和 1941 年日本偷袭珍珠港时受到重创的战列舰编队时，感到一阵难过。"犹他舰"只有三分之一露出水面，无尽的浮油正从击沉的"亚利桑那舰"中渗出来，约有 2 000 名官兵随它沉入海底。这是一段在我的生命周期中发生的历史，它时刻提醒着人们战争是多么恐怖。

太空中发生了一些有趣的大事，这些事终于引起了我的注意。1959 年 9 月，苏联发射了"卢娜"2 号——一个重达 860 磅的抛射体，它在月球表面撞出了一个 90 英尺宽的大坑。该抛射体虽然有些原始，但它却是人类制造的撞向月球的第一个物体。10 月，他们把"卢娜"3 号送入月球轨道，用于拍摄月球未知的背面。我们再次受到了震动，因为这些物体并不是以前的像篮球似的人造卫星，而是能够探索我们周边宇宙、有些复杂的装备，而且上面写满了俄文。

美国也不示弱，于 1959 年 4 月 2 日推出了由 7 位飞行员组成的"墨丘利宇航员"团队：斯科特·卡彭特、戈登·库珀、约翰·格伦、格斯·格里索姆、沃利·希拉、艾伦·谢泼德、迪克·斯莱顿。美国的每个军事飞行员都想成为这4位海军飞行员（一位属于海军陆战队）和3位空军飞行员中的一员。他们将把我们带向太空。

我对他们的任命非常好奇。如何成为一位宇航员？到底什么是宇航员？按照报纸上的说法，申请者必须是试飞员学校的毕业生，有至少两年担任不少于20种飞机的试飞员的经历，拥有不少于1500小时驾驶喷气飞机的飞行时间，年龄不超过40岁（截止到1959年12月31日），身高不超过5英尺11英寸（约180厘米），体重不超过177磅（约80千克），获得工程或相关专业学士学位。

在这些条件当中，我只满足两条：不超过40岁，获得了相应的学位。看来我不是当宇航员的那块料。"首批七杰"都是资深的试飞员，比我那时有限的成就强太多了。我对当宇航员很感兴趣，但认识到当我满足那些条件时，对太空的先驱性探索早就结束了。我加入海军是为了飞行，而驾驶由火箭驱动的飞船对我一下子产生了吸引力。我的脑海里产生了新的梦想。

1959年10月2日，"香格里拉"号航母返回了圣迭戈，停泊在北岛，而航空大队则飞往米拉玛海军航空站。我所在的飞行中队准备换船。"香格里拉"号航母要去东海岸，我们的飞行大队要去"汉考克"号航母（被水兵们称为"汉娜丸"）。但在这之前有一段最受欢迎的上岸休假，以缓解军事训练的压力，于是我选择回家过圣诞节。

我正在洛杉矶国际机场排队买票，身前是一位身材姣好、身穿浅蓝色制服、头戴圆帽的美国大陆航空公司的金发空姐。哇塞，她真漂亮！我一边想，一边挺了挺胸，抻了抻制服。可我还没有来得及告诉她我是多么坚不可摧、难以发现、刀枪不入，她就拿上机票、连看都没看我一眼就走掉了。我呆呆地站了一会儿，就走向飞往芝加哥的登机口，与她失之交臂了。幸运的是，我听到她对工作人员说她来取自己和一位女性朋友的机票，并拼读出自己的姓氏 A-T-C-H-L-E-Y。在我乘坐的美国大陆航空公司的飞机上，我问一位空姐知不知道一位姓阿奇利的空姐。她还真知道，于是我了解到那位神奇的姑娘叫芭芭拉·阿奇利。

　　现在，我有了一项和海军没有任何关系的任务。我给大陆航空公司打电话，但他们拒绝披露员工的任何信息。两个星期后，我在帕萨迪纳拜访了我的普渡大学室友比尔·史密斯和他优雅、长有红棕色头发的妻子露西。当他开门时，我迫不及待地说："比尔，我爱上了一个人！"他朝我翻了个白眼，因为他以前听我这样说过很多次了。"嗯，那是肯定的，进来吧。"

　　我坐在沙发上，在露西惊奇的目光中讲述了我寻找可爱的芭芭拉·阿奇利的经过。比尔早就听烦了，把我拉到楼下去看他那辆刚刚发生了碰撞、1955 年产的"雷鸟"轿车。在我们讨论轿车时，露西突然打开一扇窗户，喊道："吉恩，吉恩，快来接芭芭拉的电话！"我一脸困惑地看了看比尔，他也一脸困惑地看了看我，然后我俩又一脸困惑地看着兴高采烈的露西。原来，她给大陆航空公司打电话，撒了一个极其有效的谎：讲了一个失联多年的朋友终于回家的悲伤故事，说我们需要马上联系芭芭拉。公司给一脸困惑的芭芭拉打了电话，于是她就给露西回了这个电话。露西向她说明了情况并劝她和我说话。

为了壮胆，我猛灌了几口啤酒，然后冲到楼上，也不知道要说点儿啥。露西把电话递给我时，我紧张得就像在风暴中驾机在航母上降落一样。由于紧张，我说话结结巴巴，但她并没有挂掉，最后同意和我见面。"你还真把她搞定了！"露西笑着说。

芭芭拉回忆说，那天我开着我的敞篷车来到她位于雷东多海滩的家，我们的第一次约会我就迟到了。汽车的消声器像滚雷一样响着，她心里暗自说道："天哪！他是个改装车迷。"

一看到这位来自得克萨斯州的极其出色的金发姑娘，我就知道我该做一些表现成熟的事情了。她妈妈杰基·梅·阿奇利和弟弟也都在家，我好像一下子就进入了一个新家庭。在露西和比尔的陪同下第一次与我共进晚餐时，芭芭拉第一次品尝了马提尼鸡尾酒，向我讲述了她的个人情况。她出生于科珀斯克里斯蒂，两个月大时搬到休斯敦附近的贝敦，并在那里毕业于罗伯特·李高中；毕业后她做了一段时间的秘书工作，于1959年6月成为大陆航空公司的空姐并搬到了加利福尼亚州。她的航班主要飞芝加哥，这让我有机会向她介绍我的家庭和生活情况。此后不久，芭芭拉就利用其中的一个航班来和我的家人见面，我的父母一下子就喜欢上了她。善于观察的父亲说："儿子，那姑娘长得真是健美。"

我的室友弗雷德·鲍德温开始与芭芭拉的室友（和芭芭拉她

母亲的名字一样，也叫杰基）约会，很快，我们四个几乎每个周末都会在从圣迭戈到雷东多海滩 120 英里的公路上穿梭。弗雷德和杰基于 1960 年秘密结婚，这违反了航空公司空姐必须是单身的规定。当大陆航空公司发现这一情况后，把杰基开除了。一位严厉的主管问芭芭拉是否也已结婚，她坚定地否认了。确实还没有。

到 1960 年 6 月 9 日"汉娜丸"向西太平洋进发时，芭芭拉和我已经深深地相爱了。但我的工作会影响我们之间的恋爱关系，所有的海军家庭都一样。我一年当中大部分时间都出海在外，带着像铁轨一样的新晋的上尉军衔，我在操控飞机方面信心满满，也会在军官室时不时地嘲弄一下新来的军官。

泽克因为另有任务离开了我们，于是剩下的"毒刺"成员选出了飞行小队的另一位队长，当我们没有军事飞行任务时，我们就在巡游亚洲时继续进行飞行表演。这种精密的训练工作有一个极其严肃的目的：不断锤炼我们的技术，假如一天早上来到甲板，发现我们的"滑板车"站在自己像高跷一样的轮子上，红色的挂弹车正在机腹挂架上挂装巨大的核弹，我们就可以更好地完成我们的使命。有时候作为备战演习，我们也会挂装那个真的银色核弹（只是不带起爆点火器），因为高层希望我们在真正需要投放核弹的时候不会惊慌失措。

那时候，核弹非常重，A-4 只能携带一枚这样的炸弹。挂装一枚核弹再装满燃料后，我的飞机需要最大弹射速度的帮助才能飞离甲板。有一枚核弹挂在我的飞机上，赌注的代价变得非常高昂，因为 A-4 是精心设计的小型飞机，专门用来把一枚恐怖的武器投向目标。对像我这样的飞行员来说，这可能意味着一次单向的旅程——把有去无回的核长矛的尖头对准目标。

这种想法有一天让我的心情很沉重。我在日本上岸休假时参观了广岛和长崎——世界上被原子弹攻击的仅有的两座城市。公园里很安静，原子弹轰炸纪念碑上挂着小学生们折叠的一串串色彩鲜艳的纸鹤（鹤被日本人认为是神圣的鸟儿），孩子们围着我，叽叽喳喳地向我打招呼。他们不知道我是谁，因为我穿着便装。看着这重建的城市和一群群幸福的孩子们，我思考着自己承担的重大责任和我的国家让我做好准备的重大意义。

在那些日子里，灾难似乎离我们非常近，我们进行飞行演练可不是为了好玩儿。我们在西太平洋进行部署的那个月，一架美国 U-2 间谍飞机在苏联上空被击落，飞行员弗朗西斯·加里·鲍尔斯被抓。一向狂妄不羁的赫鲁晓夫在巴黎峰会和日内瓦裁军会议上利用这一事件羞辱艾森豪威尔总统。不安定的东西柏林之间的边界上不断爆发新的冲突。

看到原子弹造成的巨大破坏，我心怀不安地离开了长崎和广岛，想象着 15 年前这两座城市会是什么样子。然而，我也变得比任何时候都更加坚定——决不能让这种情况发生在纽约、芝加哥、贝尔伍德或其他任何一座美国城市。这就是为什么我会成为大规模报复战略的一部分，这一战略的宗旨是，任何对美国的核攻击都会得到同样的甚至威力更大的反击。我的心里非常清楚，一旦战争最终爆发，只要我在航母上，我将驾机完成我的使命。

总要有人去投下那颗"大炸弹"，那个人就是我。

芭芭拉每天都给我写信，我也每天发给她一个小包裹。我把我的思念之情录入磁带邮寄给她。每当她把磁带寄回时，她的声音总让我感到很温馨，我就开始计算离巡航结束还有多少天。她不是天主教徒，为此我父母有些担心，但她同意转信天主教。

1960年11月，当我还在海上的时候，宗教已经发生了奇怪的变化。一位来自波士顿的年轻参议员约翰·肯尼迪利用电视辩论的新手段，以微弱优势击败理查德·尼克松，成为美国有史以来第一位罗马天主教徒总统。

在新的"高边疆"（我们把太空称为"高边疆"），苏联人增加了他们"展览"动物的种类，把2只狗和6只老鼠利用"人造卫星"5号送入地球轨道。美国成功发射了第一颗气象卫星和第一颗配备照相机的间谍卫星。这种技术奇迹令人惊叹。

1961年3月，我第二次巡航西太平洋结束时，准备过一段安稳的生活，让别人在核武器的刀尖上生活一段时间。我准备向芭芭拉·阿奇利小姐求婚。

6 两位谢泼德中校

在 1961 年 5 月 6 日这个阳光明媚的星期六下午，芭芭拉和我在米拉玛的一个小教堂里举行了婚礼。她穿着白色的婚纱，披着飘逸的面纱；我穿着带有铜纽扣和金翅膀徽章的白色制服。当我俩走出教堂，从海军弟兄们用长剑高高架起的通道里穿过时，芭芭拉一直防备着弗雷德·鲍德温，他事先威胁说要用寒光闪闪的长剑把她一劈两半。

就在我举行婚礼的前一天，在佛罗里达州的卡纳维拉尔角，一位方脸、理着平头、名叫艾伦·谢泼德的海军飞行员，挤进一艘非常小的"墨丘利"飞船，等待着走走停停的倒计时，由于等待时间过长，他把裤子都尿湿了；最后，他终于起飞，完成了一次 16 分钟的亚地球轨道飞行。

1961 年 1 月的最后一天，NASA 把一只名叫"哈姆"的黑猩猩送入亚地球轨道。但仅仅两个月后，苏联宇航员尤里·加加林被绑在一艘加农炮弹形状、称为"东方"1 号的飞船里，从地球起飞，花 108 分钟绕地球轨道飞了一圈，成为进入太空的第一人。苏联的人造卫星再次领先。

在加加林完成历史性飞行的 1 个星期后，美国中央情报局策划的一次军事行动没能按计划实施——由古巴流亡人员组成的部队准备不足，指望着美军会支援，就在一个名叫"猪湾"（菲德尔·卡斯特罗最喜欢的钓鱼点）的地方登陆了，结果全军覆没。此后两个星期，民权活动人士开始乘大巴去南方，抗议美国的种族歧视，却遇到了大量的暴力袭击。我们周围一片混乱。此时，艾伦·谢泼德完成了亚地球轨道飞行，沉郁的头条新闻一夜之间就消失得无影无踪。现在，我们也有了一位飞天的宇航员，所有其他的事情都被谢泼德的成功给淹没了。谢泼德使美国人再次对自己和未来充满信心。

尽管结婚前事情千头万绪，我还是一直不忘看电视，想象着把自己放进那个小小的"墨丘利"飞船，去经历艾伦·谢泼德那雷霆般狂野的飞行。如果此时有人拍拍我的肩膀说，下次艾伦飞向太空时，他的后备宇航员将是一位两次进入太空并去过月球、名叫吉恩·塞尔南的飞行员时，我肯定会一笑了之。后来，我和这位真正的英雄成了终生的朋友，为此我感到非常自豪。

办完婚礼并在基德上将军官俱乐部吃完婚宴后，芭芭拉和我到墨西哥去度蜜月。为了省下几块钱，我们乘坐忽上忽下的小型飞机从提华纳飞往墨西哥城，用省下的钱买了几瓶特其拉酒。到宾馆后，我们发现房间里有两张单人床，这肯定不行。我马上给前台打了电话，不一会儿服务员就来了，笑着把两张小床拼在了一起，说道："成大床了。"然后他鞠了一躬、挥挥手走掉了。

我们乘坐大巴沿着崎岖、狭窄的道路前往阿卡普尔科，一路被吓得够呛。我们坐在前排，远离后排那些带着活鸡的乘客；司机一边冲着山坳里这条窄路上的牲畜、行人和车辆猛开，一边对路上碰到的每一位女人挥手、调情，把我们吓得目瞪口呆。尽管如此，我们还是活着度完了我们的蜜月。

回到加利福尼亚州，我们在德尔马租了半套联式小别墅，作为我们的小家，芭芭拉称之为"小玩具屋"。它刚好坐落在悬崖上，能把太平洋的景色一览无余；每天傍晚，金色的夕阳直接洒进我们的客厅。房东克拉拉·库克住小别墅的另一半，像奶奶一样对我们呵护有加。

我们从墨西哥回来后不久，肯尼迪总统发表了一个全国电视讲话，向整个国家提出一项挑战性任务，让像我一样的飞行员们激动不已。谢泼德完成16分钟的太空飞行不到3个星期，肯尼迪总统就宣告：现在该是美国在太空飞行中"迈出更大步伐"的时候了。

他告诉美国人民："我认为，我们国家应保证实现这样一个目标：在这个十年结束之前，把一位美国人送上月球，并使他安全返回。我们选择在这个十年登上月球，不是因为它很容易，而是因为它很困难，因为该目标有利于应用和度量我们最佳的精力和技能，因为这项挑战是我们愿意接受的，是我们不愿意推后的，是我们想要赢取的。"这是非常大胆的讲话，因为我们只有很少的载人太空飞行的经验。他在讲话中没有使用"科学"这个词语，而在我后来的职业生涯中，科学将会起到非常重要的作用。有一点是肯定的——肯尼迪总统的承诺改变了我的命运。

我需要做出一个重大的职业决定。我5年的服役承诺即将到期，很有可能会彻底离开海军。在就职典礼上，肯尼迪总统发出了令人振奋的呼吁："不要问你的国家能为你做什么，而要问你自己能为你的国家做什么。"我已经为国家做了一些事情，也愿意做更多，但问题是"做什么？做多久？"

此时，海军向我提供了一个不错的机会。我可以就读位于加利福尼亚州蒙特雷的海军研究生院，2年获得硕士学位，第3年可以自行选择在一所著名大学进修1年。在这期间还可以继续飞海军的喷气飞机！虽然不是那种把我练就为娴熟飞行员的高性能作战飞机，但它们仍然是喷气飞机，我可以完成每月最低8小时的飞行，来继续拿我的飞行津贴。

海军要求每上1年学需要服役2年，这样就可以让我在海军服役6年。加上我已经服役的5年，这就至少是11年，让我坚实地走向职业海军军官的道路。我总是愿意设定可以达到的目标，也就是既有挑战性、又有合理性的5年计划，而海军提供的机会正好符合这一点。在蒙特雷获得航空工程硕士学位后，我就有很好的机会进入海军位于马里兰州帕塔克森特河的试飞员学校。之后，我就可以返回海军机队，并掌管一个飞行中队。

谁不愿意在蒙特雷-卡梅尔地区这个美国最漂亮的地方之一生活？芭芭拉和我退掉在德尔马的房子，和米拉玛中队的同事们聚完会，就驱车沿蜿蜒的海岸线北上；我们打开敞篷车的车顶，欣赏着加利福尼亚州的自然美景。

1961 年的夏天是令人兴奋的，对一个渴望飞得更高、更快的飞行员来说更是如此。宇航员格斯·格里索姆乘坐"独立钟"7 号完成了 15 分钟的亚地球轨道飞行，但这次飞行几乎酿成灾难：他溅落在海上之后，舱门莫名其妙地崩开了。"墨丘利"飞船沉入海底，格斯差一点被淹死。就这样，苏联再次取得胜利，宇航员盖尔曼·季托夫在一整天的飞行任务中沿地球轨道飞行了17 圈。我们的回应是把另一只黑猩猩"以挪士"送入地球轨道。

我开始学业以后，冷战的旋风逐步加强。苏联阵营建起了柏林墙，把德国一分为二；美国和苏联的坦克在查理检查站相互对峙。在"汉娜丸"正在驶向的亚洲，马克斯韦尔·泰勒将军请求美国政府把一支 8 000 人的特遣队派往越南。我心里感到非常不安。我仍然是一位海军攻击机飞行员，而且情况越来越严峻。我应该怎么办？我最后的决定是：海军将来肯定会让一个能力获得提升的塞尔南发挥作用。

蒙特雷半岛简直是世外桃源，高大的红杉林、蓝色的大海和夏日凉爽的微风使这里的生活变得非常特别。学校没有军事基地的样子，而是充满大学校园的氛围。实际上，海军研究生院就在老的德尔蒙特宾馆里，而且我们不用穿制服。

有一些政府提供的单调住宅可以购买，但芭芭拉和我想要更具个性化的房屋。在去萨利纳斯的公路一侧，有一条长满小树的峡谷，在通往峡谷的小路旁，我们发现了一个称为"渔人公寓"的新开发的住宅小区。我们看中了一套三卧室、一个半卫生间①、餐厅与厨房合二为一的雅致小房子。它总共只有1206平方英尺（约112平方米），坐落在四分之一英亩的土地上。在近5年的时间里，我每月以储蓄债券的形式存下100美元，这样，我们首付了4000美元，获得了15000美元的抵押贷款，每月的月供大约是105美元。

结婚以后，我们没有在军事基地生活过，结交的邻居和朋友都是平民。芭芭拉在沃尔特科尔顿初级中学做办公室主管，她进一步扩大了我们的平民熟人圈子。但更令我高兴的是，我的一位航母战友也被研究生院录取了。斯基普·弗隆和他的妻子瑞伊很快成了我们最好的朋友。

我们处境相同——年轻，野心勃勃，没有多少钱。我们每月大约只有20美元可用于娱乐生活，其中大部分用于每月到罐头厂街一家温馨的餐馆里吃一顿大餐。每个周末，我们会到某个人家里聚会，而且我们都觉得喝冰镇的必发达杜松子酒是高雅的体现，因为我们平常喝的都是按加仑②买的便宜红酒。

没想到学业异常艰难，我比以往任何时候都更用功。我早上8点去上课，一直到下午5点才回家和芭芭拉一起吃晚饭，然后再学习到午夜或凌晨1点。用海军人的话来说，航空工程是最难攻克的堡垒。

尽管如此，我们依然觉得生活在天堂里。

---

① 半个卫生间指没有洗澡设施的卫生间。——译注
② 加仑：体积单位，1加仑＝3.79升。——译注

和大多数美国人一样，我也被激烈的太空竞赛所感染。由于佛罗里达州和加利福尼亚州之间有 3 小时的时差，因此卡纳维拉尔角清晨的一次发射意味着我可能会学习一个晚上，以便在蒙特雷的黎明到来前观看火箭升空的电视直播。

1962 年 2 月 20 日，当"墨丘利"飞船第三次发射升空，约翰·格伦成为第一位进入地球轨道的美国人时，我和芭芭拉正坐在沙发上。当格伦进入太空，飞行任务控制中心宣布一切正常时，芭芭拉问我："你愿意当宇航员吗?"

我回答说："当然愿意。"但我很快就回到了现实。我还太年轻，离积累够所需的经验还有很大距离。于是我们就把这事放下了。

1962 年 9 月，选定第二批宇航员时，我还没有资格执行航天飞行任务的感觉再次得到证实。这批新当选的宇航员是平民飞行员尼尔·阿姆斯特朗和埃利奥特·西伊，空军飞行员弗兰克·博尔曼、吉姆·麦克迪维特、汤姆·斯塔福德、埃德·怀特，海军飞行员皮特·康拉德、吉姆·洛弗尔、约翰·扬。我注意到选拔标准发生了些许变化，NASA 现在要求飞行员必须满足如下要求：年龄在 35 岁以下，在物理、生物或工程领域至少获得学士学位，有试飞员经验，从军队的试飞员学校毕业或具有同等资历。我只满足年龄和学历条件，离获得令人羡慕的试飞员毕业证还差好几年。

新的宇航员团队（被统称为"二期九杰"）将被载入史册。而我依然是那个艰难地准备考试的无名学生，和其他美国人一道观看太空飞行的电视直播。

斯科特·卡彭特搭乘"奥罗拉"7号升空，但对操作程序关注不够，从而大大偏离了降落区域。这次失误使他丧失了以后的飞行机会。随后，苏联宇航员安德里安·尼古拉耶夫和帕维尔·波波维奇分别乘坐"东方"3号和"东方"4号进入太空，我们则用"西格玛"7号把沃利·希拉送入地球轨道。太空竞赛持续进行，飞船发射是重大事件，但太空飞行似乎并不是我的未来选项。

不过，当一位父亲却是我的未来选项。1963年3月4日，芭芭拉生了一个小美女，蓝色的眼睛像银色的美元硬币那么大，四处张望着，好像在问："我在哪儿？我是谁？"我说服美国银行同意用200美元的短期贷款支付207美元的费用之后，我们立刻把女儿特蕾莎·道恩·塞尔南（小名特蕾西）从医院带回家。特蕾西出生后不久，戈登·库珀就完成了"墨丘利"计划的最后一次飞行任务——绕地球22圈的马拉松。

在蒙特雷的两年学习接近尾声，我的成绩使我获得了在普林斯顿大学进修一年的机会，这样我的简历中就可以增加一个常春藤盟校的学位。在这之前的1963年夏天，我在萨克拉门托的航空喷气总公司找了一份实习工作，从事先进液体火箭推进系统的研究。火箭意味着太空飞行，而且火箭技术似乎是一个不断发展的领域。

一个周五的下午，芭芭拉去得克萨斯州看她母亲去了（她母亲从加州搬回了得州），我正在上班。位于华盛顿的海军特殊项目办公室有一位自称是谢泼德中校的人打来一个电话。谢泼德?艾伦·谢泼德中校?宇航员?他有点不耐烦地说:"不是,不是那个谢泼德中校。每个人都问我这个问题。"然后他开始说正题。

这位中校用极其含糊的海军总部官僚语言解释说,他和海军机关花了六个多月的时间,从档案中仔细搜集某些军官的名字,这些军官或许有可能,在适当的条件下,有资格参与一个特殊项目,而我就在这份名单中。他最后说:"你想自愿参加吗?"

我压根就不知道他在说什么。我警觉的雷达开始工作。什么特殊项目?为什么选我?这是非常模糊的东西,军队里从不明说的规则是:在你知道事实之前,决不自愿。我问道:"自愿干啥?"

谢泼德中校叹了口气,明显不高兴了。他显然觉得他在和一个傻瓜说话。"当然是'阿波罗'计划啦!我们想把你推荐给NASA做进一步评估。"NASA要求各军种推荐一个候选宇航员名单,而海军的遴选委员会把我列入了名单。

我的心一下子就跳到了嗓子眼儿,我愣在那里说不出话来。我都没有申请呢,我上次看到通知的时候,还不够资格。但这位谢泼德中校说海军把我推荐给NASA去接受宇航员培训。我是他要找的那位塞尔南上尉吗?我花了好一阵才搞清他的问题。我缓过神来以后,马上做出了既清脆又洪亮的回答:"嗯,是的长官!这还不够,长官,我是说,是!长官!"

谢泼德毫不婉转地说我的口头回答不太好。"你必须在周一早上九点前书面答复。"然后他就挂了电话。

我一下子呆住了,不过还是对他的这个建议感到兴奋,于是冲到最近的西部联盟邮局给这位大忙人发了一封电报。然后，我给芭芭拉打电话，要把这个消息告诉她。我没有征求她的意见就做出了这个有可能改变我命运的决定。我一边拨电话，一边琢磨她对这个已经做出的重大决定会有什么反应。她还是比较兴奋，尽管我能感觉到她的某种忧虑。从一开始的吃惊缓过神来后，她说出了我很想听的话："天哪，吉恩，我们得努力争取。"

当宇航员？我？

7　马克斯和迪克

NASA 成堆的表格都快把我淹没了。这些表格涉及的内容非常广泛，包括很深的技术细节和非常隐私的个人问题，这样，即使局里的人从未见过我，他们也会知道我的一切。而且，这只是包含 400 多位军人和平民的初选。

我的三位同学——迪克·戈登、鲍勃·舒马赫和罗恩·埃文斯也被自愿参加了。鲍勃是我的好朋友，我和另外两位不是太熟，只是一起上过几次课。这种情况将来会发生变化，会发生我们都无法想象的变化。我终于填完了最后一张表格，然后把整包文件发回休斯敦。

7 月 4 日前后的假期期间，我和芭芭拉事先就准备好了出去度假——去得克萨斯州看望她母亲，去芝加哥看望我的父母。芭芭拉带着特蕾西（刚刚学会站立）和我们的可卡犬维纳斯乘坐美国国家航空公司便宜的红眼航班从旧金山飞往休斯敦。我把加利福尼亚州的事情做个了结，开着我家 1963 年新买的雪佛兰轿车就上路了（我用这种实用型家庭轿车换掉了原来适合单身人士使用的敞篷车）。随着汽车的飞驰，我一边想着这项可能的新工作，一边听着收音机里的《帕夫，奇妙之龙》和《雨中旋律》。我需要在贝敦与芭芭拉和她母亲会面，于是我决定经过休斯敦的市郊，到克利尔湖正在建设的新的载人航天中心去看看。

佛罗里达州的卡纳维拉尔角是我们进入太空的门户，弗吉尼亚州的兰利机场是航天任务组的所在地，而且靠近华盛顿。主要承制商位于加利福尼亚州、密苏里州和纽约州。23个城市争相成为载人航天中心（可能是最昂贵的政府工程）的所在地，但只有一个城市拥有来自得克萨斯州的林登·约翰逊，他恰好又是美国的副总统和肯尼迪总统的国家航天委员会的主席。于是，约翰逊给主管人员打招呼，在休斯敦东南24英里的地方征了1 000英亩的灌木林地。NASA有了一个新家，得克萨斯州则得到了6 000万美元的登月拨款。

水泥、钢铁和玻璃被快速树立起来。我开车经过时，即时可用的厂房和测试设施在得克萨斯州炽热的太阳下熠熠发光，我一边看一边想，也许有一天我会在这里工作。在过去的几年，蒙特雷如画的景色把我给"毁掉"了。在加利福尼亚州最热的夏天，只要打开窗户，家里就会非常凉爽，而在得克萨斯州，你感觉就像待在鼓风炉里。头上的太阳像一把榔头，休斯敦就像砧座，而我的车连空调都没有。要说我被这种情景弄得不知所措肯定有些轻描淡写。我沿着老加尔维斯顿公路慢慢开下去，经过为数百个蜂拥来到载人航天中心的工程师和技术人员准备的住宅。住宅小区都带有优雅的名字，如"成材谷""艾尔拉戈"和"拿骚湾"，但实际上，它们都是从燥热的潮滩改造而来，牛群还在这些将来成为昂贵住宅小区的地块上吃草呢！我怎么能让我的家人忍受这贫瘠的古老草场和遥远的地平线？芭芭拉是得克萨斯人，于是我想她可能会习惯这种天气。可当我来到她妈妈家时，看到房间唯一的降温方式是天花板上那个来回搅动热空气的风扇，而我妻子也和我一样热得苦不堪言。脑海中浮现出我们在蒙特雷的温馨的家，就像这热浪中的海市蜃楼；于是我想，要是没有选上宇航员，不在这里生活也许并不是一件坏事。我们恨不得马上离开得克萨斯州。

我们开车前往芝加哥，把我的父母介绍给他们最小的孙女，然后出发，顶着骄阳回加利福尼亚州。经过艾奥瓦州时，气温达到了 100 华氏度（约为 37.8 摄氏度）。我们唯一能做的，就是摇下车窗，把车开得飞快，祈祷着我们被熔化在内布拉斯加州玉米地中间的公路上之前，能够到达凉爽的落基山脉。

不久，从 NASA 发来的一封信到达了蒙特雷，邀请我飞往休斯敦进行面试，我也知道了最初的几百个候选人已被砍掉一半。知道自己还在候选人之列让我有点儿意外；随后我以"间谍使命"的方式出发了，这在今天看来非常幼稚可笑。

为了不让媒体知道谁有可能成为宇航员，迪克、罗恩、鲍勃和我在旧金山分别乘坐不同的航班，身着便装，使用假名，并假装相互不认识。奇怪的几个人以最隐秘的方式在休斯敦接上我们，然后连推带搡地把我们弄进赖斯宾馆的私密房间。我们都是用宾馆总经理马克斯·派克的名字登记入住的。自然地，我一走进宾馆的酒吧，就会认出我的朋友们；我坐下来喝上一杯，也很容易猜到旁边那几个精干、理着平头的年轻人（他们也都叫马克斯·派克）也都是飞行员。这里还有些神秘人物。

这有点像我刚到米拉玛时的情景。那时，我刚获得飞行徽章，但还没有在航母上降落过。我羡慕很多其他候选人的背景。我在这样一群人中能做什么？

例如，迪克·戈登可不仅仅是研究生院的一名学员，他是一位著名的试飞员，而且已经在该项目中拥有了明显的优势，只是没有最终入选第二批宇航员。他在"突击者"号航母上的室友皮特·康拉德是"二期九杰"宇航员之一，他在海军试飞员学校的教官竟是艾伦·谢泼德。当他用 2 小时 47 分钟打破跨美洲大陆飞行的纪录而赢得本迪克斯奖杯时，收到了原纪录保持者——海军陆战队的约翰·格伦的祝贺电报。

在这批候选人中，有的飞行员也保持着高度纪录和速度纪录。像麦克·柯林斯这样的试飞员，拥有零失误的经历，他也差点入选前两批宇航员。像巴兹·奥尔德林这样的，拥有麻省理工学院太空会合理论的博士学位。来自空军的大多数人都经过了查克·耶格尔宇航员魅力学校（位于爱德华兹空军基地）的培训。在这样一群飞行员中间，你很容易产生某种不安全感。我能说我曾两次巡游西太平洋、目前正在蒙特雷学习吗？我感觉入选的机会非常渺茫。

他们又让我们填写另外一堆表格，包括一些与太空旅行和轨道力学有关的问题。尽管我对这些问题知道得不多，但我还是对每个问题都做出了论文长度的回答。如果他们想知道一个候选人是如何处理未知的东西的，那我的分数应该不会低，因为我对这些内容确实不太懂。

然后是个人面试，我第一次亲身面对宇航员——那些登上头条的名人们。在一个长条桌后面，坐着迪克·斯莱顿、沃利·希拉、艾伦·谢泼德以及两位非军事人员，我觉得自己处于历史的进程中。这些人是我们太空时代的英雄，尽管我感觉像是一个罪犯正在等待假释裁决委员会的裁决，但我依然沐浴在和他们会面的愉悦之中。他们都很友善，当然，谢泼德是个例外，他那冰冷的目光似乎一下子就能把我看透。

他们需要什么？和我的装束有关吗？和我的长相有关吗？和我说话的方式有关吗？这是一个给人下套的问题吗？我说的每一句话都会被评估，我不知道他们需要什么。我没有必要逐条介绍自己的经历，因为这些都摆在他们面前的桌子上。我最好非常诚实地回答他们的问题，并希望能够回答到点子上。例如，有人问我飞过几次 50 000 英尺以上的高度。什么？像我这样的攻击型飞行员，从来都是飞 500 英尺以下，50 000 英尺都冲出半个大气层了！于是我扭转了问题的方向，回答道："我一直飞得很低，如果你想降落在月球上，你得接近月球表面。"他们都开心地笑起来。但谢泼德是个例外，他的血管里好像装的是冰水。

经过几次鸡尾酒会，和几位宇航员会面并和著名的约翰·格伦握手之后，我返回了蒙特雷。

我又收到一封信，说我已进入下一轮。现在只剩下 36 位候选人了，几位"大热门"人士已经出局，而我仍在其中。

随后是在圣安东尼奥市的布鲁克斯空军基地进行的体检，NASA又裁掉4位候选人，包括我在蒙特雷的朋友鲍勃·舒马赫——他被查出心脏有点小问题。这种不公平和缺乏逻辑的决定充分验证了飞行员们对医生的不信任。他可以飞海军的喷气战机去作战，却不符合条件去参加宇航员训练？当然，这也说明宇航员的筛选变得多么严格。你多年前大学里的某门课程得了B而不是B+就有可能让别人入选。据说成为一名宇航员的概率大约是三百万分之一，对此我深信不疑。幸运的是，我成功的概率越来越高。

这次体检之后，候选人就只剩下32人，我第一次感到我真的有机会成为宇航员。但芭芭拉和我并没有抱太大的希望，因为这里面涉及很多的变数。嘿，塞尔南，你离目标已经很近了，但还不是板上钉钉的事！于是，我们修改了去普林斯顿大学读书的计划。如果我举家搬到位于新泽西州的普林斯顿大学并在那里开始上课后，再被选中当上宇航员，那就白白折腾了。于是我们决定留在蒙特雷，把我的研究生第三年花在海军研究生院，并完成我关于把液氢用于高能火箭的论文。我们祈祷着我能够当上宇航员，但即使不能入选，最坏的结果不过是我获得硕士学位后没有马上工作，对此，我们心里变得非常平静。

不久，一些朋友和老熟人（有的我连名字都忘记了）开始打来一些奇怪的电话。"吉恩，你还好吗？你遇到麻烦了吗？联邦调查局的人在打听你呢。"NASA在做全面的背景调查，向知道你的人了解你的情况，从你的前女友到大学教授，一个都不放过。银行交易与学习成绩记录、学术成就与停车罚单、军事荣誉与处分记录，一个疑点都不会放过。你如果不干净，连上帝也帮不了你。我不能告诉任何人正在发生的事情，为的是不让媒体嗅到一丝气息。

我们知道最终的结果会是一个电话通知。如果你接到宇航员办公室主任迪克·斯莱顿的电话，说明你已入选；如果打来电话的是迪克的助理沃伦·诺斯，说明你已出局。为了防止电话占线，朋友们不再打电话，日子平静得像一潭死水。通知的电话随时都会打进来。当电话真的响起来时，我们又不敢去接。如果是沃伦·诺斯的电话呢？

1963 年 10 月初的一天下午 3 点钟，电话终于响了，芭芭拉紧张地拿起听筒。她告诉 NASA 的接线员我不在家，然后把我学校的电话给了他们。她坐下来，努力不去想那个怎么也挥之不去的问题："吉恩入选了吗？"

罗恩·埃文斯和我正在上同一门课，有人通知说 NASA 有两个不同的电话分别找我们。相互祝福之后，我们分别关上各自的房门，小心翼翼地拿起听筒，就像拿起烫手的金属一样。

当听到迪克·斯莱顿那粗哑的声音时，我的心脏几乎停止了跳动。"吉恩？"

我笔直地挺起胸膛，以立正姿势向几百英里外坐在桌子后面的那个人回答道："是，长官！迪克？"

"是我。你好，吉恩。如果你还想来这边，我这儿给你准备了一份工作。"我明确给出了肯定的答复，但由于过于兴奋，竟忘记了挂掉电话。

不过，我还是有一种苦乐交织的感受，因为我很快就看到了罗恩·埃文斯那一脸的沮丧——他接到了沃伦·诺斯那个最不想接到的电话。他没能入选，我为他感到难过。连算命师也不会预测到，没过多少年，罗恩会和我一起乘坐飞船飞往月球。

消息很快传遍校园。迪克·戈登也入选了，该好好地庆祝一番了。我还没有来得及给芭芭拉打电话，就被拥出门，来到古老的马克·托马斯客栈的酒吧，一杯酒也没有买，就喝得醉倒了。买酒的人中就有罗恩·埃文斯和鲍勃·舒马赫。

几个小时后我才给怒气冲冲的芭芭拉打了电话，她自从接到来自休斯敦的那个电话后，一直如坐针毡。她气得要死，扬言要杀死我，她当然不会，而是赶过来加入了聚会，只听我的兄弟们高喊："他要去休斯敦！他要去休斯敦！"

当 NASA 宣布了 14 位新的宇航员后，我家的电话一直响个不停，电报也纷至沓来，邮政人员背着沉重的邮袋步履艰难地来到我家门口，里面的邮件比我们以往收到的邮件总量还多。眨眼之间，我就从一个不知名的学生变成了真正的美国英雄，而我为太空计划还什么事都没有做呢！

我们像一只玻璃碗里的两条金鱼，每个人都在看着我们。几家报社要求采访，我们两个以前连个记者都没见过，更不用说要写我们的故事的记者了。值得感激的是，我们的老朋友为了使我们有个安稳的生活而提供了很多帮助。对他们来说，我们依然是芭芭拉和吉恩——一对带有一个小女孩、靠海军上尉的工资生活的年轻夫妇。

1963年11月22日，我正在上课，一位报信人拿给我们的老师一张纸条。他看完后脸色煞白，然后告诉我们说肯尼迪总统在达拉斯被枪杀了。我急匆匆地赶回家，看见芭芭拉正站在客厅里，卷发夹子挂在湿漉漉的头发上，电吹风在她身边"嗡嗡"地空转，她像一座雕塑一样看着电视。我们拥在一起哭了。就在上周，芭芭拉还开玩笑说，我们的女儿特蕾西和总统夫妇的小儿子约翰-约翰同岁，也许有一天我们会和他们夫妇见面。现在，肯尼迪总统死了，不管我们的政治倾向有何不同，我们都感到空落落的。

第二天，2 000名海军研究生院的官兵举行了一个追悼仪式。高高的旗杆上下了半旗，官兵们在旗杆周围列队，汇聚成蓝色制服和白色军帽的海洋。院长查尔斯·伯金少将说，我们今天要向一个人致以最后的敬意，他不仅是一位倒下的总统，更是一位为国服役的海军战士。第二次世界大战期间，肯尼迪是鱼雷快艇的舰长。当我在那个寒冷的11月的下午静默地和同学们站在一起时，我不得不琢磨总统的死亡会对太空计划产生多大的影响，因为一艘没有舰长的舰船将是漂泊不定的。

我们需要在得克萨斯州找个住的地方，于是海军给迪克·戈登和我安排了一架飞机飞往休斯敦。我在航天中心附近一个小区的亨特里斯巷找到了一套可以租住的不错的砖瓦房，然后，迪克和我在埃灵顿会面，开始漫长的返家飞行之旅。当我们在凤凰城附近的海军航空站加油时，基地飞行管理室里的每个人都在看一台声音很大的电视，新闻记者解释说，枪杀肯尼迪总统的嫌犯李·哈维·奥斯瓦尔德从县城监狱被押解出来时，被达拉斯一家夜总会的老板开枪打死了。

我们国家到底怎么啦？

8 这儿有宇航员吗？

"墨丘利"系列飞行计划取名于神话中长翅膀的信使——墨丘利，而即将开始的两人飞行计划被非常形象地称为"双子星座"（代表双胞胎的星座）。用于登月的三人飞行计划则采用了"阿波罗"（希腊太阳神）的名字。在随后的两年半时间里，我们这批宇航员不会获得飞行任务。这批中最后一位升空的宇航员几乎等待了六年；有四位还没有来得及飞就牺牲了。也只有我们四位最终登上了月球。

1964 年到来之际，来自海军的我、艾伦·比恩上尉、罗杰·查菲上尉、理查德·戈登（即迪克·戈登）少校，来自海军陆战队的克利夫顿·威廉姆斯上尉，来自空军的巴兹·奥尔德林少校、威廉·安德斯上尉、查尔斯·巴塞特上尉、麦克·柯林斯上尉、唐·艾西尔上尉、西奥多·弗里曼上尉、戴维·斯科特上尉，两位平民——沃尔特·坎宁安和罗素·施韦卡特，都来到了休斯敦。

来到休斯敦，我们就像进入了一个与外界糟糕的新闻完全隔离的气泡里。此时，美国正面临国内的民权运动与社会动荡以及国外的越南战争与世界冷战的困境。在一个内外交困的时代，人们心目中的英雄应该是信仰的守卫者和火把的高举者。作为新的宇航员，我们虽然没有意识到这一点，但我们有责任成为这样的英雄。

研究生院在院长办公室专门为我举办了毕业典礼；别的学生只能通过邮件拿到毕业证，但对一个新的宇航员，情况就变得完全不同了。随后，芭芭拉、特蕾西和我在一月中旬来到了休斯敦。

最初的几个星期，我简直难以相信自己竟和著名的"首批七杰"一同走在载人航天中心的大厅里。我在面试和几次聚会时和他们见过面，但现在每天都能碰到，而且我还向他们问了很多以前不敢问的问题。我感觉自己像个滥竽充数的人。

说点对英雄的崇拜吧。我还让他们每个人在他们出版的书——《我们七个人》上签名，然后再写上我自己的祝福语，寄给我父亲作为圣诞节礼物。我在上面写道："如果上帝愿意，也许有一天我可以成为'我们'中的一员。如果我真的成为其中一员，全世界所有的'谢谢你'都不足以回报你在这一成就中发挥的作用。"

太空竞赛的步伐在加快，苏联人依然领先。我的宇航员课程开始前不久，苏联宇航员瓦莲京娜·捷列什科娃成为进入太空的第一位女士，而且创纪录地飞行了 48 圈。我后来还认识了瓦莲京娜，觉得她很有魅力。苏联人需要另一个"第一"，她也让他们达到了目的，但她并不真的适合这样的飞行，因为她一直是作为跳伞运动员而不是宇航员来接受训练的。失重使她在整个飞行期间和随后的几天里都病得不轻。

在我们的计划中，有一些重要的问题需要回答。肯尼迪总统的死亡使国家的领导力产生了巨大而又未知的真空；林登·约翰逊这位地地道道的政治家，继任了总统一职。现在，我们的领头羊已经离去，约翰逊总统会继续完成把人送上月球的承诺吗？作为"阿波罗"计划的宇航员，当我投入到自己新的工作中时，我们谁也不知道到底还有没有"阿波罗"计划。

7个月前的1963年5月，探索性的"墨丘利"系列飞行结束了，而"阿波罗"计划还非常遥远。于是，NASA就在两个计划之间实施了一个过渡计划——被称为"双子星座"计划的双人飞行活动，以测试飞往月球过程中的关键方案。我们能否在太空中行走和工作？我们在太空中能否发现其他飞船并与之会合？安全飞越地球与月球之间未知鸿沟的火箭能否建造出来？至此，这些工作都还没有做过。

虽然起初并不明显，但随着宇航员阵容的改变，我心目中的一些英雄已经开始淡出人们的视野。著名的"首批七杰"中，除了迪克·斯莱顿，都在"墨丘利"计划中承担了飞行任务；迪克由于有点心颤而被停飞了。在过去的2年里，他是宇航员办公室主任。因第一个进入地球轨道而声名远扬的约翰·格伦，正准备离职进入政界。这样，"墨丘利"计划中的宇航员只有五位还处于飞行状态：艾伦·谢泼德、格斯·格里索姆、沃利·希拉、戈登·库珀和斯科特·卡彭特。

现在我参与了航天计划，看他们时也有了不同的视角——把他们当作可能的飞行伙伴，使我有机会看到他们在新闻头条背后的东西。

　　戈登曾是一位出色的飞行员，他对人和蔼可亲。很多死板生硬的 NASA 官员认为这位说话缓慢的俄克拉何马人士过于特立独行，这一看法最终影响了安排给他的飞行任务。

　　格斯很不容易打交道。除了在走廊里打个招呼，他好像不愿意和别人走得很近，而且对我们这样的新人一点儿也不感兴趣。你如果不是他的朋友，他就和不认识你一样。格斯喜欢我行我素，以便向别人展示他才是老大；如果你不喜欢他这样，他就找你的麻烦。我的直觉感受是，自从他在"墨丘利"任务中飞船沉没、差点淹死之后，他总是有点战战兢兢。

　　斯科特是最优秀的喷气战机飞行员中唯一一位多引擎战机飞行员。有传言说，他并没有自愿参加航天计划，是他那精力充沛而又漂亮的妻子给他报名的。他很愿意和人打成一片，身体棒得令人羡慕。但他把自己的"墨丘利"飞行任务搞砸了——只顾看风景而错失了制动发动机点火信号，结果偏离目标溅落区几百英里。很显然，他再也不会获得上天的机会了。

　　沃利是一位卓越的飞行员，和每个人都是朋友，对最新一批宇航员关怀备至。我们称他为"天光"（一个他曾经飞过的飞机的名字）；他喜欢享受长长的、"理所应得"的喝咖啡休息时间，而不是待在飞行模拟器里。他对这种"宇航员游戏机"非常精通，在这种粗鲁的幽默背后，却是一位难以置信的完美主义者。

沃利从不装腔作势。我非常喜欢他。

艾伦是"墨丘利"计划中进入太空的第一人，是这批宇航员中最出色的。他直接进入"双子星座"和"阿波罗"计划是自然而然的事情，而且很有可能成为登月的第一人。艾伦简直就是一个谜；他一会儿热情而友善，一会儿又变成冰冷的指挥官，脸上的笑容一下子就消失了。对一个新宇航员来说，聪明的做法是离艾伦·谢泼德远远的。

在我看来，谢泼德、希拉和格里索姆肯定会成为未来飞行任务的指令长，库珀仍然存在机会，但卡彭特几乎没有任何希望了。这样，"首批七杰"实际上只剩下四位，这对其他宇航员未来的飞行任务安排稍微有利一些，但影响不大。未来很长时间，飞行任务都不会落到我们这批宇航员身上，因为整个"二期九杰"还横亘在"首批七杰"和我们之间。

很多人相信，选择尼尔·阿姆斯特朗作为登上月球的第一位宇航员肯定是基于某种选人总方案。但事实并不是这样，艾伦·谢泼德戏剧性的故事说明了其中的原因。

正像他在"墨丘利"计划中一样，谢泼德也准备安排进行"双子星座"计划的第一次飞行，并与第二批的汤姆·斯塔福德搭档。1963年年中，就在正式确定这种安排的档口，谢泼德感到有些头晕，医生们初步诊断他患了梅尼埃病——一种内耳病，并暂时让他停飞了。几个月后，他被恢复了飞行状态，并安排为"双子星座"计划的首飞人员，但医生们又给他做了一次检查，发现他的内耳病更严重了。这一次，医生们不仅否决了他的太空飞行计划，而且还限制他的日常驾机飞行。在这个决定之下，如果他还想驾机飞行，就必须有另一位飞行员（也有可能是我们新来的宇航员之一）陪同，因为他不具备"医学安全性"。这就像在他背上插了一刀，而且还不停地扭动这把刀。我们顿时觉得，如果这事能发生在谢泼德身上，那么它就能发生在任何人身上。

当时，执行"双子星座"飞行任务的宇航员包括担任第二次飞行任务指令长的沃利·希拉和担任谢泼德后备指令长的格斯·格里索姆。谢泼德被停飞后，谁能接替他？迪克安排格里索姆担任"双子星座"首次载人飞行任务的指令长，而让沃利·希拉担任格里索姆的后备。这同时意味着取消了沃利担任第二次飞行任务指令长的机会。沃利非常不高兴。他那爱热闹的情趣逐渐消失了。他不愿意当任何人的后备。

这一决定也带来了如何安排汤姆·斯塔福德（谢泼德的搭档）的问题。斯塔福德在太空会合技术方面被认为是水平最高的，NASA 希望他尽快升空。格里索姆的搭档兼斯塔福德最初的后备是弗兰克·博尔曼。这样，推动格里索姆和博尔曼的组合就是合情合理的，于是斯塔福德被淘汰了，但这种艾伯特和科斯特洛式"谁先来"的困局并没有结束。

格里索姆和博尔曼的自我意识都过于强大，两人难以共入同一艘飞船，于是，博尔曼被安排到后面一次重要的飞行任务中。更低调的约翰·扬（原是希拉的搭档）取代博尔曼成了格里索姆的搭档。约翰和谁都能合得来，而且是一位很好的飞行员。类似的困局还有十几个，但这一个充分展示了整个宇航员乘组遴选过程的离奇之处。

作为新来的宇航员，我很难判断自己处于这一选拔过程的什么位置。除了个别例外情况，谁飞、何时飞以及担任何种角色都由迪克来宣布。我们仔细研究了他的选择，试图找出某种规律，但结果发现什么规律都没有。

"双子星座"计划规划了 10 次载人飞行，每次 2 人，这意味着最多有 20 个飞船位置。谢泼德已不在考虑之列，"墨丘利"计划的宇航员中还有 3 位可以飞行，如果"二期九杰"全部获得飞行任务，就意味着其中的 12 个位置被拿走了。

要是某些更有经验的宇航员飞两次（从驾驶员晋升为指令长），我们这批新宇航员将不会在"双子星座"这张桌子周围找到几个空椅子。但第一次飞行任务中谢泼德-格里索姆-希拉和斯塔福德-博尔曼-扬之间戏剧般的事件让我们看到了希望。正像俗话所说的那样，"世事无常，变幻莫测"。

在此期间，管理层也发生了变化。迪克·斯莱顿从空军退役，全身心加入 NASA，被提升为载人航天中心负责飞行乘组业务的助理主任。迪克在 1962 年被停飞后，没有像一般人那样在怨恨中退役，而是逆流而上，在航天计划中为自己找到了独特的领导位置。对宇航员团队来说，他不仅是一位上司，而且是可以信赖的"教父"；所有人都敬重他，包括 NASA 的高级管理层。

他上任后做的第一件事，就是让刚刚停飞的艾伦·谢泼德接替他担任宇航员办公室主任。谢泼德这个冰冷、令人讨厌的家伙并不像迪克·斯莱顿那样心平气和地接受医生的决定，好像他的主要职责就是把对上司的敬畏灌输给我们每一个人，因为我们有可能会飞向太空，而他则不能。迪克和艾伦就像纽约的两个破解凶杀案的侦探，一个唱红脸，一个唱白脸——迪克向我们灌输信心，艾伦则要求我们超常发挥。其结果是计划进行得越来越顺利。

我们的培训课程开始了。在简短的情况介绍之后是长达 20 周的课堂讲课、技术研究和野外考察。我们只是一群在严酷的选拔过程中存活下来的新手。这些都是很费脑筋的项目——了解各种火箭和我们在太空有可能遇到的问题。我们不是从电视上看，而是到卡纳维拉尔角实地参观，考察发射设施和能够把我们送入太空的巨型火箭。NASA 常常让我们每周工作 7 天，我们发现持续旅行是我们工作的一部分。我觉得这是一段令人兴奋的时光，因为这里的人们都很睿智，工作也非常有趣，而且最终潜在的回报——在月球上行走——几乎是难以置信却又梦寐以求的。

虽然 NASA 为新宇航员们的一切都做了详细的计划，但他们没有针对宇航员妻子的生存手册。这是一个非常糟糕的缺失，为此，我们的家人们付出了巨大的代价。我猜测 NASA 认为，我们大多都是军人家庭，应该习惯了长期的分离和组织结构严密的生活环境，我们的妻子们也已经慢慢学会了如何克服困难。但他们错了。

我们刚在位于亨特里斯巷 1922 号租下的新建小砖房里住下来（院子里连棵可以遮挡得克萨斯州的强烈阳光的树木也没有），特蕾西就出现了 106 华氏度（约 41.1 摄氏度）的高烧。她病得非常严重，我们不得不用浑身敷冰的办法来为她退烧。芭芭拉也得了重感冒，因为从凉爽的蒙特雷来到这里，温度变化过于剧烈。多年后我才知道，芭芭拉非常害怕在陌生的环境里独处，常常半夜睡不着或者哭泣，一点点的声响都会把她吓着，总是担心有人破门而入。

她那时并没有告诉我这些，或者也许我只是没有听进去。毫无疑问，作为一个自豪的宇航员，由于过于投入和兴奋，每次周末回到家，我唯一想谈论的就是我们的训练和计划。每次我都是说"嘿，来，让我告诉你我都干了些啥"，而不是问她："这周你是怎么过的？"现在回想起来，我认识到我的家人之所以受苦，是因为我当时的视野不够宽阔。

慢慢地，芭芭拉和其他遭受同样困苦的宇航员妻子们走到了一起，并产生了深厚的友谊。正像迪克是我们的"教父"一样，他的妻子成了其他宇航员妻子们的"义母"。休斯敦一开始给我们留下的不好印象慢慢让位于我们在得克萨斯州的可喜发现：人们没有忘记说"请"和"谢谢你"，他们愿意停下脚步帮助别人。房间里装上了空调，特蕾西也找到了自己的玩伴。这虽然经过了一段时间，但我们总算挺过来了。

当然，使我们的状况得到缓解、使我们有信心面对任何困难的一个原因，是我们得到的暖心待遇。最好的意外收获是与外场企业教育公司和时代公司签订的享有出版我们宇航员故事专有权的著名合同。在获得 NASA 和白宫的许可之后，这两家出版商将向"首批七杰"每年支付惊人的 50 万美元（每人均分，支付多年），这在当时可是一笔巨大的财富。当"二期九杰"加入时，蛋糕被切成了较小的块儿，但这仍是一笔不少的钱。等到我们加入时，这笔资助款再次均分，我们每人每年可得到 16 250 美元。我们现在不仅是宇航员，而且还致富了！这个合同称为《生活》合同，因为绝大多数的故事和图片都刊登在那本每周一期的画报上。对一个年薪为 10 835 美元的海军上尉和其家庭来说，这笔钱是非常可观的。

然后，通用汽车公司提出一种交易：让我们选择任意一种款式、颜色或型号的雪佛兰，开满 3 000 英里后按二手车以"白菜价"买下来；第二年你可以把车卖掉，再以同样的方式买一辆新车。美国通用房贷公司则提供了低至 4% 的房贷利率。成为英雄就会有一定的好处。人们希望展示他们的赞赏和支持，而为宇航员提供特殊的优惠就是这样做的一种方式。

我们把大部分额外的现金投入为特蕾西将来的大学教育考虑的一种信托基金，而把一小部分用于购置新衣服。与成为宇航员伴随而来的是突然感到的社会责任，这种责任使我觉得需要给我妻子添置一些好衣服，我也得买一件从未穿过的无尾礼服。

我们也参加了购车活动——用带空调的 1964 年款雪佛兰取代了我们原来的 1963 年的同款车（有点舍不得）。我们觉得一上来就从展厅开走一辆科尔维特运动轿车有点过于张扬。我也不知道要是迪克或艾伦看到一位还未做出成绩的宇航员开着一辆科尔维特到处乱跑，会不会给他们留下不好的印象。到后来，我还是没能抵挡对科尔维特运动轿车的热爱，而且，每年我都会把我的"旧车"转给我的好朋友斯基普·弗隆，这样，他就可以以非常便宜的价格开上只跑了很短里程的热门运动轿车，然后再转卖给别人。这是涓滴效应经济学在科尔维特运动轿车上的展现。

NASA 给我们安排的学习内容特别注重基础科学，主要是训练我们与地质学有关的技能，这样，当我们最终登上月球时，就可以处理可能发现的东西。我们都有很专业的技术背景，但我们毕竟是飞行员！这是一个形象问题，我们不想被别人当科学家来看待。我们的态度是，我们没有干不了的事情，包括收集正确类型的月球岩石。你需要一位地质学家，好吧，有，我就是。最终，我们验证了这一观点。在 12 位登上月球的人当中，有 11 位是飞行员，我们带回了一座科学知识的宝库。

除了在教室中上课，我们还被安排到亚利桑那州、阿拉斯加州和冰岛那些无人的火山区进行野外考察。我们的教员之一，是来自美国地质调查局的年轻、健壮的地质学家杰克·施密特。杰克后来成为第 12 个登上月球的人，我俩在月球上一起度过了3 天。

我察看大量的石头，在熔岩层地貌中踏行，也不知道所有这些和太空飞行能有什么联系。尽管如此，我还是非常努力地去掌握这一学科的内容，因为竞争非常激烈，我们都想在每一项培训中出类拔萃。当迪克安排未来飞行任务的舱位时，没人知道他想要的是什么。

一项独特的训练是让我们学会在热带雨林和沙漠里的生存技能。我们认为这很有必要，因为我们有可能偏离着陆点，尽管这对构建宇航员们对 NASA 的信心不利（我们相信他们总能知道飞船的降落点）。

1964 年 3 月，特蕾西刚刚过完第一个生日，直升机就把羽翼未丰的美国宇航员们成对散布在巴拿马潮湿的热带雨林里。带着最少的生存装备——也就是我们将在太空飞行中携带的东西，我们将在这里待上一周的时间。

当然，他们事先给我们讲授了各种生存技能。其中一项是伐倒一颗棕榈树，砍掉树冠，获取被称为棕榈芯的多汁而美味的佳肴（这东西你只能在高档饭店的沙拉里见到）。在巴拿马的那几天里，我吃腻了这种鬼东西，此后，我连看都不想看到它。

另一项生存技能是捕捉和煮食鬣蜥蜴。但说起来容易做起来难。几天后，我肚子饿得"咕噜"直叫，那些大蜥蜴开始变得像炸鸡排和肉汁卤。它们显然也知道这一点，摆出一副"有本事过来抓我呀"的姿态。

唐·艾西尔和我找到了一条小溪流作为水源，然后做了一个窝棚，把我们降落伞的两端绑在树上做成吊床。我们被告知不得睡在地上。一根树干搁在我们之间一棵棕榈树的树桩上，作为临时的桌子。半夜时分，我们被一阵"嗡嗡"声惊醒，好像一窝蜜蜂起飞的声音。然后声音越来越响、越来越近，变成了一种有节奏的推撞声，就像一群动物走过潮湿的树叶。怎么回事？我们打开手电筒，看见蚂蚁群的前锋像巨大的地毯一样从林间滚过来，覆盖了它们行进路线上的一切东西，数百万的剪刀嘴稳定而又响亮地咀嚼着。"蚂蚁地毯"向前行进，直接从唐和我之间穿过，吞噬着碰到的一切。当到达我们的小桌子时，蚂蚁们爬上树桩，完全覆盖了桌子的腿和台面。数千只蚂蚁爬过桌子，就像搭起了一座桥。在桌角挂起了一张网的一只大蜘蛛被包围了，它想沿着一条网丝逃离危险，却掉落在滚动前行的蚁群里，一下子就消失了。唐和我静静地待着。我们没地方躲避，唯一能做的是祈祷在蚂蚁群滚动前行的过程中，降落伞绳的强度足以支撑我们悬离地面。足足过了 10 分钟，巨大"蚂蚁地毯"的后端才消失在雨林里，在我们清理出的空地上留下一条 10 英尺宽的空白地带。没有留下一片树叶或草叶，原始、粗糙的桌面被剥去了树皮，并经蚂蚁们的嘴和脚进行了"抛光"。在吊床里，我们听着蚂蚁大军一边咀嚼一边远行的声音，它们才是雨林的主人。

航天中心吸引了大规模的区域开发商。在这个被我们称为家的半沼泽地带，没有什么生活设施，只在主街上有一个加油站，30 分钟车程以外的地方有一个西尔斯商店。但推土机推开了得克萨斯州的灌木丛，赶走了水蛇和铜头蛇，于是，木匠、水工和电工们蜂拥而至，开始建造新房舍。老林登（林登·约翰逊总统）在休斯敦投下了一颗全面就业的"炸弹"。所有和登月有关的人员得有地方住！他们得吃饭！他们得买东西！他们肯定不愿意开 25 英里车去休斯敦买熏猪肉和鸡蛋！

附近有两个不错的小区，都住满了太空计划的初期人员。其中第一个建成的"成材谷"住着"首批七杰"中的六位。艾伦和露易丝·谢泼德住在休斯敦的市中心。然后是"艾尔拉戈"，大多数的"二期九杰"都在这里买了大房子。在一片灌木丛中，最新开发的是两个不大的住宅小区——"克利尔湖"和"拿骚湾"，是我们这一批宇航员中很多人的居住区。

芭芭拉和我把《生活》杂志给的支票当作首付，买了一整块地，然后请了一位建筑师，开始建造我们的梦想之家——位于拿骚湾巴布达巷 18511 号、一座牧场风格的米黄色矮房子。它大约占地 3 000 平方英尺，售价为 33 000 美元，房贷较低，我日常的工资就可以支付。

我们的街坊是美国最独特的街坊之一——全是和航天有关的人员。住在附近的除了我们宇航员外，还有工程师和管理人员以及他们的家属。结果，满载来自外地、不停拍照的游客的旅游大巴把拿骚湾当作他们的必经之地。即使我从太空回来之后，我也会穿着带有汗渍的 T 恤衫和破旧的短裤在家里打理草坪或者种树，而且有的大巴司机会停下车朝我喊："嘿，哥们儿！附近住的有宇航员吗？"我会挠挠头，指着路那边含糊地说："好像有几个住在那边某个地方。"我的邻居们，像罗杰·查菲、麦克·柯林斯、戴维·斯科特、艾伦·比恩、罗素·施韦卡特、迪克·戈登和吉姆·麦克迪维特，估计也会玩同样的把戏。我们要是不穿宇航服，没人能认出我们。

几个月很快就过去了，我们的训练力度也加大了。我们被外界的人们崇拜着，但在太空计划的内部，我们仍然是一群新手，先来后到的原则意味着我们需要等待我们的飞行机会。前两批宇航员们终于摆脱了被称为"炮膛里的一周"的一种义务。每个政治家和社会团体都想找一位宇航员作为演讲嘉宾，迪克·斯莱顿竭尽全力想说服 NASA，宇航员们招来是为登月进行训练的，不是做演讲的。最后的折中方案是，每周有一位宇航员负责公共关系工作——把他这周的时间花在"炮膛"里。公共事务办公室把演讲需求按照重要性排好序，值班宇航员就按要求露面，接受媒体采访，通常还要表达对活动的支持。我们这些出面讲话的宇航员通常都是对航天计划进展知之甚少的人。

我第一次露面是在康涅狄格州的航空周。NASA 的礼宾官陪我来到现场，递给我一篇准备好的演讲稿。康涅狄格州的州长自豪地指着坐在主位上、理着平头的年轻人，热情洋溢地向大家介绍"宇航员吉恩·塞尔南"——我在雷鸣般的掌声中站了起来。听众们也许觉得他们看见的是一位自信、冷静的星际遨游者，但我的腿抖得非常剧烈，我觉得听众们都能听得到。我两手紧紧地抓住讲台。我来这儿干什么？我还没有上过天呢！我磕磕巴巴地念了几句，眼前的文字模糊一片。听众们对这种无聊的技术语言不感兴趣。我看了他们一眼，不再念稿子，而是把讲稿慢慢推向一边。礼宾官差点吓出了心脏病，因为他不知道我要讲什么。唉，其实我也不知道讲什么。

但我觉得这些人来参加这个大型的午餐会是为了听一个宇航员讲话，而我是现场唯一的宇航员，尽管我对登月计划了解得不多，但还是比他们知道得多多了。我开始了我的介绍，就像坐在来家里做客的朋友们中间那样。我讲了几个故事之后，腿不再发抖了。我还穿插介绍了几个像谢泼德和格伦这样的著名人物，解释了"双子星座"和"阿波罗"计划的主要工作任务以及我们会如何登上月球。他们都很喜欢这些内容。"你真的认识艾伦·谢泼德和约翰·格伦?"

离开航空周时，我觉得自己更加自信了。我的秘诀是：不要对他们讲话，而是和他们聊天。我再也不会去读 NASA 准备的讲话稿了。

回到休斯敦，就像曾经观察"首批七杰"那样，我开始评判"二期九杰"，发现他们是我见过的最渊博、最有天赋的一群顶级飞行员。

埃德·怀特是典型、正直的美国人，是登月计划的形象大使。他是我们的尤里·加加林。埃德非常出色，没有人比他更适合成为第一位在太空行走的美国人了。

吉姆·麦克迪维特非常出色，是一位待人友善、具有巨大领导潜力的人，他第一次上天就担任了"双子星座"4号飞船的指令长。他话不多，而是让自己出色的工作来替他说话。

约翰·扬是一位充满激情、工作非常投入的飞行员，在我们一起飞向月球并一起巡游半个地球的过程中，他成了我的密友。

他可以用他的"扬氏报告"——他在发现问题时写成的措辞严厉的公开信——把工程师们气得发疯。

皮特·康拉德是一位牙齿稀疏的小硬汉，被人戏称"推迪"。他总是充满激情，不遗余力地把工作完成。你怎么也不会想到他来自费城的名望之家，而且拥有普林斯顿大学的学位。

弗兰克·博尔曼做事非常严肃认真，浑身充满领导气质。对他来说，能力从来就不是问题，他的业务水平高于我们大多数人。他和我们就不是一类人，虽然显得有点高高在上，但他生来就是一位领导者。

尼尔·阿姆斯特朗依然是友善、真诚的模样，和我在普渡大学以及从好友比尔·史密斯那里了解的没有什么变化。

汤姆·斯塔福德和我虽然性格迥异，但却像兄弟一般，因为我俩花费了大量的时间一起训练，并一起完成了两次太空飞行任务。他来自俄克拉何马州一个小镇，智慧超群，思考问题和计算机一样快，而且通常都正确无误。他说话的语速比他思考得还快，因而获得了"嘟囔虫"的绰号。当我俩乘坐的"双子星座"9号飞船和"阿波罗"10号飞船在飞行过程中出现故障时，我很高兴汤姆·斯塔福德站在我的身边。

吉姆·洛弗尔作为遭受厄运的"阿波罗"13号飞船的指令长已被世人所知。平时，他快乐、友善；他的领导品质在那次任务中得到了充分展现。那部大获好评的电影并没有夸大吉姆的能力，尽管皮特·康拉德给他起了个吓人的绰号——"摇摇欲坠"。

最后说说埃利奥特·西伊。他是一个瘦小的得克萨斯人，曾是海军飞行员，后来到通用电气公司当了试飞员，在那儿帮助研发了越南战争时期著名的F-4"鬼怪"喷气战斗轰炸机。我的未来将和这位埃利奥特联系在一起——令人不快地联系在一起。

我的结论是，博尔曼和斯塔福德的专业素养最高，紧随其后的是麦克迪维特，接下来是洛弗尔和康拉德。而不显山不露水的阿姆斯特朗在所有人当中将是最出名的。这"二期九杰"都是非常出色的人，他们将创造历史。

9 宇航服

在我们整个课堂学习的过程中，每位新宇航员被分到一个专业领域，来保障"双子星座"飞船的前两次无人试验飞行，然后将是计划在 1964 年年底由格里索姆和扬执行的"双子星座"3号飞行任务。由于我的专业背景，我选择了监视推进系统的工作，这项工作把我带进了一个奇特的地方——飞行任务控制中心。

前两位"墨丘利"宇航员是由"红石"火箭送入太空的，后来的飞行任务则采用了动力更强大的"阿特拉斯"火箭——一种带有 3 台发动机、以煤油和液氧为燃料、长度为 75 英尺的矮胖运载火箭。康弗艾尔公司早在 1946 年就开始研发"阿特拉斯"，作为可以携带核弹头、打击 9 000 英里以外目标的洲际弹道导弹。对"墨丘利"这样的小飞船来说，这种火箭是足够了，但"双子星座"飞船则需要更大的马力。

答案就是"大力神"——于 1960 年代初服役、当时北约国家中最大的洲际弹道导弹。它高 90 英尺，采用液体燃料发动机，能够产生其核任务所需的巨大推力，它的这一能力被用来在和平时期把宇宙飞船送入地球轨道。

1964 年 4 月 11 日，我们利用"大力神"火箭，进行了"双子星座"飞船的第一次非载人发射试验；我坐在飞行任务控制中心，通过对讲耳机与飞行指挥官通话，其所在岗位称为"飞行"。我就像一个巨型大脑里的一个细胞。飞行指挥官与大约 24 位坐在类似监视器前面的人员相连接，每个人代表着飞行任务的一项具体工作，如医疗、飞船环境、电子系统等，而每一位又与一个监视飞船和飞行任务各个系统的支持小组相连接。飞行指挥官的问题需要立刻答复。

　　有两个监视器前面坐的不是工程师和技术大拿，而是宇航员。一位是飞船通信员，负责把飞行任务控制中心的指令传递给飞船的乘组。只有飞船通信员和迪克才能与飞船上的宇航员通话。当我们被绑在飞船的座位上准备发射时，我们希望无线电通信的另一端是一位宇航员——一位真正了解我们和我们要完成的任务，随时可以把我们的意思明确、清晰地传递出去的人。另一位宇航员负责监视火箭油箱的压力，密切注视那些和飞船里一样的仪表指针。那个岗位称为"油箱"，就是我的位置。

　　格斯和约翰来飞行任务控制中心观看试验发射，分别坐在我的两侧；当"大力神"火箭在 19 号发射台加注燃料时，和我一起注视着压力表。燃料在发动机里燃烧才能产生所需的巨大能量，而把燃料从油箱泵到发动机的压力对火箭能否飞离地面至关重要。超过低压的红线就会非常危险，很可能是无法挽回的，此时我必须采取行动。需要时，我会随时给出指令："飞行！我是油箱！中止！"从而停止整个试验。格斯和约翰可不光是对试验的油箱压力感兴趣，他们也想知道我这个新手是如何应对试验状况的。毕竟，他们很快就会坐到那些危险火箭的顶上，要是我做出了错误的决定，后果很可能是灾难性的。这一天，"大力神"火箭工作得和预想的一样，"双子星座"1号飞船完美地升入地球轨道，成功地通过了测试。我一脸喜悦地离开"油箱"岗位，因为达到了个人的一个里程碑而更加自信，也因为这次不是仿真或演练，而是一次真实发射。NASA 把第二次非载人飞行任务——"双子星座"2号飞行的时间安排在 7 月 14 日，并宣布格斯和约翰乘坐的"双子星座"3号飞船将于 11 月升空。

当我出发进行沙漠生存训练时，一切进行得还算不错，训练要求也和以前一样，只是这次和艾伦·比恩搭档。跳出直升机后，我们需要生存大约 5 天时间，然后步行到一个会合点。这比看上去更艰难，因为内华达州北部的沙漠比你见过的任何地方都荒凉，我们允许携带的只有飞船上搭载的几样东西：少量配给的食物和水、使水可以饮用的碘片、指南针、降落伞、砍刀、鱼钩等。我当时就知道鱼钩在这里毫无用处。在热带雨林里，我们至少有水源，还可以找到吃的。在这个地狱般的沙漠里，白天我只能像动物一样猫在坑里，把降落伞罩在坑口来挡住炙热的阳光。我们只能在夜晚凉爽的时候走到会合点。除了飞船上的少量配给外，没有其他食物或水，我饿得连棕榈芯都想吃了。有一天，我看见一位"访客"——一条很大的响尾蛇——来到我们的营地。正常情况下，一个有理智的人会避开菱斑响尾蛇，但经过几天

130 华氏度（约 54.4 摄氏度）的蒸烤之后，谁还能保持正常？这次轮到响尾蛇害怕、逃跑了。两位消瘦、饥肠辘辘、名叫塞尔南和比恩的宇航员，穿着脏兮兮的内裤，像疯子一样挥舞着砍刀在后面追赶。响尾蛇逃走了，我们又回到坑里；我开始幻想奶奶的厨房和烤响尾蛇肉串。

时间一周一周地过去了，"双子星座"2 号的发射一再推迟，原因包括一次雷电以及飓风克莱奥、多拉和埃塞尔对佛罗里达州的轮番到访。整个计划被迫推迟，年底前发射"双子星座"3 号飞船的机会已丧失殆尽。我们对此毫无办法。与此同时，迪克宣布，吉姆·麦克迪维特和埃德·怀特将是"双子星座"4 号飞船的主乘宇航员，而弗兰克·博尔曼和吉姆·洛弗尔是他们的后备。作为新宇航员，我们非常明白："双子星座"计划的剩余舱位越来越少了。

谁将会获得飞行机会的第一个暗示通常来自迪克，但 NASA 的技术员也有可能突然造访你的办公室，告诉你去马萨诸塞州伍斯特市试穿宇航服。为你量身定做宇航服的消息意味着你获得了飞行任务或后备的机会，官方将在合适的时间正式宣布。当然，所有人都会非常低调；不会因为去伍斯特市让裁缝们随便摸你的身体就兴奋不已。

经过几个月的紧张训练，到目前为止，我们 14 个人一直都在距离很近的地方工作。个性、感觉和表现把我们分成了几个小圈子。我们都在一起工作，友谊日益深厚，一些日常小事也会对我们的职业生涯产生重要影响。

有一天，迪克和艾伦让我们提交一个同行评议报告——以保密备忘录的形式评价一下我们的同班同学。这需要做一下自我审视，因为我是较年轻的宇航员之一，我也有点拿不准自己处于什么位置；这并不是说我会让别人觉察出自己一丝的不自信。在对14个人的任何正式评价中（不论什么种类），我都会自动把我自己的名字放在最前面。我想别人也会这样。

我实际的排序并不是这样。有四位——戴夫·斯科特、迪克·戈登、查理（查尔斯的昵称）·巴塞特和麦克·柯林斯——在飞行经验上有非常明显的优势。我觉得，这几位试飞员很可能会首先获得飞行任务。

我排序的最下端是拉斯蒂（罗素的昵称）·施韦卡特、沃尔特·坎宁安和巴兹·奥尔德林。他们都是有经验的飞行员，但都被大家认为是我们的科学家。拉斯蒂是个无拘无束的知识分子，像个红头发的小孩儿，拿着针头找气球去戳。巴兹被大家称为"轨道会合博士"，因为那是他唯一能够谈论的话题，连喝咖啡的时间也是这样。坎宁安似乎是铁了心地要与众不同——上课时我们都全神贯注，而他却翻看《华尔街日报》；我们开科尔维特运动轿车，他开保时捷。他这种令人反感的习惯很可能是他丧失登月机会的原因。

我们剩下的7个人则处于中间位置，难分前后。老实说，我真不知道吉恩·塞尔南应该放在哪个位置，可能在巴塞特、柯林斯、戈登和斯科特之后。我当然希望在奥尔德林、施韦卡特和坎宁安之前，也许正好处于中间位置。从现实的角度看，"双子星座"飞行任务对我来说似乎触不可及，而且离我越来越远。

在"双子星座"计划一再推迟的同时，美国政府正式打开了我们后来知道的越南战争这个潘多拉盒子。1964 年 7 月，美国军方声称其驱逐舰在北部湾受到北越舰船的攻击，这给了约翰逊总统和国会加强美国在东南亚军事存在的理由。约翰逊正寻求连任（与共和党的巴里·戈德华特竞争），他那好战的政治立场把美国军队置于我们从未想到的危险境地。

鲍德温、斯基普和我其他的中队战友们都将积极投入战斗，但他们并不害怕被击落。相反，他们担心这场小规模的冲突还没有等到他们出手就结束了。美国空中力量只需在北越进行几次打击就搞定了。鲍德温和斯基普后来曾向我介绍飞行员们是如何想尽办法去争取参加最早的打击行动，因为他们担心要是不能参加第一批任务，打击行动很快就会结束，他们就没有上场的机会了。他们错了。越南就像吸水的海绵一样，消耗掉了美国大量的战机和飞行员。

那年夏天，海军陆战队在岘港登陆后，首批作战部队正式进入越南。到年底，美国在越南的参战部队的总量达到 20 万人。一位从"星座"号航母上起飞的美国海军飞行员——埃弗里特·阿尔瓦雷斯中尉在第一波攻击中被击落，他只是大约 600 名被俘的飞行员之一。在最早的几次攻击中被抓作战俘的还有我在海军研究生院的朋友鲍勃·舒马赫，他本来可以成为宇航员队伍中的一员而和我们一样安全地待在休斯敦。命运有时也会捉弄人。

1964 年 8 月，芭芭拉和我沿拿骚湾大道开往巴哈马角，在拿骚湾游艇俱乐部附近右转进入巴布达巷，停在我们定制的梦想家园———一座用棕色石头砌成的小平房前面。在随后的几年里，我们在前院弄了个斜坡草坪，在右侧的一棵树下建了一个车库，做了个混凝土露台，还砌了一个半人高的烧烤设施。随着街坊的扩展和繁荣，一个肾形的游泳池、临街的酒吧、车道一侧的 6 棵松树和花坛让我们感觉过着电影明星般的生活。薄薄的木栅栏把我们家与相邻的罗杰和玛莎·查菲家分开。到处都是孩子们，他们将一起长大和上公立学校。

我们好像过着富足而又受到保护的生活，但这种安全和不受打搅的幻觉在 10 月温暖的一天（大约上午 11 点）被粉碎了。

泰德（西奥多的昵称）·弗里曼是我们这批宇航员中较为少言寡语的，这天他正驾驶 T-38 在埃灵顿空军基地附近进行日常飞行，他对这种飞机再熟悉不过了。T-38 研制期间他是这款飞机的试飞员，他了解飞机的每个开关和仪表，闭着眼睛都能开。当他进行日常设置准备着陆时，一只大鹅撞碎了座舱罩，有机玻璃的碎片被吸进发动机。飞机越来越低，泰德竭尽全力想控制飞机但没有成功，于是启动跳伞。然而降落伞没有时间打开，飞机坠毁了，第一位美国宇航员牺牲了。但他不是唯一的一位。

一位朋友的去世给整个计划笼罩了一种阴郁的气氛。我们一直认为会有人牺牲在登月的征程上，但怎么也想不到有人会在能看到你家房子的高度上飞行时被鸟撞死。泰德葬于阿灵顿，我们除了向他表达敬意和返回工作岗位外，还能做什么呢？

我们还有很多工作要做，因为泰德的悲剧发生的那天并不是1964年10月唯一的黑暗之日。在我们全力准备"双子星座"飞船的第二次非载人飞行时，苏联人把三位宇航员塞进像弹丸一样的太空舱里，送入了地球轨道，从而在太空飞行领域再次领先于我们。苏联这种把三个人送入太空的方案遭到其太空计划内部人员的批评，尤其是一位顶级工程师，他不想对这一方案的潜在危险保持沉默。他们把他任命为乘组成员才使他闭上了嘴巴。这位工程师迫不及待地执行了一次据档案记录本来不属于他的飞行任务。

实际上，"上升"1号只是苏联的又一次宣传伎俩而已，因为它在登月所需的高难度会合与对接技术方面并没有带来新进展。虽然我们当时不知道，但苏联领导层处于混乱状态，这次飞行很可能是克里姆林宫内部实施的最后一次公共宣传策略。在约翰逊击败戈德华特取得连任前的一个月，我们的老对手尼基塔·赫鲁晓夫被推翻了。

肯尼迪和赫鲁晓夫都是本国太空计划的强烈支持者。约翰逊总统很快采纳了肯尼迪的把一个人送上月球的目标，但处于太空计划之中的我们发现，他越来越关注越南战争和他那昂贵的"大社会"计划。于是，我们开始琢磨苏联新领导人是不是像赫鲁晓夫那样支持太空计划。事实证明，他们确实是。

1965 年的新年之后，我们终于在 1 月中旬把"双子星座"2 号飞船发射升空，飞船仅飞行了 18 分钟；我依然负责监视油箱数据。助推火箭一旦燃料耗尽，我的任务就完成了，然后就可以闲坐在那里，看飞行任务控制中心的专业人员忙他们的事。这地方就像一台平稳运转的机器，大厅里的人们充满那种可以解决任何问题的自信。

2 月，迪克宣布"双子星座"5 号飞船将由戈登·库珀担任指令长，皮特·康拉德担任驾驶员，尼尔·阿姆斯特朗和埃利奥特·西伊担任他们的后备。又有 4 个舱位没有了，我们这批 14 位宇航员没有一个入选。

当 3 月 18 日"上升"2 号发射升空时，赫鲁晓夫被罢免后苏联的航天计划会不会丧失动力这个问题终于有了答案。苏联的飞船造得也像一个钢质的保龄球，但带有一个巨大的可折叠管子，像巨型吸尘器的软管，从飞船一侧伸出来。管子两端带有舱盖，从而使这个怪物构成一个气密过渡舱。宇航员阿列克谢·列昂诺夫——当今世界上最不怕死的人之一——竟然利用一根橡皮条给自己简陋的宇航服充压，然后打开飞船的舱门，挤进那个大管子，把身后的舱门关闭后释放了其中的空气。他把管子的另一端打开，像个暖瓶塞似的弹了出去。列昂诺夫在太空漫游了 12 分钟，他是太空行走的第一人。

多年以后我们才了解到，列昂诺夫钻回"上升"2 号飞船之前差点死掉。他钻进那个大管子时被卡住了，无法转身关闭外侧的气密舱门，该舱门必须紧紧地关闭才能给气密过渡舱充压并打开飞船的舱门。他只有释放一部分宇航服的压力后，才能够使自己扭转一下身体并回到安全状态。尽管如此，苏联人还是再次赢了我们一局。

苏联人的这次飞行不仅具有重大的宣传价值，而且使我们知道苏联人的登月计划里也有太空行走，他们已经证明太空行走是可以做到的。我要是知道后来我也需要进行太空行走，我就会对列昂诺夫短暂的旅程更加关注。

1965年3月23日，我为等待了很长时间的格里索姆和扬的"双子星座"3号飞船监视发动机油箱读数。任务很成功，尽管只飞行了3圈，但这次飞行证明了飞船的硬件工作是可行的，一名驾驶员就可以操控飞船。这让技术团队非常高兴，但飞行本身却引发了公共关系事件。约翰·扬和沃利·希拉经过密谋，从卡纳维拉尔角的沃尔菲熟食店买了咸牛肉三明治并偷偷地带上了飞船。当约翰拿出来让格斯分享惊喜时，碎渣开始漂游。他们赶紧把三明治包了起来，碎渣也收集干净，以免造成电气短路。任何东西，如果没有全面检测其对整个飞行任务的影响，都不能带上飞船，从沃尔菲熟食店买的三明治也不行。新闻媒体在报道这次飞行任务时，大肆报道这件事，格里索姆、希拉和扬都受到了严厉的批评。幸运的是，这场闹剧很快就过去了。

在休斯敦，特蕾西已满两岁，芭芭拉不仅适应了社区的生活，而且已不再是一位默默无闻的宇航员妻子。她对太空计划的了解并不比任何人少，是我工作的全力支持者。1965年3月，

"双子星座"3号飞船发射完成之后，她来卡纳维拉尔角待了4天，使我有机会给她做了一次导游，让她了解我的这个家外之家——这座"火箭人"工作的神秘的沙地城市。

但她不能在这里看飞船发射，因为未明说也未写明的规则是，宇航员的妻子应待在休斯敦的家里，做家务和笑着供摄影师们照相。虽然不公平，但这是有原因的。

首先，迪克认为妻子在这里会分散宇航员的注意力。由于我们不知道迪克在选派宇航员执行飞行任务时到底依据什么，所以，我们都不想由于跨越这个看不见的红线而丧失上天的机会。

其次是为了"保护"宇航员妻子。如果发射台上发生灾祸，NASA不想让宇航员的妻子去目睹。他们肯定没有意识到，宇航员的妻子在休斯敦看电视时担心的程度是一样的。

"双子星座"4号飞船在1965年6月升空，这是由麦克迪维特和怀特执行的4天飞行任务，其中怀特的太空行走是这次任务的亮点，它被一系列精美的照片永远记录下来。他是一个天生的宇航员，他在进行这种所称的"舱外活动"时几乎像在玩耍。由一根提供氧气和电能的脐带电缆与飞船相连，他在太空里上下漂游；他通过按压手中的机动喷枪来改变自己的位置。他结束了21分钟的太空行走之后，不情愿地回到舱门区。至此，一切都很顺利，但返回空间狭小的"双子星座"飞船却极为困难，虽然他身体强健，但这未能预料的艰难工作让他筋疲力尽。在新闻媒体对我们的首次太空行走进行大量赞美的掩盖下，这一问题很快就被忽略了。和列昂诺夫的太空行走一样，要是每个人都对这次遇到的问题有更多的关注就好了。

新来了6位不大受欢迎的宇航员，他们都是纯粹的科学家，多数人对飞行一无所知。欧文·加里奥特、埃德·吉布森、杜安·格雷夫林、乔·科温少校、库尔特·米歇尔和杰克·施密特的加入让我们深感意外。这让我们觉得 NASA 为了获得资金和支持而向科学界屈服，承诺让一位摆弄试管的家伙有一同登月的机会。太空飞行依然是危险和未知的领域，即使是顶级的飞行员，也会在飞行中遇到麻烦。即使有吉姆·麦克迪维特这样的专家级飞行员掌控，"双子星座"4号飞船不是也没有完成棘手的轨道会合吗？我们可不想有一个不会处理飞行问题的同行者，因为当故障报警响起来时，你没有时间让一位教授去帮忙。

格雷夫林很可能是宇航员计划中最糟糕的选择，这是美国国家科学院没有做 NASA 一直要求的深入的背景调查所造成的结果。问题不在于其作为空军的航天医生的任职资格，而是出在他的家庭生活上。他刚刚入选宇航员，妻子就因不堪忍受其在家里的火爆脾气而提请离婚。迪克立刻就把他解职了，他连传统的团队合影都没有来得及参加。

现在我们都知道了迪克对离婚的态度。我对此丝毫没有担心，因为我的婚姻非常稳固。

我再次负责监视"双子星座"4号飞船的火箭油箱，这次飞行首次在休斯敦的新的飞行任务控制中心实施控制，而不是在佛罗里达州。这是一项重要的工作，但我有些焦急不安。当看到出于政治操弄，某位科学家大摇大摆地走过来抢占飞行机会时，我不想一直坐在那个"油箱"岗位上。那些"双子星座"飞船的舱位正在快速消失。

"双子星座"3号飞船在3月的溅落，使其后备乘组沃利·希拉和汤姆·斯塔福德转为"双子星座"6号飞船的主乘组，而格里索姆和扬则反过来成为他们的后备乘组。真快，又少了4个舱位，"双子星座"系列飞行的舱位安排已经完成了一半。我们这批宇航员中，连水平最高的都还没有获得机会呢。时间不多了，我还在飞行任务控制中心暖座位呢。我加入航天计划已经一年半了，对自己的未来还是一无所知。

尽管我们也不太清楚到底是为了什么，但训练一直在持续进行着。我们都来到位于波士顿的麻省理工学院，熟悉计算机制导系统。再到俄勒冈州的本德市，进行更加强化的地质学训练。要是我们真的登上了月球，我们就得熟悉在月球表面或下面发现的东西。我发现自己对技术术语、山脉形成理论、峡谷的构成以及一块石头所展现的信息等内容感到越来越亲切。我们正在外面训练的时候，迪克把我们14个人召集到一家汽车旅馆的一个房间里，脸上竟挂起了笑容，满是皱纹的脸就像还未整理的床铺。这是一个好的征兆，因为他只在有好消息的时候才会微笑。还真的是。他说："你们当中有人需要立即参加'双子星座'计划的后续飞行训练。"我们都紧张地倒吸一口气，估计都把房间里的空气吸完了。

迪克说弗兰克·博尔曼和吉姆·洛弗尔（都来自"二期九杰"）将是"双子星座"7号飞船的主乘组，而麦克·柯林斯将与埃德·怀特搭档，成为他们的后备乘组。房间里响起一阵向麦克祝贺的欢呼声，但此时我们都屏住呼吸，仔细倾听迪克说出的每一个字。

他宣布说，"双子星座"8号将由尼尔·阿姆斯特朗担任指令长，戴夫·斯科特担任驾驶员；其后备乘组由皮特·康拉德担任指令长，他的朋友迪克·戈登担任驾驶员。"双子星座"9号将由埃利奥特·西伊担任指令长，查理·巴塞特担任驾驶员（坐在飞船的右侧）。迪克没有宣布后备乘组。

没有人表达异议。戴夫和查理工作得特别努力，在我们这批宇航员中最先获得主乘飞行任务是理所应当的。麦克和迪克在我们这批宇航员中率先进入备选行列也属当之无愧。

目前展现出来的轮换安排表明，一个后备乘组将成为3次飞行后的主乘组，这样，麦克很可能成为"双子星座"10号飞船的主乘人员，而迪克·戈登将成为"双子星座"11号飞船的主乘人员。我上次打分排序的前四位在我们这批宇航员中率先获得了飞行机会，这说明迪克和我对这批人的评价是一致的。

我们拍他们的后背，给他们买啤酒，来表达我们的祝贺。他们回家后，我们这些还在地面上蹦跶的宇航员发现，绝大多数的舱位都已经被拿走了。如果这种3个飞行任务轮换的方案确实存在的话，我们现在就可以预知"双子星座"11 号及之前的主乘组。"双子星座"计划总共只有 12 次飞行，除去前 2 次的非载人飞行，就只有 10 次载人飞行。像约翰·扬和埃德·怀特这样的宇航员，正准备再次飞行，而像希拉和格里索姆这样的大拿，如果愿意，可以随时加塞儿承担任何飞行任务。由于我们这批宇航员担任指令长的可能性不大，所以我们得出的结论是：担任"双子星座"9 号飞船的后备驾驶员是留给我们的唯一希望。谁获得这个机会，谁就会轮换为最后一次飞行任务——"双子星座"12 号的主乘组。

借着酒劲儿，有人给出了更清晰的视角：先放下"双子星座"计划，因为现在还有更宏大的计划。当我们坐在这里喝着啤酒，慰藉受伤的自尊时，所有那些上过天的，那些经验特别丰富的，以及那些已经被安排了飞行计划的家伙们，都在排队等待"阿波罗"登月计划的早期飞行任务呢！

当戈登·库珀和皮特·康拉德在 8 月执行"双子星座"5 号飞行任务时，我会再次负责火箭油箱的监视。真他娘的幸福！

在新的载人航天中心，我和尼尔·阿姆斯特朗共用一间办公室，但我很少见到他，因为他和戴夫·斯科特正忙于"双子星座"8 号飞船的飞行训练。就我的工作来说，我已经接受了完整的培训，读那些令人讨厌的火箭油箱刻度表，所以，我正忙于案头工作，利用我接受的宇航员训练和在普渡大学接受的教育把油箱读数记录表格用曲别针装订起来，这就是我的困境。我已经完成了生存训练，完成了火箭油箱的读数监视，帮助别人设计了用作会合目标的"阿吉纳"火箭，完成了让我做的每一件破事。我想上天，但我依然坐在这里。

一天，有人在轻轻地敲门，一个来自飞行保障部的高挑技术员把头探进我的办公室。他说："吉恩，迪克让你到伍斯特市去定制宇航服。"多么美妙的话语！他也许还说了别的事，但我只记得除了一脸的傻笑外，一股暖流涌上心头。

向更衣室报告！我获得了上天的机会！

10　坠机

　　这件事正式宣布于 1965 年 11 月 8 日：汤姆・斯塔福德将是"双子星座"9 号飞船的后备指令长，我是后备驾驶员。幸运地获得这个舱位非常重要。如果 3 次飞行任务后进行轮换的做法一直延续，则赢得"双子星座"9 号飞船后备驾驶员的舱位意味着我很可能轮换为"双子星座"12 号飞船的主乘宇航员。我几乎可以听到我们这批宇航员中那些没有获得飞行机会的兄弟们的抱怨声：塞尔南怎么会进入备选行列？

　　利用排除法就可以知道，"双子星座"10 号、11 号和 12 号飞船的后备乘组都是虚职，因为我们就不存在可以让他们发挥作用的"双子星座"13、14 和 15 号飞行任务。他们最多只能希望将来能够在"阿波罗"计划中获得飞行任务，到那时，由于有众多更有经验的宇航员参与，舱位竞争将是极其激烈的。

　　埃利奥特・西伊和查理・巴塞特立即投入"双子星座"9 号飞行任务的全面训练，我一边继续在飞行任务控制中心监视火箭油箱，一边开始与他们建立起主乘组与后备乘组之间那种既特殊又紧密的合作关系。斯塔福德在完成与沃利・希拉的"双子星座"6 号飞行后，将加入我们的工作团队。我们必须真正做到密不可分，对同事下一步的想法就像有心灵感应一样。我不仅要帮助埃利奥特和查理做好他们的飞行准备，而且当汤姆和我执行"双子星座"12号飞行任务时，最终还会需要今天所掌握的每一项技能。

埃利奥特是一位矮小的得克萨斯人，38岁，出生在达拉斯，蓝眼睛，棕色头发，说话柔声柔气。他年轻的长相和安静、严肃的外表掩盖了他内在的强大。他的职业发展道路和其他宇航员完全不同。他既不是毕业于西点军校，也不是毕业于安纳波利斯海军学院或者其他名校，而是毕业于一所规模不大的美国商船学院，之后又拿到了加州大学洛杉矶分校的学位。他当过美国海军飞行员，之后加入位于爱德华兹空军基地的通用电气公司，担任平民试飞员13年之久，驾驶喷气飞机达到3200小时。这些闪光的资历使他成为第二批宇航员，是航天计划中少有的平民宇航员之一。他和妻子玛丽莲育有3个孩子。

查理是我们这一批的。他出生于代顿，父亲是一位空军军官，16岁时完成了自己的首次单飞，曾就读于俄亥俄州立大学，毕业于得克萨斯技术学院。他34岁就当上了空军少校，是公认的卓越飞行员，入选宇航员之前一直在爱德华兹空军基地担任教官。他一头黑发，理着平头，脸上总是带着微笑，和漂亮姑娘珍妮结婚后，育有2个孩子。

我的任务就是复制查理所做的一切，并帮助他为这次飞行做好充分准备，同时准备着在他发生意外时接替他的工作。惨痛的教训使我们认识到，宇航员不是坚不可摧的。一只大鹅害死了泰德·弗里曼，艾伦和迪克由于病症而被停飞，沃特·坎宁安跳蹦床时差点把脖子摔断。这样的事情在生活中时有发生，这就是要安排后备乘组的原因。但查理·巴塞特是一位处于最佳年龄的飞行员，身体非常棒，充满自信，而且这种状况完全可以保持下去。

当我们做任务规划时，很快发现这次飞行绝不是一次容易完成的任务。NASA 在其内部的备忘录中说，这次飞行计划"确实是雄心勃勃"，引号里的文字是他们的原话。"'双子星座'9 号将是一次激动人心的飞行，如果完成全部任务，则其取得的经验通常需要至少 3 次飞行任务才能获得。"当这种极富挑战性的语言被任务规划人员说出来时，驾驶员们就需要严肃对待了。

"双子星座"9 号飞船计划于 1966 年 5 月由"大力神"火箭送入地球轨道，并与提前发射升空的"阿吉纳"火箭对接。再次启动"阿吉纳"火箭的发动机，把它推向更加深远的太空并完成几次复杂的会合程序。然后，"阿吉纳"火箭将被丢弃，飞船乘组再进行其他试验。查理会进行太空行走——背着被称为"宇航员机动装置"的背包，启动其小火箭来进行在太空的独立飞行，宇航员与飞船的唯一连接是一根细长的线缆。

因此，对查理和我来说，太空行走极其重要，而且关于人在飞船之外到底是什么状况，也没有多少可用的信息。苏联人没有公开列昂诺夫的真实情况，而埃德·怀特的成功使我们所有人都产生了一种不切实际的兴奋感。要是我们更仔细地阅读埃德简报中的某些结论，我们就会发现，尽管他的太空行走留下了光辉的图片，但他在返回飞船和关闭舱门的过程中体温升得很高，以至于几个小时后体温才降下来。

但戴夫·斯科特将要在"双子星座"8号任务中完成更长时间的太空行走，如果一切按计划进行，将会为后面查理的太空行走提供很多新的信息，而这又会为将来的太空行走（包括我在"双子星座"12号飞行中的）铺平道路。

查理和我开始全力投入工作。我们准备用笨办法来克服埃德遇到的问题——把身体锻炼得非常强壮，因为我们没有别的选择。宇航员们从来就没有正式的身体调理计划，因为迪克希望我们自己想办法来保持身体的强健。健身是工作的一部分，你自己去安排时间锻炼，不管是打手球、去健身房，还是在宾馆里做俯卧撑。迪克的理念是，如果你不能为了自己的工作而使身体和精神都处于最佳状态，你就很容易被别人取代。查理和我几乎每天都去举重室，锻炼我们上身的肌肉以获得更多的力量。不久，我们就有了大力水手那样的小臂。我俩每次走出宇航员办公室，手里都会攥压一个网球。拿着可爱的小网球常常被同事们开玩笑。嫉妒去吧，我要进行太空行走了！

令人兴奋的好事还不止这一件，我被海军提前晋升为少校——我总共才服役9年，晋升上尉才5年。令人高兴的是，这次晋升是基于我作为海军军官的工作，和我是宇航员没有关系。我今年31岁，通过努力工作赢得了自己的金领章。

NASA 总部以及载人航天中心的管理层正在进行不宜公开的讨论。令人吃惊的情报报告宣称，苏联人正准备在几个月内再进行一次表演，甚至很可能是赶在我们之前，进行载人绕月飞行。

因此，NASA 的规划者们就想让"双子星座"12 号飞船进行绕月飞行（如果前 11 次飞行都取得成功的话），从而在这一回合上击败苏联。最后 5 次"双子星座"飞行计划已经包括了与事先进入地球轨道的"阿吉纳"火箭的对接任务。于是，工程师们认为，他们可以增加"阿吉纳"火箭的推力，使"双子星座"计划的最后一次任务具有深空飞行能力。这一理论认为，当"双子星座"12 号飞船进入地球轨道并与改进的"阿吉纳"对接后，其更大的火箭发动机将提供足够的动力，把飞船送入环绕月球另一侧的一条轨道中。他们想利用月球引力的加速作用把飞船甩回地球，从而完成我们的再入返回。

规划人员那时确实在考虑让汤姆·斯塔福德和我进行绕月飞行！现在回想起来，我很高兴他们后来还是恢复了理智，认识到那是一个非常不好的想法。那时我们还远远没有准备好让一个乘组踏上往返 50 万英里的旅程。

另外，我们当中没人发现另一个近在眼前的问题——宇航员机动装置。查理和我第一次看见这个装置时，你看看我，我看看你，都皱起了眉头。就这？

空军一直在研发这种宇航员机动装置，好像是为他们征服宇宙、建造太空站、拯救被困宇航员以及在飞船之间穿梭准备的。

宇航员利用它在太空随便漂游从而破坏敌方卫星的可能性没有公开提及，因为我们不能搞太空军事化。这种宇航员机动装置已研发 7 年，像一个 3 英尺高、2 英尺宽的大行李箱。在地面上时，它自身重量是 135 磅，可另外携带 31 磅的燃料和氧气。它太大了，上天时必须像草坪椅那样折叠起来，装在锥形"双子星座"飞船的后端。一旦进入零重力环境，其重量和箱式的外形就无关紧要了。

宇航员需要经过太空行走，绕到飞船后部，设置和检查宇航员机动装置，跨上像自行车座那样的座位，然后把自己绑在这个银白色的箱子上，滑向太空，并利用扶手上的控制器进行机动。

查理和我摸了摸这一堆阀门、杠杆、刻度盘和管路，然后停下来仔细观察所称的推进和控制系统。12 个过氧化氢喷射器的喷管位于这个装置的角上，用来喷射一股股气流，在太空对我们进行推动和保持稳定。这些小火箭会喷射出炽热的气体，有些喷管就在我们的耳边，其他的位于我们屁股下面。早期的型号竟有一枚火箭在宇航员的两腿之间喷射！我们说，没问题，管它呢！我们会驾驶这玩意儿。

这意味着伍斯特市的裁缝们需要给查理和我再做两套特殊的宇航服，因为标准的"双子星座"G4C 宇航服绝对不适合屁股周围都是火箭喷射器的太空行走宇航员。

下面就是我们要穿在身上的东西：

1. 长内衣裤。白色棉质内衣，带有专门的腰部口袋，用于固定生物医学仪器；各种传感器垫将布满我们的胸部和腹部。

2. 蓝色尼龙"舒适"层。

3. 带有黑色氯丁橡胶涂层的尼龙压力服。

4. 由涤纶和特氟龙交织网构成的约束层（就像骑士的链环服装），用于约束和保持压力服的形状。

5. 七层（你数吧！）镀铝聚酯薄膜，每层之间装有热防护隔垫。

6. 防微小陨石击打的特殊层。

7. 白色 HT-1 尼龙外层。

这种宇航服用于保护我们不受太空中几乎 500 华氏度（约 260 摄氏度）昼夜温差的影响，就像是凯马特公司的蓝光促销产品。真正重要的是耐热护腿套，用来防止宇航员机动装置上的火箭喷射器把我们烤成火腿。这种"铁裤子"由 11 层镀铝 H 膜和玻璃纤维构成的隔热夹层制成，最外面是由超级合金——铬镍合金 R 的超细纤维编织而成的金属面料。为了向查理和我证明这种不锈钢裤子确实能够保护我们，一位工程师高兴地拿着火焰喷枪把一块材料烧了 5 分钟，并向我们保证，虽然火箭的喷射温度可能会达到 1300 华氏度（约 704 摄氏度），但我们穿着这种宇航服感受到的依然是舒适的 75 华氏度（约 24 摄氏度）。即使在当时那种尼赫鲁夹克和蓝色牛仔喇叭裤盛行的时代，我们这种服装也显得非常怪异。

在遥远的北部湾，有一个惊喜在等着罗恩·埃文斯。完成对北越的又一次轰炸任务后，他开始返航；他看到前面"泰康德罗加"号航母的飞行甲板越来越宽大，越来越平坦。他稍微调整了一下驾驶的F-8"十字军战士"来对准那个光球，接着钩住了三根阻拦索，并安全地回到洋基站的驻地。应征宇航员失败后，罗恩在蒙特雷海军研究生院拿到了学位，然后又回到了舰队，正好赶上越南战争的爆发。他已执行了100多次作战任务，并在执行任务的同时训练那些年轻、缺乏经验的飞行员。年轻人对这位少言寡语、谢了顶的飞行员的技能惊叹不已。

当他带着一身的臭汗和疲惫爬出驾驶舱时，通信员正等着他："舰长向你表示祝贺，长官，请你去待命室报到。"罗恩拿着头盔和飞行装备，迈着沉重的步伐去见上司。他一边走一边把这次任务在脑子里细细地过了一遍，并没有发现任何问题。舰长找我会有什么事？走进待命室，他一屁股坐在椅子上，看见有几位飞行员在冲着他笑。罗恩天生就是个有耐心的人，他觉得很快就会知道发生了什么事。舰长走进来，大声念一条电传消息：罗纳德·埃文斯少校被选中参加宇航员训练，立刻到休斯敦报到！他将会从这间待命室开始转一个完整的大圈，因为7年后，当我们的"阿波罗"17号飞船从月球返回时，把我们从水里捞出来的航母就是这艘"泰康德罗加"号。海军的世界真小。

罗恩是这次19位新入选的宇航员之一，他们是很受欢迎的一批人，因为和上一批的科学家们不同，他们都是真正的飞行员。我急切地扫看这个名单，看到罗恩的名字时非常高兴，但我还要找另外一个人。几个月来，我一直为斯基普·弗隆活动，但他没有最终入选，其原因至今也搞不清楚。我俩经常一起喝啤酒，谈论一起首批登上月球的那一天。事情并没有按照我们的愿望发生。他根本就没有机会登月，而我则是最后一位登月者。我和他一样失望。

19 位新人的到来，意味着出版合同的津贴分得更少了，同时也意味着他们以外的宇航员们可以从杂事中解脱出来了。现在有很多新宇航员可以走出去或者在扶轮社做演讲，而我们则全力准备登月。

"双子星座"计划继续快速推进，每次任务都能证明太空旅行的又一个环节被安全打通了。"双子星座"3 号是开创性的任务，证明带有乘组的整个系统是可以正常运转的。4 号飞行任务验证了我们的太空行走能力，而 5 号飞行任务则对长时间飞行和燃料电池的利用（而不是蓄电池供电）进行了试验。下一步是关键的机动飞行——太空会合，因为在我们的月球探索计划中，着陆宇航员需要从月球发射升空，然后找到绕月球飞行的母飞船并与之对接。

这就是希拉和斯塔福德在"双子星座"6 号任务中要完成的工作。一枚无人的"阿吉纳"火箭将被先行发射升空，停留在一条漂移轨道上。然后"大力神"再把载有希拉和斯塔福德的飞船发射升空，追上"阿吉纳"火箭并与之对接。

但飞船升空那天，"阿吉纳"在进入轨道前爆炸了，希拉和斯塔福德的飞行被迫取消，等待找到新的目标。

"双子星座"7号飞船即将按计划发射升空，由坚毅的弗兰克·博尔曼担任指令长，吉姆·洛弗尔担任驾驶员。他们的任务并不令人羡慕——确定人们是否经得住大约两周的马拉松飞行，这大约就是将来登月飞行所需的时间。于是，一位具有创新思维的规划人员提出，反正博尔曼和洛弗尔也要上天，为什么不把飞船的发射时间调整一下，让"双子星座"7号升空后再发射"双子星座"6号？这样，希拉和斯塔福德就不需要与"阿吉纳"火箭会合，而是与博尔曼和洛弗尔会合。1965年12月4日，"双子星座"7号飞船顺利升空，进入轨道后将绕地球连续飞行两个星期——我们飞行时间最长的任务。

性情急躁的沃利·希拉现在发现，他的工作仅是证明一对载人飞船可以在轨道上会合而已，尽管它们不能进行实际的对接。"双子星座"飞船的设计是与一枚"阿吉纳"火箭对接，而不是与另一艘"双子星座"飞船对接。他取消了所有与会合无关的内容，也不想在轨道上花费很多无用的时间，只是绕地球转圈。为了让别人闭嘴，希拉在下一次发射时向人们展示了为什么最好不要过多地招惹他。他绝对是一个冷酷的飞行员。

"双子星座"6号第二次发射时，"大力神"火箭的巨型发动机启动后，火焰从发射台四周喷涌而出，但这枚该死的火箭就是不起飞！沃利和汤姆坐在火焰的风暴里，处于一场灾难的边缘，而火箭只是在他们下面不停地咆哮、晃动。我们吃惊地注视着，知道此时的应急操作规程要求乘组在火箭爆炸前赶紧弹射出现场。希拉抓着那个能把他俩从危险飞船中弹射出去的橘黄色 D 形拉环，但他就是不拉！希拉有着非常坚定的意志。那天他违反了所有的规则，但却使飞行计划避免了一次潜在的重大灾难。发动机被关闭了，咆哮的"大力神"平静下来；沃利和汤姆爬出飞船，若无其事地离开了。汤姆从指令长身上学到了重要的一课，他将会在未来的飞行任务中遇到类似的情况。

"双子星座"6 号飞船终于在 12 月 15 日发射升空，与备受煎熬的弗兰克·博尔曼和吉姆·洛弗尔驾驶的飞船会合，向他们挥挥手，近距离一起飞行，拍几张照片，就直接返回了。弗兰克和吉姆继续在轨道上漂游，他们每转一圈，都会变得更加忧郁、烦躁和难受；他们总共要飞行 206 圈，14 天。在拥挤的飞船里，他们连腿都伸不开。

这次飞行带来了一个困扰所有宇航员，同时也引发所有观众好奇心的突出问题——宇航员在没有重力的情况下怎样小便和大便。这可不像坐在瓷制座便器上，一边看报纸，一边解决问题。

在太空解一次小便的方法被提炼成一个具有 20 个操作步骤的检查清单——称为"化学尿液体积测量系统"，因为，尽管我们只是想释放自己，但医生们却要收集每一次小便的样本。从"墨丘利"计划到"阿波罗"计划，这一流程基本上没有多少变化。在这种系统的一端是宇航员，他把一种特殊的乳胶避孕套套在阴茎上，避孕套的另一端接在香烟盒大小的一个阀门机构上，用于收集尿液。关闭阀门就可以封闭这个系统。尿完以后，取下避孕套，装到一个盒子里，以备下次使用，然后开始完成下面的工作。从储存箱里取出一个采样袋，标上姓名、日期和时间，然后接到阀门机构上，打开像水龙头一样的开关，充入一些存在里面的尿液。把采样袋存放好，剩下的尿液排放到飞船外面，形成一片令人难忘的冰晶云。

此外，还有一种特殊的三角形塑料袋，用于在飞船发射和太空行走期间使用。同样的避孕套把宇航员和这种袋子连接起来，袋子用尼龙搭扣带绑在腹部。使用时，尿液的热感会传遍整个腹部，同时也总是让人担心袋子会破裂。

解决大便问题的最好方式就是不解大便。升空前的三到五天，我们会吃低排放的饭食，避免吃一些像沙拉和黄油之类的容易产生身体废物的食品。飞行期间，我们会吃类似的食物，像奶酪三明治和脱水食物，这样就不容易产生大便。在"墨丘利"和"双子星座"这样的短时间飞行中，很少有解大便的情况。

在飞船这种狭窄的空间里，连挪动一下身体都很困难，更不用说脱掉宇航服了，像解大便这种事对任何人来说都几乎是不可能的，除非你是柔术演员。尽管如此，飞船上还是有一个被我们称为"著名蓝袋"的流程。先拆开一个专门设计的蓝色塑料袋，撕掉袋子上部的胶带保护层，小心翼翼地把它粘在臀部的关键部位周围。袋子里还有一只软手套（类似于厨房常用手套）和卫生纸，用来让你小心翼翼地擦屁股。难度较大的部分是把袋子取下后赶紧把上部粘合起来，以免里面的东西在零重力的条件下跑出来。事情做起来并不总是那么干净利索，这时候你得用更多的卫生纸抓取那些漂走的碎渣子。当然，医生们也要我们收集大便的样本。情况在"阿波罗"计划中得到改善，这主要是因为飞船更大了，我们有了更多的工作空间，可以漂移到下面的设备舱，脱掉宇航服来解决我们的问题。有一种昂贵的装置，看上去就像一个带有便盆座的下水管，但它从未随飞船上过天。

我们待在月球上的时候，在登月舱里采用同样的基本流程。我的底线是不穿月球纸尿裤——一种很大的平角短裤，带有内置的较大存储空间，穿在宇航服里面，用于宇航员进行月球行走时解决大便问题。他们让我们带上了飞船，但我们就是不穿。

解决大小便问题是任何太空飞行都不可或缺的内容，通常并不会带来什么困扰。呕吐也很麻烦，而腹泻则是最麻烦的。在这种特殊的工作中，这是我们必须处理的事情。

吉姆·洛弗尔完成"双子星座"7号飞行任务多年后曾告诉我们，被"囚禁"在飞船里那么长时间，就像在公共厕所里待了两个星期，尤其是一个集尿袋破裂之后更是如此。

有关埃利奥特·西伊的飞行能力问题慢慢显现出来，不管他履历上说他的资历多么老到。几位和他共同驾驶过 T-38"禽爪"喷气机的宇航员都知道，他不是最好的飞行员。迪克后来写道，他认为埃利奥特是一个优柔寡断、"老妇人"式的飞行员。然而，埃利奥特作为"双子星座"5号飞船的后备乘组，与尼尔·阿姆斯特朗合作得非常顺畅。他俩都是平民，更容易走到一起。他俩最大的差别在于，尼尔在驾驶技术上比航天计划中的其他人都技高一筹，他驾驶过 X-15 火箭飞机，在入选宇航员之前就因为飞行高度超过了50英里而赢得了宇航员飞行徽章。迪克显然认为，让埃利奥特与查理·巴塞特合作，驾驶舱里出问题的可能性将会大大降低。

汤姆·斯塔福德乘坐的"双子星座"6号飞船溅落后，他就和埃利奥特、查理和我一起准备"双子星座"9号的飞行。我们一起在模拟器上训练，制订工作计划，在教室里学习，在圣路易斯的麦克唐纳飞机公司花了很多时间来确定正在建造的"双子星座"9号飞船的各种细节。这是一艘真正的飞船，而不是一种构想。我们可以看它、摸它、感受它。这台机器将把埃利奥特和查理送入太空。我自己常常溜到"双子星座"12号正在装配的生产线去看看。这将是我的飞船，我要看它生产出来的整个过程。它现在只是由支柱和零散构件构成的一个骨架，放在车间的地面上，等待被打造成科学和工程的奇迹。和军用飞机上类似的舱门，从钟形钛质舱体上打开。里面将是各种各样的电子装置，包括复杂的制导和导航系统以及会合雷达。我要亲自了解飞船的每一个螺栓和铆钉，花很多的时间和建造它的那些精益求精的人们沟通，因为也许有一天，我的安危将取决于他们的工作质量。

由于查理和我都是需要进行太空行走的宇航员，所以我俩也经常一起驾驶飞机，一起在宾馆的酒吧里喝上一两杯，讨论飞行任务，这是我们永恒的话题。我俩变成了一个团队，一起帮助位于达拉斯的LTV宇航公司的工程师们改装宇航员机动装置，使其满足我们的所有需求。工作完成后，我们有时也会碰杯祝贺，因为我们认识到，这个火箭驱动的机动装置很难驾驭，它将成为航天计划中的一个主角，而且它是我们的。飞船的指令长们，有经验的老宇航员们，在飞船会合方面可能会干得非常漂亮，或者在返程再入操作方面节省很多的燃料，但新闻报道的重点将属于太空行走者。作为新手，我们对此感到非常高兴，而且非常自信地认为，只有我们可以驾驭这个飞行背包。

巴塞特夫妇住在离我们大约三个街区的湖边，芭芭拉和珍妮·巴塞特是好朋友，于是，在整个宇航员训练期间，我们也经常下班后聚在一起，共聚晚餐或者聊天。随着时间一周一周地过去，我们之间的友谊越来越深厚，后来几乎成了一家人。

进入 1966 年后，每两三个月就有一次"双子星座"飞船的发射。"双子星座" 8 号定于 3 月升空，尼尔和戴夫将与另一枚"阿吉纳"火箭进行会合和对接，戴夫将完成他的太空行走。然后，"双子星座" 9 号将在 5 月发射升空。

2 月的最后一天，埃利奥特、查理、汤姆和我登上 NASA 的两架双座 T-38 飞机飞往圣路易斯，到麦克唐纳飞机公司进行模拟飞行训练。长机 NASA 901 由埃利奥特驾驶，查理坐在后座；飞机挂了一个行李吊舱，我们于早上 7:35 从休斯敦起飞前，把我们的个人文件和身份识别卡都装进了这个吊舱。圣路易斯的天气预报给出了这个季节的正常天气：能见度是 3 英里，阵性雨夹雪。尽管仪表着陆系统不是太好，但这不足以让四名经验丰富的飞行员担心。机场的自动下滑坡道计算机出了故障，这意味着我们需要比平时更加小心。随着我们冲破埃灵顿上空的薄云，进入早上明亮的蓝天，汤姆驾驶飞机在埃利奥特的一侧飞行。埃利奥特和查理白色的飞行头盔出现在他们的驾驶舱里，就像透明塑料管里的一对乒乓球。

大约9点钟，我们接近兰伯特-圣路易斯城市机场时，天气变得很糟糕，冬日的天空里夹裹着雨和不规则的雪雾团，飘浮在离地面不到400英尺的空间里。我们驾驶的诺斯罗普公司生产的小型喷气飞机弹跳得很厉害，好像撞到墙角似的。我们降低飞机，穿过雪雾；两架飞机靠得很近，一阵暴风雪卷过来时，我们几乎都看不到对方了。

一旦我们落地，到我们的最终目的地并不远。麦克唐纳飞机公司就靠近机场，装配后续"双子星座"飞船的巨大的101厂房离跑道只有500英尺。

一般情况下，我们会在大约400英尺的高度上冲出雪雾，跑道会展现在我们前方。但今天是个例外，我们仍然需要看仪表，周围都是云团和雪雾，我对看到的情况非常不满意。埃利奥特误判了进场降落的形势，我们相对于跑道的高度较高、速度较快，距离也较远，透过恶劣的天气我们只能看到模糊的地面。我对汤姆说："这一次我们没法降落。"

这时，埃利奥特驾驶他的T-38突然莫名其妙地向左来了个急转弯。"嘿！"汤姆叫道，"他到底要去哪儿啊？"

他们立刻就不见了。我们只看见浓云和翻卷的雪幕吹过我们的驾驶舱。我们来这里很多次了，知道这次无论如何也无法降落了。汤姆收起了起落架，提起了襟翼。我告诉塔台我们会继续飞上去，重新进场降落。我们爬升了好几分钟，塔台才让我们进入一个等待航线。我们唯一想到的是，埃利奥特和查理可能转到别的机场去降落了，把我们放在行李吊舱里的衣服和公文包也带走了。我们从未看见那场葬送了我们两位战友的坠机、爆炸和大火。

后来的调查报告写道，埃利奥特继续急速下降，等旋飞到塔台后面才意识到自己的误判。两人中的一位启动了发动机加力，试图把进行急转弯的 T-38 拉起来，但此时已经来不及了。飞机撞到 101 厂房的房顶后，滑到墙边，又翻滚到下面的停车场，并发生爆炸，碎片散落到很远的地方。两人都被抛出了飞机。

消防员冲到烈焰滚滚的坠机现场，雪地上很快堆起厚厚的泡沫，从泡沫堆里直立而出的垂尾像个窄窄的带有疤痕的纪念碑。一个机翼还在房顶上，另一个在飞机坠地时断掉了。部分打开的降落伞落在脏脏的雪地上，像一只破碎的大蘑菇。好在厂房里"双子星座"飞船的生产线没有受到破坏，尽管工厂里有 14 位工人受伤。

人们并不知道是谁在这次空难中丧生了。救援人员找到了两具尸体，但都已无法辨认，我们四个人的 NASA 身份识别卡散落在残骸中间。灭火期间，汤姆和我还在 20 英里外盘旋，对发生的事情一无所知，而且我们对塔台在通话中的含含糊糊非常不满。他们什么也不跟我们说，只是让我们在天上自行盘旋，好像把我们给忽略了似的。最后，油箱里的油快没有了，塔台才不得不让我们降落。

我们平稳地降落下来，没有看到任何烟雾或事故的迹象。当我们在跑道上滑行时，塔台平静地询问 NASA 907 号飞机飞行员的名字。这是我们的飞机。我回答道："斯塔福德和塞尔南。"他们用这种笨办法才识别出了查理和埃利奥特。我问塔台 901 号飞机是不是转到另一个机场了，结果只得到了一句模棱两可、没有意义的回答——让我们去问麦克唐纳飞机公司的飞行管理办公室。

我们把飞机停在停机坪上，打开驾驶舱时，看到一群表情严肃的人们正等着我们。此时，我们一下子就明白了。

我马上给芭芭拉打了电话，告诉她："这里发生了惨痛的事故，但我没事。"我深深地吸了口气来稳定一下自己的情绪，"查理和埃利奥特都没了。别的我就不知道了。"

她接电话时身上仍然穿着睡衣，然后慢慢坐到椅子上，像是被打蒙了一样。我在密苏里州通过一台冰冷的电话机竭力地安慰她，并建议她马上到查理家里去。

对芭芭拉来说，这也是我们参与太空计划多年来，最难过的时刻之一。珍妮是一位非常温柔的女人，最近一直都在兴高采烈地谈论查理即将到来的"双子星座"9 号飞行任务，查理丧生的消息让她悲痛欲绝。现在，芭芭拉来到了前门，在她最悲痛的时刻过来陪伴她。但她的到来却把事情弄得更糟。

查理的死不仅意味着珍妮失去了她丈夫，而且还意味着她失去了参加宇航员夫人聚会的门票。芭芭拉感觉自己像个小偷，从亲密朋友那里偷走了非常重要的东西。因为查理的逝去意味着我将取代他来执行"双子星座"9号飞行任务。那些本来属于珍妮的新闻头条、掌声和赞美声现在都将转给芭芭拉。根据航天计划中一个令人感伤的惯例,珍妮将不再是宇航员夫人那个小圈子里的成员。她现在孤身一人,还要抚养孩子,太空计划中没有遗孀和遗孤的位置。这显然很不公平,很令人厌恶。

放下电话,我们急忙赶到事故现场。这本来就是一次不应该发生的事故,这种感觉和那揪心的场景令我终生难忘。几小时后,迪克·斯莱顿给汤姆和我打来电话:"'双子星座'9号是你们的了。"

NASA又得举行两次葬礼,和一年后"阿波罗"1号飞船事故引发的广泛愤怒不同,查理和埃利奥特的死在航天计划中几乎没有引起任何波澜。我们的计划在快速推进,而且推进的力度比任何时候都大。仅仅三个星期前,一艘苏联的非载人飞船首次在月球进行了软着陆。既然他们可以用机器人来登月,难道他们不可以用载人乘组登月吗?我们没有时间可供浪费了。

西伊和巴塞特坠机后不到48小时,"双子星座"9号飞船就从101厂房装上车,缓缓驶过那个在寒风中降了半旗的高高的旗杆,发往卡纳维拉尔角进行最后的准备。

我不得不再次穿上蓝色的制服,参加朋友的葬礼。两年前,我在泰德·弗里曼的葬礼上穿过它,现在是为埃利奥特和查理而穿。在我们这批14个宇航员中,有两位——泰德和查理——已经牺牲,还没有一个上过天呢。3月2日,追悼仪式分别在得克萨斯州的西布鲁克卫理公会教堂和韦伯斯特长老会举行,两个教堂里的人都是满满的。宇航员们驾驶的 T-38 飞机以陨落队形飞过天空。正式的葬礼在阿灵顿国家公墓举行。天下着雨，非常冷。沉思中，我被向死者致敬的三次步枪齐射吓了一跳。《前进吧，基督战士》再次响起。

回到工作岗位，我的情况发生了变化，我怎么也没有想到作为主乘组和后备乘组竟有这么大的差异。之前，我有一种温柔的舒适感，认为我只需努力训练就可以了，反正我也不会实际去操作。现在，坐在那个可恶的洲际弹道导弹的顶上并被抛向太空的将会是我，我原来那种舒适感就像放进水里的白糖一样，一下子就消失了。

航天计划的势头非常迅猛，坠机事故发生后不到一个月，"双子星座" 8 号飞船就升空了；尼尔·阿姆斯特朗担任指令长，戴夫·斯科特（一位拥有麻省理工学院高级学位的试飞员）准备做长时间的太空行走。尽管他会像埃德·怀特那样使用手持机动喷枪，而不会尝试火箭驱动的宇航员机动装置，但我们相信，戴夫会带回大量有价值的信息，我可以在训练自己的太空行走时加以利用。

他们与 "阿吉纳" 火箭实现了对接，但很快陷入了可怕的困境。和火箭连在一起的飞船开始摇滚，然后又急速地旋转起来，而这又偏偏发生在他们无法与飞行任务控制中心进行通信的时间段。情况变得越来越糟，他们却无法咨询地面上的任何人。

他们认为是 "阿吉纳" 火箭引起的问题，于是尼尔就把飞船与火箭分离了。这反而使问题更加严重，小小的"双子星座"飞船开始疯狂地旋转——每秒钟转一圈。当他们与地面恢复通信后，戴夫告知控制中心说："我们遇到了严重的问题，飞船在不停地翻滚！"一个推进器动力全开，使飞船滚转得像个陀螺，两个宇航员快要晕过去了。尼尔努力关闭了所有主要的控制推进器，只利用飞船头部的微型推进器，才慢慢使飞船恢复了稳定。为此，他也消耗掉了准备用于飞船再入的大部分燃料。

尽管如此，他们随后很快溅落在西太平洋，被附近唯一的一艘驱逐舰救了起来。尼尔总是说，他创下了一直没人打破的返回溅落纪录。计划打捞他们的航母等待在加勒比海，而他们却在8 000英里以外的冲绳附近溅落了。尽管他们10小时的飞行中出现了吓人的一幕，但尼尔和戴夫还是完成了这次飞行任务的一项主要目标——验证在地球轨道上进行飞船对接是可能的。

遗憾的是，飞行任务的提前结束取消了戴夫的太空行走计划。这也使我丧失了向他们学习更多太空行走技巧的可能性，后来当我走出"双子星座"9号飞船时，这一缺失使我付出了很大的代价。

不久，有的宇航员就开始指责尼尔这次的表现。"他只是一个平民飞行员，他也许丧失了他的某些优势。""他为什么不这样做，而是那样做？""他要是没有与'阿吉纳'火箭分离，就不会出现那么急速的旋转。"当尼尔和戴夫在太空里争取活命的时候，他们正安全地待在地球上，这些具有完美后见之明的宇航员们是多么残忍。在我们这个高度竞争的群体中，出差错是不可接受的；如果你真的出了差错，它有可能让你付出很大的代价。谁知道这种指责会不会让迪克听到，从而改变将来的乘组选择并让抱怨的人获益？只要有被指责的可能，没人能免受其害。

圣路易斯坠机事件后，让汤姆和我执行"双子星座"9号飞行任务并不是乘组安排唯一的改变；尤其是对某一个宇航员来说，这种波及效应具有历史意义。

我们晋升为主乘组后，就需要一个后备乘组。吉姆·洛弗尔前面已经执行过一次"双子星座"飞行任务，现在正着眼于"阿波罗"计划的飞行任务，他同意在此期间担任"双子星座"10号飞船的后备指令长。巴兹·奥尔德林还没有上过天，目前是没有上天机会的10号飞船的后备驾驶员。当汤姆和我成为主乘组之后，吉姆和巴兹也前移成为9号飞船的后备乘组，这就使他们成为"双子星座"计划的最后一次飞行——"双子星座"12号的主乘组人选。

吉姆无疑是执行"阿波罗"飞行任务的培养对象，但巴兹就不一定了。要不是正好抓住了"双子星座"12号的飞行任务，巴兹不大可能有机会执行"阿波罗"11号飞行任务，并成为登上月球的第二个人。

11 19号发射塔的市长

1966年5月17日（星期二），当"黄蜂"号航母在迈阿密东部大约1180英里的大西洋上平缓巡航时，天空晴朗，航母上的人们在等待。夜晚的暴风雨在飞行甲板上形成了一个个的小水坑，热带的太阳很快就会把它们晒干。机组人员在他们的飞机和直升机周围走动着，一群平民摄影师把胶卷装入他们的照相机，而记者们则把纸张放入他们的打字机。"黄蜂"号航母已完成了前面4次"双子星座"飞船的回收任务，将会在几天内负责把汤姆和我打捞上来。一卷红地毯放在3号升降梯附近的机库甲板上，等待我们的到来。

随着朝阳升起、照亮肯尼迪角（即卡纳维拉尔角），汤姆和我在宇航员宿舍里被叫醒，准备在4小时24分钟后被送入太空，执行美国的第13次载人飞行任务。

我们日程安排的第一件事，是20分钟的体检，然后，迪克·斯莱顿和艾伦·谢泼德和我们一起吃由路·哈兹尔厨师送上的早饭——牛排和鸡蛋，并进行最后的任务沟通，这是我们发射当天的传统。我面无表情，一本正经，但我的内心既紧张又兴奋，因为我一直期盼的这一天终于来了。早饭后，穿着橘黄色的班龙衬衫和黄褐色休闲裤，我和宇航员们端庄的护士迪·奥哈拉一起来到一间小屋，参加由弗米利恩神父主持的私人弥撒和圣餐仪式（弗米利恩神父是我的朋友，他每个星期日都在埃灵顿空军基地一个不大的木质教堂里主持弥撒）。我的父母、姐姐和她的家人也会去贝尔伍德的圣西缅教堂。芭芭拉会戴上头巾，去参加早上的弥撒。我们让上帝了解了我的最新计划。

迪克、汤姆和我钻进一辆小型厢式汽车，离开位于梅里特岛的宇航员宿舍；我们仍然穿着便装，就像出发去打一场高尔夫球。我们离开时，闪着警灯的警车护卫在我们周围。当我们穿过横跨香蕉河的堤道时，欢呼的人群向我们招手致意。我们随后通过一道道严密的安全警戒线进入空军基地的发射区。一排吊装塔架（这是航天业务的高大标志）竖立在海岸上，但它们周围的所有活动都已停止，这里的一切都集中在我们的这次发射上。

汽车停在 16 号发射塔旁边的一个小型拖车住房前面，我跳下车，看到附近 14 号发射塔上的"阿特拉斯-阿吉纳"火箭组合已做好发射准备。在另一侧的 19 号发射塔上，是"大力神"2型火箭，我们小小的"双子星座"飞船就位于它的顶端。那家伙看上去非常庞大。明亮的蓝天上，点缀着几片灰暗的云朵，早晨的海面上，一道道海浪泛着白色的浪花。我深深地吸了一口带着咸味的新鲜空气，因为我很快就只能呼吸罐装气体了。

发射前 3 小时，天气报告员说，笼罩在火箭上空那些令人担忧的黑云正在散开，一切准备就绪。当医生和技术人员把生理医学传感器粘在我们身体上，为我们把臃肿的宇航服系上扣子、拉上拉链、扎紧绳子并罩上头盔的时候，那种真实感一下子高涨起来。我脖子上有一个戴了多年的挂件——一个银色的小圆盘，上面有洛雷托圣母像和"航空守护女神，为我祈祷"的字样。它引发了一阵争吵，因为医生们坚持说我不应该把它戴在身上，而是应该放在装有戒指和其他个人物品的小包里。我强烈坚持要戴在脖子上，最后，迪克说："吉恩，你想戴就戴吧。"问题就这样解决了。

我的腿被推进带有金属护罩、难以打弯的裤子，我的胳膊被塞进防护服的袖子里。我试着弯曲手指，再次意识到穿着宇航服很缺乏灵活性，尽管宇航服尚未充气。我的宇航服比汤姆的要厚一些，因为我在进行太空行走时会承受极端温度，需要有更多层的隔热材料。

穿宇航服是个需要耐心的技术活儿。没有欢呼声，没有仪式，只有奋力穿上这套多层定制服装时的喘气声。这套宇航服我已经穿了好几次了，但今天的感觉并不一样。每一条皱褶和纹理以及它的气味都增加了某种活生生的现实感，好像它的织纹在我的皮肤上留下了一个个的烙印。

一位技术人员递给我一杯橙汁，这时迪克进来说："汤姆，我需要和你单独说句话。"我瞄了一眼汤姆，他耸耸肩，跟着迪克进了另一个房间。我对他俩的短暂会面感到不安。离发射只有几个小时了，顶头上司要和飞船指令长单独说话？话题肯定不是轨道会合、天气或者机械系统，因为这些都需要我的参与。前天晚上我刚和芭芭拉说过话，知道家里也没有什么事。所以，他们肯定是谈论我的事。也许是提醒汤姆注意：我只是一个航天领域的新手。这种可能性着实让我有些恼火。新手？见鬼去吧！我是一名宇航员，如果他们不信任我，干嘛还让我站在这里穿这件讨厌的宇航服？他们回来时，两人好像什么事儿也没有发生似的。

"怎么啦？"我一边控制着情绪，一边问汤姆。

"一切正常，吉恩，不用担心。"

多年后他们才单独向我透露了他们谈话的内容。事情其实很简单。我即将进行的太空行走非常危险，走出飞船后，火箭背包或系绳很有可能出现意想不到的状况，我会待在那里慢慢等死。要是出现这种情况，迪克告诉汤姆说，他唯一的选择就是把我断开，关闭舱门，单独返回地球。他们谈论的是一个艰难的决定。我的朋友"嘟囔虫"给出了非常恰当的回答：他是指令长，如果这样的紧急情况发生，是他汤姆·斯塔福德，而不是地面上的任何人（包括迪克·斯莱顿），来决定如何去做。

我可不想成为"塞尔南"号地球卫星，但我很早就认识到，这种风险是存在的。我知道如果我自己不能摆脱困境，汤姆将无法把我拉回飞船。他会竭尽全力去挽救我，但最终只能把我遗弃，因为那是唯一选项。这一点我们俩都非常明白。这是必须接受的现实。

他们把我们的头盔锁定到位，接通氧气，我们已经无法摸到、闻到或听到外面的世界了。那一天，汤姆和我与地球上任何其他生物都不一样了。为了去除我们身体里的氮气，防止它们随着海拔高度的快速变化而在我们血管里产生气泡（就像在水里快速上升时会使潜水员患上减压病一样），在随后的 3 个小时里，我们将呼吸纯氧。

进入飞船之前这段时间，我们和外界没有交流，甚至连无线电通话都没有。在随后的 45 分钟里，我们像被包裹的木乃伊一样躺在拖车住房的躺椅上，慢慢呼吸着，为的是慢慢适应随后 3 天我们所处的环境。这种安静我以前从未体验过——氧气供应的嘶嘶声和平稳的呼吸声，除此之外再也没有别的声音了。在这种特殊的静谧中，我几乎可以听到自己的心跳声，独自想着自己要去的地方。我即将上到火箭的顶上，飞入太空，被写进历史。即使有些害怕，我也感觉不到，因为我太兴奋了。

他们帮我们站起来，把宇航服的管路接到便携式氧气箱上，随后，我们就像蝴蝶破茧而出一样，发生了角色转变——我们现在是穿着宇航服的航天英雄。当我们步履蹒跚地走向汽车时，照相机"咔嚓咔嚓"地响个不停。此时，我意识到，全世界的目光都集中在我俩身上。

在四分之一英里以外的 19 号发射塔上，"大力神"火箭无声无息地等待着，好像在保守着一项秘密。它比"墨丘利"宇航员们乘坐的"阿特拉斯"和"红石"火箭大得多，因为它需要把更大的重量送往更高的地方。我们的"双子星座"飞船位于高高的最顶端，一副摇摇欲坠的样子。

明亮的橘黄色塔架周围没有多少人，只有技术人员在工作，他们除了偶尔朝我们笑一笑、竖一竖大拇指外，根本就不关注我们。他们以前都见过宇航员。我们乘着"吱扭"作响的电梯上去，看着高大火箭亮闪闪的金属蒙皮从我们身边滑下去，然后走上一个过道（一个通透的金属网格方块，站在上面可以看到下面很远的地面）。我们通过一个小门进入被称作"白屋"的洁净间，这是原德国佩讷明德难民、现任舱门关闭组组长冈瑟·温特的领地。这里的每个人，包括我们的后备乘组吉姆和巴兹，都穿着白大褂和白帽子。他们看上去很像殡葬师。

进入"双子星座"飞船就像穿一件巨大的钢质紧身褡。飞船里绝对没有一点多余的空间，连一英寸也没有，这样，汤姆和我被塞进了只有小型轿车前座人小的空间里，而且我们还要与一个尺寸和小型冰箱差不多的仪表控制台共享这一空间。我们每个人的空间还不如执行"墨丘利"飞行任务的单个宇航员的宽敞。即使在理想条件下，进入飞船都很困难。

"殡葬师"们帮着我们钻进舱门，我们扭动到座位上，仰面躺着，臃肿的宇航服虽然还没有充气，也还比较柔软，但我们仍然难以挪动。我那由钢质纤维编织而成的裤子把我的腿锁定在那个位置上。技术人员给我们扣上安全带，把氧气和通信用的脐带软管接到飞船系统上，然后小心翼翼地解除了弹射座椅的保险装置。我们成了飞船的一部分。

冈瑟透过厚厚的黑框眼镜仔细地看了看我，最后又看了一遍飞船里面。觉得没有问题以后，他拍了拍我的头盔，竖了竖大拇指，他总是以这种方式和浓重的德国口音预祝每一位宇航员"一切顺利"；然后，舱门从外面被关闭和锁定了。患有幽闭恐惧症的人将无法参与航天计划。汤姆和我被封闭在这个像棺材一样的飞船里，就像塞进罐子里的腌制沙丁鱼。我扭转、弯曲、挪动，想动一动我的宇航服、沉重的裤子、长内衣、手套、靴子和头盔，使自己稍微舒服一点。根本不可能。有些地方感觉痒，但就是够不着。我呼吸着氧气，听着无线电通话，等待着。早上的亮光照进了飞船上两个很小的窗户。我们唯一能看到的就是蓝色的天空。被锁定在加满燃料的火箭顶端一艘小小的飞船里，我知道现在已没有退路，我肯定要升空了。经过几个月的训练，这里的一切看上去和感觉上都很熟悉，但这次可不是模拟训练。这是真实的发射。

一大群新闻记者站在贝尔伍德和拿骚湾的草坪上。为了让我爸爸和妈妈看到这次飞船发射，一位销售商借给他们一台彩色电视机，亲戚和朋友们都陪着他们一起看。爸爸请了一周的假，为的是有足够的时间看完整个飞行。在普罗维索高中（我最近几个月给他们做过两次演讲），学生们排队进入体育馆，通过放在几张桌子上的几台电视机观看飞船的发射。

在巴布达巷，芭芭拉穿着能突显她褐色皮肤的白色连衣裙，坐在我家的两台电视机前。她妈妈坐在她的身边，紧张地揉捏着双手。斯基普·弗隆的妻子瑞伊住在加利福尼亚州的科罗纳多（斯基普是那里一个航母战斗群的参谋），她和我们在德尔马时的房东库克夫人都飞了过来，陪伴着芭芭拉。一起陪伴芭芭拉的还有其他宇航员的妻子。我三岁的女儿特蕾西头上戴着鲜艳的丝带，正利用这段等待时间用蜡笔画画，和她最好的朋友艾米·比恩（宇航员艾伦·比恩和妻子苏的女儿）一起玩耍。全国广播公司制片人弗雷德·莱茵斯坦让人给芭芭拉送了三瓶香槟，分别在发射、太空行走和溅落这三个时刻打开庆祝。

"阿特拉斯-阿吉纳"组合火箭开始 15 秒的倒计时。在"大力神"火箭的顶上，我们一切就绪，准备在"阿特拉斯"发射 100 分钟后升空。在我们身下"大力神"火箭的腔体内，几乎 30 000 加仑冰冷、有毒的四氧化二氮和航空肼 50 混合液悄然以待。这些液体可不是友善的"邻居"，只要油箱里的阀门一打开，这两种液体就会喷入发动机，发生对撞和爆燃。这种受控的爆炸反应会把我们推向太空。时钟一秒一秒慢慢地走着，那种感觉就像沙漏里的沙粒变成了大石块，一下一下砸在我的心上，兴奋变成了紧张。

可是，那只站在大约 6000 英尺外、价值 1300 万美元的"大鸟"——"阿特拉斯-阿吉纳"火箭必须飞走，我们的"双子星座"9 号飞船才能动身。这种"阿特拉斯"火箭是空军装备库中最可靠的火箭之一，它曾经把约翰·格伦和其他宇航员送入太空。它投入使用已有 10 年，已发射大约 300 枚，成功率高达 95％。在最近 60 次发射中，只有 2 次失败。

整个"阿特拉斯-阿吉纳"组合火箭呈流线型，上面是尖尖的头部，下面是小小的稳定尾翼。它由几个独特的部分组成。

"阿特拉斯"助推火箭位于底部，紧接其上的是 25 英尺高的"阿吉纳"，而"阿吉纳"的顶部是一个对接卡环，我们的"双子星座"飞船将在会合期间对接到这个卡环上。在发射塔上时，这个钝形对接卡环被罩上一个玻璃纤维的气动整流罩，从而构成"阿特拉斯-阿吉纳"光滑、尖尖的头部，用以穿过厚厚的大气层。火箭入轨前，小型爆炸装置会炸断捆绑蚌壳式整流罩的两条窄钢带，然后整流罩一分为二掉落下去，从而把对接卡环暴露出来。

汤姆和我被接入通话系统，我们听着发射小组对"阿特拉斯-阿吉纳"进行的最后倒计时。听起来还不错。我看着仪表和它们的读数，把手远离那个位于我两脚之间的 D 形环；我一拉它，我的弹射座椅和我就会崩出飞船。遇到紧急情况时，我可以猛拉这个家伙，但我可不想碰它；我总是觉得在发射的颠簸和摇晃过程中，一只手紧紧地握着这样的一个开关非常愚蠢。我乘坐这只"大鸟"是为了飞翔，而不是为了跳伞。我正常时每分钟 65～70 次的心跳稍微升高了一些。

根据飞行计划，"阿吉纳"入轨并抛掉燃料耗尽的"阿特拉斯"助推火箭后，将在绕地球飞行的第一圈返回肯尼迪角上空。它起飞 99 分钟 9 秒钟、再次飞过佛罗里达时，我们就会升空，开始一场 80 000 英里的太空追逐，并在三圈半之后赶上它。该出发了！电视摄像机开始向全球观众播送两枚即将起飞的火箭的画面，两枚细高的火箭几乎挨在一起。飞行任务控制中心的阿尔·乔普用平静的声音对观众说，所有系统看上去都不错。

"阿特拉斯-阿吉纳"的发射进入 1 分钟倒计时的时候,家里的芭芭拉喊道:"60 秒!姑娘们,祝他们成功吧!"

玛莎·查菲接过了倒计时读秒。她的丈夫罗杰(我的宇航员朋友)过来关照我的家人——随时回答他们的问题,舒缓他们的不安。芭芭拉一手拉着特蕾西,一手拉着她妈妈。

玛莎报读道:"5,4,3,2,1!"

上午 10:15,火焰喷涌而出,浓烟翻滚,轰鸣声像打雷一般,"阿特拉斯-阿吉纳"带着一缕彩烟飞离了肯尼迪角。大地颤动起来,我在我们自己火箭的顶上都能感受到,经过消声的轰鸣声充满我的头盔。这枚银色的目标火箭直直地升上去,稳定在像太阳一样耀眼的火焰上,然后穿过一小片飘浮的白云,快速飞走了。我满意地点点头。加油!宝贝儿,加油!我们天上见。

"快看火箭,特蕾西。"芭芭拉一边搂紧女儿,一边指着电视屏幕说道。随着"阿特拉斯"火箭飞上天空,客厅里的每个人都鼓掌欢呼;火箭马力全开,速度越来越快,观看发射的人们自然获得的那种兴奋感,连站在草坪上的记者都感受到了。加油!加油!加油!

"爸爸!爸爸!"特蕾西一边喊,一边从坐垫上跳起来。

"不是,那不是爸爸。"芭芭拉说道。

"那谁在里面?"

"谁也没有。"

谢天谢地,幸好里面没有人。

仅仅 130 秒之后,"阿特拉斯"火箭两台发动机中的一台出了问题。导引火箭推力的钟形罩开始晃动,随后突然翻转过来,此时由于发动机正在全马力工作,因而火箭发生了无法恢复的翻滚。10 秒钟后,发动机按计划关闭,"阿吉纳"火箭与之脱离,但为时已晚,它轨道太低,速度太快,已无法正常工作。整个火箭坠入大西洋,在距离肯尼迪角大约 160 英里的天空上留下螺旋状的浓烟,像个巨大的问号。阿尔·乔普平静地对受到惊吓的电视观众说:"我们损失了这枚火箭,我们损失了这只大鸟。"

此时,汤姆和我坐在全副武装的"大力神"洲际弹道导弹的顶上,穿着宇航服动弹不得,心里非常清楚墨菲定律的最新验证:只要存在出错的可能,它就肯定会出错。美国的火箭仍然会爆炸。

"唉,见鬼!"汤姆说道。好在这句话被公共关系人员进行了过滤,才没有传到观众的耳朵里。当飞行任务主任比尔·施耐德立刻终止我们的飞行任务时,我依然感到非常紧张。"黄蜂"号航母上的红地毯还会继续卷放一段时间,弗雷德那瓶为发射准备的香槟酒也先不开瓶了。

塔架上的回转臂转回来,扣紧在"大力神"火箭上,汤姆和我开始进行繁琐的出舱程序。我们小心地把保险销放回弹射座椅，使它们处于安全状态；冈瑟的小组打开了我们的舱门。我们小心翼翼地爬回真实的世界，因为"大力神"火箭依然装满燃料。

我们取下头盔，乘坐升降梯从高高的塔架降落。随着我们的"大力神"从我们的身边滑过去（这次是向上），我把头转向汤姆。他前面遇到过两次这种令人沮丧的推迟发射。我问道："汤姆，你是以此为生吗?"我既疲倦，又失望，心中极度空落，但同时也有一种解脱感。我长出了一口气。当然，宇航员会把这种想法藏在心里。

在贝尔伍德，妈妈把记者们叫进来，帮着吃掉堆在冰箱里的食物，免得放坏了。

在拿骚湾，电视上闪动着火箭自毁的画面，芭芭拉咬着嘴唇在沙发上愣了好一阵儿，沉浸在自己的思绪里，她知道自己的丈夫还被绑在另一枚火箭的顶上。她妈妈轻声抽泣着，这打断了芭芭拉的思绪。她振作起来，立刻变成了宇航员夫人。她搂着特蕾西来到外面和记者见面。她强装微笑，说道："我们撤回后会重新再来。吉恩是飞行员，他知道在成功的道路上，失败是难免的。"在过去的几年里，我们和经常报道航天计划的很多新闻记者成了朋友，随着友谊的加深，原来那种对记者的恐惧感逐渐消解了。

在汤姆家，费伊·斯塔福德第一次说出了那个与"双子星座"9号无法割舍的词语。她说："我觉得我是个丧门星。"为此，记者们终于找到了新闻题材。

NASA 的智囊团召开了紧急会议，讨论下一步应该做什么；我们则回到休斯敦，在家里待了几天后，重新开始了模拟器训练。我们的飞行任务被推迟了两周多，NASA 必须考虑这一推迟对整个登月计划的影响，因为现在时间是个重要因素。"双子星座" 6 号的"阿特拉斯"火箭问题，西伊和巴塞特的坠机事故，"双子星座" 8 号险些酿成的灾难，又一枚"阿特拉斯"火箭故障导致的"双子星座" 9 号飞船的无法升空，这些都改变了航天计划的进度。整个计划被一天天推迟。最后得出的结论是，要是不出现重大事故，我们可以在年底前完成剩下的四次"双子星座"飞行任务，从而不会影响"阿波罗"计划在 1967 年 1 月的启动。这基于一个非常大胆的假定——我们能够以每两个月发射一艘飞船的惊人速度来完成剩余飞船的发射任务。

这样，在这个十年结束前实现肯尼迪提出的登月承诺，就只有三年的时间了。考虑到月球在 25 万英里以外，我们只是刚刚可以绕地球转圈，有时候连发射都无法完成，这一时间确实不够长。压力山大啊。

除了进度的推迟，还有另外一个重要问题。仅是到达月球（更不用说实际登月了）所需的计算机硬件都还没有呢。事实上，我在"双子星座" 9 号飞船里的工作之一，是利用一端带橡皮的铅笔、一叠纸张、绘图板和计算尺来完成某些会合计算，汤姆则利用六分仪式的设备对着窗外进行星体对准。这和哥伦布描绘去新大陆的航海图时所用的方法差不了多少。要是我能拿出今天的一款笔记本电脑，连到视窗操作系统上，拨通导航卫星，敲入一个公式，准确的会合路径立刻就会在液晶显示器上显示出来的话，我宁愿献出我的右臂。一台现代笔记本电脑的计算能力是我们"双子星座"9号飞船上最大计算机的500多倍。在1966年，大多数计算机的尺寸就像一头牛那么大，硅谷还只是加利福尼亚州的一片庄稼地，创建微软公司的天才比尔·盖茨那时才10岁。

我们主要关心的问题是，这次发射取消后需要多长时间才能恢复"双子星座"9号的飞行任务。目前没有其他"阿吉纳"火箭可以使用，没有目标火箭，我们就无法进行非常重要的会合试验。但NASA有很多富有创新精神的工程师，不等你提出问题他们就准备好了答案。

"阿吉纳"目标火箭在"双子星座"6号飞船发射期间发生爆炸之后，NASA签订了一项研发另一种更便宜的对接目标的合同；麦克唐纳飞机公司花费一百万美元，制造了一个又粗又短的东西，起了个名字叫"增强型目标对接适配器"，人们嫌这一名字太长，很快就把它简称为"对接器"。它已经在肯尼迪角测试几个月了。

做出的决定是再推出一枚"阿特拉斯"火箭，把"对接器"（而不是"阿吉纳"）装在火箭的顶部。"对接器"其实就是直径为5英尺、长度为11英尺的一截管体。它的前端和"阿吉纳"很像，对接卡环由玻璃纤维头罩罩住；"对接器"入轨后，头罩将被抛掉。

　　最主要的差异是"对接器"没有"阿吉纳"那么强大的火箭发动机，能把我们推向更高的轨道，这原是我们的主要任务之一。事实上，"对接器"上仅有的火箭是两圈小型推进器，是飞船会合时用来稳定"对接器"的。令人高兴的是，除此以外，其他的都完全一样。飞船发射被重新安排在6月1日。

　　5月的最后一天，夏雨清洗着肯尼迪角，我们则紧张地做着最后的事情——与飞行任务官员们会面，去健身房锻炼，和家人通电话。我们早早地上床睡觉了，而发射塔的技术人员整夜都在细心呵护我们的两只"大鸟"。

　　6月1日凌晨5:11，我们醒来时，发现有几条黑云挂在黑暗的大西洋上空，就像丧服上的黑纱，但负责天气的人员对我们说不用担心。在随后的几个小时，那些黑云就会消散，而飓风"阿尔玛"还离这里太远，不会影响我们。这一次的发射前演练显得更加平淡，等他们给我扣上头盔、让我呼吸氧气时，我立刻体会到了一种似曾相识的舒适感，因为所有这些上次都经历过了。上次发射被推迟增强了我的自信心。

　　我们的任务描述做了重要改变，以适应对接目标由火箭推进的"阿吉纳"改为"对接器"这一新情况。如果这一次"对接器"还是没有进入轨道，我们会跳过那部分工作，直接和把我们送入太空的"大力神"助推火箭的空壳体进行会合技术的练习，然后把工作重点放在我的太空行走上。

随着两个倒计时的启动，汤姆和我再次乘坐升降梯来到 10 层楼高的"大力神"火箭的顶上，然后被塞进了"双子星座"飞船。这一次，"阿特拉斯"火箭工作得完美无缺，它以惊人的速度从肯尼迪角升空时只比计划晚了 3 秒钟。火箭达到了合适的高度和速度，"对接器"离开发射塔后不到 7 分钟，就与火箭按时分离并进入一个近乎圆形的地球轨道上。

好了，现在我们有了目标，让我们赶紧去追上它吧。我们只有一个 6 分钟的发射窗口——从 11:38 到 11:44，在此期间，"对接器"第一次经过肯尼迪角。我们准备大约飞行 3 圈后在太平洋上空追上它，然后在大白天的美国上空和它对接。

通信线路活跃起来。一脸疑惑的地面控制人员怀疑某个地方可能还是出了问题，因为控制面板上的一个指示灯闪烁起来，表明那个罩住"对接器"的大玻璃纤维护罩可能没有按要求分离。经过紧急商议，飞行任务控制中心决定让我们继续执行原定的飞行任务，上去看看那个该死的东西到底怎么回事。

倒计时持续进行着。一小时，半小时，15 分钟，"对接器"已越过加利福尼亚州的海岸线，正朝我们这边飞来，5 分钟，4 分钟。

准备好了，越来越近了。"双子星座"飞船的舱壁是我生存的边界；除了偶尔有几片云朵飘过那个小小的窗口，其他的什么也看不到。我做了几次深呼吸，为即将到来的发射期间不断增加的超重力做准备；在最后的检查期间，我扫视着控制面板上闪烁的指示灯和指示表，和飞行任务控制中心交换着各种数据。3 分钟，一切正常，2 分钟。

飞行任务控制中心的一台计算机把例行的数据更新发送给飞船的内部制导系统，用于把我们的飞行轨迹改变到"对接器"的轨迹上。在"双子星座"飞船内部某个地方，系统拒绝接收这一数据更新。我们还没有来得及反应，计算机重新检测后，就再次发送了这一信息，而我们的系统再一次拒绝接收。故障灯同时在控制中心和飞船里闪烁起来。

嘀嗒、嘀嗒。1 分钟，50 秒。赶紧做决定。

暂停！见鬼！

倒计时又重新从 3 分钟开始，计算机又尝试了几次。该死的计算机故障！暂停。倒计时再次重新开始。"对接器"静静地飞过头顶上空，等待我们上去一起互动。我们只有 6 分钟的发射窗口，而计算机正在吃掉这点宝贵的时间。又一次尝试，最后一次被拒绝，彻底没戏了。我们的飞行任务第二次被取消。

我们太接近发射状态了，这让我无法相信事情会像这样突然停止。

飞行任务控制中心给我接通了从飞船到我拿骚湾家里的私密通信线路。芭芭拉在我们的卧室里单独接了电话，我听见她在抽泣。为了安慰她，我给她开玩笑说："我们离发射一次比一次近了。"我们的失望几乎可以触摸到，这种共同的感受跨越得克萨斯州和佛罗里达州，把我们紧紧地联结在一起。为了缓解她的紧张情绪，我又给她发去了一束花。我们在轻声地通话时，外面的人员开始打开舱门。在贝尔伍德，父亲开始琢磨他的假期用完之前，我们的飞船会不会发射升空。

一直担心的费伊·斯塔福德已经受够了，她拒绝和记者们说话。她丈夫的飞行任务遇到了太多的问题。在汤姆的出生地——俄克拉何马州的韦瑟福德，他母亲玛丽今天早早就起床看飞船发射了，现在她要他给她打电话，然后她就可以小睡一会儿了。玛丽·斯塔福德还是小女孩的时候就乘坐带篷的马车来到西部，她从来不把小事放在眼里。

这次，发射只推迟了两天，足够用来给我们的火箭重新加装燃料，检查计算机系统，找出故障原因，再把我们送回发射塔。我们又举行了一次发射取消碰头会，这次时间很短，因为该开的玩笑都开过了，而且我们面临的压力在我们眼前不停地闪动。我们来到沃尔菲熟食店，一起思考我们目前的境况；其间我大嚼大咽地吃了咸牛肉和熏牛肉三明治，还吃了很多犹太泡菜。有消息传过来，说我们的任务被重新安排在 6 月 3 日（周五）上午 8:39，此时"对接器"会再次飞过肯尼迪角上空。

与此同时，地面人员试图分析"对接器"的玻璃纤维整流罩到底出了什么问题。如果它没有分离，就无法进行对接，因为我们无法接触到对接卡环。在讨论会上有人提出，既然塞尔南无论如何都会进行太空行走，那为什么不让他溜达到整流罩那里把它掰掉？这些只说不练的人给出的理由是，这个整流罩虽然长 7.5 英尺，在地面上重 300 磅，但在太空就没有重量了。不妨过去踹上一脚，看看怎么样。我觉得这个主意有点儿蠢，但如果这是他们所希望的，我也愿意尝试一下。

星期五，我们又重来了一遍。在去发射塔的路上，斯莱顿递给我们一根用硬纸板剪裁而成的火柴，就像接力棒那么大，头上涂有红白两色，说要是其他办法都不行，就用它点燃我们的运载火箭。汤姆粗声粗气地回答道："那就这么办呗。"由于汤姆在19号发射塔上待了太多的时间，于是被戏称为"19号发射塔的市长"，为此，他感到非常恼火。

几个自以为是的家伙在塔架升降梯的门上挂了一幅标语——"汤姆和吉恩：本升降梯的下行功能已经去除，预祝飞行顺利。"上面还有飞船保障人员的签字。周围都是灿烂的笑脸。好在我们不能和任何人说话，而且今天的这种幽默确实令人更加紧张。

吉姆和巴兹已工作了大约三个小时，检查了飞船的每一个开关，认为飞船已做好了准备。没想到他俩也来凑热闹——当我们进入"白屋"时，发现舱门上挂着这样的标语：

我们以前开玩笑，

今天不再瞎胡闹。

进入飞船莫迟疑，

不然我俩飞上去。

——吉姆和巴兹

我再次笑了笑，心想，让巴兹·奥尔德林取代我驾驶"双子星座"9号飞船是绝对不可能的事。

自从我们的飞船发射失利以来，飞行任务控制中心的技术人员一直都在夜以继日地倒班，直到我们的"大力神"火箭进入预定轨道为止。之前的故障被追踪到一个大约由2 000个零件构成的导航系统，两个指甲盖大小的小模块无法相互通信。新模块被试验了100次，确保它们能正常工作，然后装进了飞船。

当"对接器"绕飞地球第13圈、再次飞越加利福尼亚州海岸时，"白屋"回转着脱离了"大力神"火箭，两个小小的人类成员被捆绑在一枚洲际弹道导弹的顶上，这是我们第三次被单独留在上面。我俩只能相互看看对方，世界上的其他人都变成了我们耳朵里小小的通话声。这一次我感觉非常好，早上的亮光照进驾驶舱，这是很好的征兆。

倒计时进行得非常顺利，在2分钟的时间点上（上次计算机出问题的时候），飞行任务控制中心把最后的操纵指令更新送入经过大量测试的内部导航系统，飞船再次拒绝接收传送的信息。别再来一次！

但这次工程师们准备采取不同寻常的非技术解决办法。去你的吧！我们在15分钟前刚刚进行过飞行轨迹的更新，用它也是可以的。千万别取消发射！汤姆低声吼道："都第三次了，走呀！"

倒计时进行到了10秒，我几乎可以听到难以觉察、令人激动、逐渐增强的背景音乐。起锚！5，4，3，2，1，点火！

在此之前，我真的不知道我会有一种什么样的体验。我参加模拟训练时感觉飞船升空就像航母上的弹射起飞——快速而猛烈，但汤姆和那些上过天的宇航员们都说和弹射起飞不一样，他们只是无法解释到底有什么不一样。反正不一样。

在电视上，每个人都看到了"大力神"火箭底部冒出的团团大火和翻滚的浓烟，但在飞船内部，仪表面板立马活跃起来。指针在跳动，指示灯在闪烁，计算机跳动着一串串的数字，地面控制人员快速地说着话。"大力神"的燃料喷入燃烧室并被点燃时，我感到了明显的抖动。随后，把火箭固定在发射台的螺栓被崩掉的瞬间，我感到了一种遥远的震动。就这样，在佛罗里达州这个明媚早晨的 6:38，在我身下 10 层楼高的地面上出现了令人惊奇的一幕。

我感觉到了运动——一种缓慢的跳动；然后，随着这枚巨型火箭开始慢腾腾地离开地面，我听到了一阵低沉的"隆隆"声。这枚"大力神"火箭，之前像个沉睡的巨兽，现在一下子醒了过来，开始发威，准备轻而易举地拿出 430 000 磅的惊人推力，快速离开这里，就像肯塔基赛马中，那匹最有实力获胜的赛马冲出门栏一样。最初的缓慢上升变成了急速跃升。我们出发了。

随着"大力神"的快速爬升，耀眼的太阳照亮了火箭的一侧。在飞行任务控制中心，飞行指挥官吉恩·克兰兹仔细听着每个岗位控制员的报告。"好，好极了！每个系统都正常，继续！"此时，火箭正快速飞越大西洋，超重力像一摞摞的砖块堆在我胸膛上一样。我的心跳急速加快；我咬紧牙齿。我瞄了一眼汤姆，他也把牙齿咬得紧紧的。

"我们出发了。"至少汤姆还能说话。在飞船的另一侧,他的新手驾驶员根本就说不出话来。在完成分配给我的任务时,我既看到了也感受到了以前难以想象的事情。天哪,我真希望自己是个诗人。

现在,我们只是一长条白色水汽顶端的一个小点儿,这条水汽离地球越来越远。我们沉浸在一种只有不断加快的速度的梦幻中。随着火箭穿越大气层,它不断地振动和窜动着。我感到无比自豪。在世界的历史上,只有为数不多的人做过我正在做的事情。

随着燃料的消耗和高度的不断增加,我们的负荷越来越轻,空气越来越稀薄,阻力越来越小,我们持续加速,像尾部带有火焰的长标枪,速度越来越快。我们正以惊人的速度飞行,但我有很多技术和驾驶工作要做,暂时还无法欣赏正在发生的一切。升空后大约4分钟,我们即将进行第一次级间分离,两台大型发动机将关闭并掉落下去,而让较小的第二级火箭继续推进。汤姆曾经告诉我说,分离时感觉就像被踹了一脚——他说得很对。

级间分离时,我们被大约4.5倍的重力压在座位上;这种猛烈推压我们的力量眨眼之间就消失了。发动机刚才还轰鸣得像一头猛兽,然后,"嘭"的一声就关闭了。我们被抛向前方,紧紧地顶在安全带上;由于飞船失去了足够的动量,原来一直跟随我们的巨大火球因为惯性依然向前运动,从而把飞船包裹在带有黑边的橙红两色火焰团中,翻卷起跳动的火舌和浓烟,就像万圣节那种吓死人的恐怖剧。我能看到的只有火焰,尽管我完全知道这是什么情况，也被事先告知会出现这种情况，但我首先想到的是，我们要被烧毁了。

又是眨眼之间，第二级火箭发动机启动了，一下子把我们推出了那个大火球。超重力再次加大，我们再次被紧紧地压在座位上；随着第二级火箭的猛烈工作，一只新的大手开始推动我们，给我们施加越来越大的压力。飞行 8 分钟后，我们承受的超重力达到 7.5 倍；我们用力发出"哼哼"声，以使肺部能够承受这难以置信的压力。

在我们进入地球轨道前的一刹那，火箭发动机关闭了，我们从必须抵抗巨大的超重力才能呼吸的状态，变成了绝对没有一点压力的状态——零重力。工人们遗留的几个螺母和螺栓，从藏匿的地方慢慢溜了出来，尘土颗粒和一段线绳在我面前慢慢舞动。我的双手在失重状态下漂了起来，穿在金属裤子里的双腿变得像羽毛一样轻。

为了能够看见地球，汤姆让飞船转动了一下，我迫不及待地看向窗外。下面是遥远的蓝色海洋和星罗棋布的白云，随后，非洲的海岸从我们身下滑过。

我进入了太空。

来到这里感觉真好。

12 愤怒的"鳄鱼"

"双子星座"9号飞船的成功发射受到热衷于太空探索的美国公众的加倍欢迎，因为这是我们一周内的第二个重大胜利。就在汤姆和我终于进入地球轨道的前几天，"勘测者"1号月球探测器在月球实现了软着陆，并发回了144张登月候选地点的照片。所以，在无人宇宙飞船领域，我们至少和苏联打成了平手，甚至有可能稍微领先一些，因为虽然他们的"卢娜"9号更早地实现了在月球的着陆，但它只发回了9张照片。在太空竞赛的载人领域，汤姆和我准备创造多项航天纪录。

我还在天上慢慢适应零重力状态，而地面上我的家人早已激动不已。在拿骚湾，芭芭拉自我早前给她通过电话以后一直都没有合过眼，而且表现得非常乐观。

随着发射倒计时的持续进行，家人们变得非常紧张，芭芭拉不停地抠着指甲周围已经很粗糙的皮肤。当电视上出现"大力神"火箭悬浮在翻滚的浓烟和烈焰之上的画面时，她吃惊地转向罗杰，问道："这正常吗?"他刚说完看上去一切正常，火箭就开始起飞了。"太棒了!"芭芭拉的红发堂妹琳恩·吉利根喊道；她跳起来，挥动着一件想象的斗牛士斗篷。掌声和欢呼声响彻巴布达巷，此时"大力神"飞出了摄像机的视野，芭芭拉倒在沙发靠垫上，终于可以喘气了。她对一位朋友说："告诉外面的记者，就说我晕过去了。"

最后，芭芭拉还是晃晃悠悠地走出门外，把这次发射描述为"棒极了"和"漂亮极了"。"我知道汤姆和吉恩刚刚进入了天堂。"她无意间说了一句双关语。记者们注意到她脸上闪着红光，这和她在飞船发射第二次取消时那种苍白、忧虑的表情形成鲜明的对照。记者们问特蕾西知不知道这会儿我在哪里，她一边打着哈欠，一边回答道："爸爸要带着游泳圈散步。"她最近一直在上游泳课，所以她把我身上的火箭背包比作她在游泳池里用的救生圈。我女儿的比喻和我听到的任何其他比喻相比都不差。

在贝尔伍德，母亲对记者们说："大家的祈祷有了结果，他们终于升空了。"有16位亲戚、朋友和邻居在我父母的家里观看飞船发射。"这是我一生中最大的一件事。"父亲一边笑容满面地说着，一边向人炫耀着我给他的"双子星座"计划领带夹。我的家人端出了咖啡和点心，到下午的时候，父亲给记者们拿出了冰镇的啤酒。我姐姐德洛丽丝给她三年级的学生们放了一天假，以便她能够观看飞船的发射。

记者们向费伊·斯塔福德"行贿"——帮她给她的4只新生小猫（法兹、弗里茨、雅普和会合博士）找到人家后，她才从自我流放中回到家中。总有先见之明的她警告说，"双子星座"9号飞船的麻烦可能还没有就此结束。"双子星座"飞船是由位于

42个州的4 000多个承制商共同完成的，考虑到这一情况，她说："飞船升空只是我们的第一道坎儿。"比尔·达纳是一位脱口秀演员，他每次上台都要说一段令人捧腹的宇航员笑话，因此，"首批七杰"把他吸收为第八位宇航员；他总是喜欢告知大家说，"双子星座"飞船的1 367 059个零件中，每个零件都是由出价最低的投标人制造的。

你还记得在乡村的破路上开车的经历吧？你冲上一个高坎儿，你的胃一下子窜到喉咙里，然后再落下来。进入零重力状态时，"双子星座"9号飞船好像冲上了一个巨大的高坎儿，但我的胃却没有落下来。由于失重，它继续潜伏在我扁桃体的后面，我隐隐地有一种晕船的感觉。当然，我不会说出来。我不再是那个在海上做夏季巡航的新兵蛋子了！多年以后宇航员们才承认，我们大多数人在刚进入太空时都有这种感觉（在当时，连宇航员之间都不会说）。

我们处于一条鸡蛋形的地球轨道上，紧紧追赶着"对接器"。而在我们身下很远的地面上，各大报纸都出版了专刊：太空人打破了"双子星座"飞船的魔咒。我们和"对接器"目标之间的距离是640英里，汤姆把我们的轨道高点调整到172英里。我们准备用比以往更快的速度赶上"对接器"，这可是一项很有意义的练习，因为将来宇航员们离开月球时需要完成同样的操作程序。起飞49分钟后，我们越过了澳大利亚，并再次启动推进器，把我们的轨道低点提升到 144 英里。

尼尔·阿姆斯特朗是我们第一阶段飞行的飞船通信员，这是一种特殊的安慰，因为他乘坐"双子星座"8 号飞船与灾难擦肩而过之后，没有人比他更了解这难以预料的太空环境。什么事情都有可能发生，听到他用平静的声音传递信息，我们感觉非常好。

当我们到达佛罗里达州上空时，我们与"对接器"之间的距离减少到 460 英里，两艘太空飞行器的飞行速度都超过了每小时 17 500 英里。我们每绕地球飞行一圈，都会经历白天和黑夜的变化；圆圆的月亮那奇异的银色亮光照亮夜空，遥远的星星似乎在向我们招手致意。当我们穿越时区，每一个半小时绕地球飞行一圈时，时间不再具有任何意义，地球上的小时好像变成了分钟一样。我埋头于各种计算，加入来自雷达和现在看来很原始的计算机的数据，并把这些信息交给汤姆。我们离环绕地球飞行的那个目标越来越接近了。

轨道力学定律几乎和国内税务局的规定一样奇怪。读者可能会问，飞船为什么不直接飞升到预定高度，然后以最快速度追上那个目标呢？这是在地球上的解决方案，这种方案在太空并不适用。实际情况是，飞行器离地球越远，它绕地球飞行的距离就越长。处于较低的轨道，我们就可以更快地赶到目标的下方，然后再爬升上去追上它。所以，我们从低轨道进入；这是轨道会合，不是追逐比赛。

在我们飞行的第三圈，经过四次调整，我们的飞行轨迹几乎成为一个距地球 170 英里的完美圆圈，我们又一次穿越黑夜，进入东太平洋的上空。此时，我们发现前面很远的地方有一个闪光点。我们知道它不会是星星，因为在大气层以上，星星不会闪烁。它应该是"对接器"上的闪光灯。我们以最短的时间发现了难以捕捉的"对接器"，完成了这次飞行中第一项真正的任务，而且处于距目标 126 英里远、轨道高度差为 15 英里的绝佳位置。我们小心翼翼地缩小距离，很快就看到了那个闪光灯和另外一种不知来源的明亮闪烁。这种闪烁是不应该出现的，肯定出问题了。

我们躲闪着穿过一大片零散的太空垃圾（大约有 12 小块儿），这些垃圾都是构成"阿特拉斯"火箭的零件，它们一直待在轨道上，与"对接器"一起以独特的队形飞驰在夜空中。几家报纸的报道中把这些垃圾称为"神秘飞碟"；在随后的几年中，我时不时地被问道是否"确实"遇到过不明飞行物和外层空间的神秘闪光。几位记者得出结论说，我的断然否认恰恰证明了我参与了一项庞大的掩盖计划，不想让人们知道那里到底有什么东西。说实话，父老乡亲们，那只是一些太空垃圾，绝不是《X 档案》里讲的那些东西。实际上，我们希望其中的两块垃圾是那两扇蚌壳形塑料整流罩。但当太阳第四次为我们升起的时候，给我们带来的却是坏消息。汤姆仔细控制推进器，使飞船慢慢从侧面靠上去，然后停在离"对接器"大约三英尺的地方。我们像是看到了好莱坞特效实验室里的场景："对接器"慢慢地一边旋转，一边翻滚，完全失去控制；锥形整流罩还连在"对接器"上，两半扇敞开着挂在前端，像张开的巨大嘴巴。汤姆向休斯敦报告说："我们这有一个形状怪异的装置，看上去像一只愤怒的鳄鱼。"

作为气动整流罩，这种塑料头罩之前已进入太空 70 次，只要接到地面控制人员的指令，它就会打开、掉落，从来没有出过问题。我觉得要它连续 71 次不出问题可能要求太高。有两条薄钢带把它固定在"对接器"上，只有上面那条钢带崩开了，这样头罩的前端就张开了，而下面的那条却依然处于锁定状态。要是在大气中，风就会把它吹掉，但在太空中，由于没有空气阻力，那东西就静静地待在原处。我们在前面看到的灰白色的闪光，就是未掉落的头罩在月光下翻滚造成的。

我被认为是宇航员中比较健谈的，但记者们在报道中说，塞尔南"不同寻常地安静"。我当然安静。我能说什么呢？这是另一个重要意外，而那个该死的愤怒"鳄鱼"似乎在嘲笑我们。除非掀掉那个卡住的头罩，否则，我们将无法进行对接练习。

地面控制人员给"对接器"发去了一连串的指令信号，试图打开仍被罩着的对接卡环，以便掀掉给我们带来麻烦的头罩。然而这只是把头罩的底部往外推了一段距离，却使张开着的顶端合上了一些。使对接卡环收缩又会产生相反的作用。在我们看来，这些操作只是让那张大嘴在一张一合地动。汤姆和我使飞船处于距那个不停旋转的家伙几英尺的地方，并向飞行任务控制中心讨论了我们的意见，而控制中心的专家们也在努力寻求解决方案。最后，我们一致决定采用另一个飞行计划——不再做任何对接，因为我们无法接触到对接卡环；再进行两次会合机动；把我的太空行走推迟几个小时。

《头罩难住了太空人》——这样的新闻头条使我们的成功发射和创纪录的快速会合都黯然失色，并向世界表明"双子星座"9号的丧门星魔咒依然发挥着作用，其展现形式是一只翻着跟头、对着太空乱咬的宇宙大"鳄鱼"。讨论时有一种建议说，汤姆也许可以慢慢靠近"对接器"，然后用飞船的头部轻轻地把那个头罩顶掉。这一建议被否决，因为我们娇贵的降落伞就存放在飞船的头部，为了能够活着回家，我们需要降落伞完好无损。

在我们身下170英里的地面上，会议正在举行，我们则在上面看着那只"鳄鱼"，呆坐了2个小时。特别值得一提的是，有一个建议带来了严重的后果。据迪克·斯莱顿说，巴兹·奥尔德林提议让我太空行走到"对接器"那里，用存放在设备舱里的外科手术剪刀剪开那条带有弹力的金属带。地面实验证实这种工具确实可以剪开固定头罩的金属带，但同时也展示出这会让"对接器"产生危险的锐边。迪克说航天计划的最高官员被这种想法"吓了一大跳"，因为它没有考虑如下的重大风险因素：固紧金属带的爆炸螺栓；"对接器"的翻滚；太空行走经验的不足；处于弹性拉伸状态的金属带会崩开、反弹从而打破我的宇航服这一情况。这是把我变成"塞尔南"号地球卫星的另一种方法。迪克后来写道，这件事之后，他费了很大的劲儿才说服载人航天中心主任鲍勃·吉尔鲁斯，让巴兹保留其在"双子星座"12号飞船上的位置。

愤怒的"鳄鱼"继续张着它的大嘴巴，我们则后退了大约13英里，开始进行第二次会合练习。这一次我们假定雷达系统无法工作，我们只能依靠眼睛、星星、计算机以及我那可靠的铅笔和一叠纸，来证明这种方法也能实现会合。也许某一天，在某次飞行中，这种方法可以挽救其他宇航员的生命。结果这是一项极其艰难的练习，需要付出从未想到过的精力和体力。没有雷达的帮助，仅在宇宙中找到一个小点就是有几百万个可能性、能把人吓死的难题。在错误的轨迹上哪怕飞行一小会儿，你就可能再也无法找到它。最后，我们终于找到了那只仍然张着嘴的"鳄鱼"，然后，一边慢慢靠近它，一边和休斯敦通话，或者利用内线通话系统进行两人之间的私密交谈。

小小的飞船内正在发生未曾预料的事情。经过之前艰苦的飞行任务准备、飞船发射的紧张经历、进入太空的飞行和两次艰难的会合，汤姆和我都已经累坏了。我们的身体非常棒，但现在感觉就像被卡车碾过一样，而不停地穿越白天和黑夜搞乱了我们体内的生物钟。我们几乎都搞不清今天是哪天了。飞行任务控制中心通过我们身上的医学传感器，得知我们已经累了，让我们休息一段时间。星期六将是我们任务很重的一天，其中就有我的太空行走。

我们迫不及待地接受了他们的建议。汤姆启动了推进器，使我们离开那只"鳄鱼"一段距离，因为我们睡觉的时候不想让它在附近翻滚。我们待在 92 英里以外的地方，拉上窗户的遮光板，吃了一些"味道鲜美"的鸡肉面糊——一种像牙膏一样装在管子里的脱水食物。往管子里注入一些水，摇晃成粥状，然后把黏疙瘩直接挤进嘴里。这种食物没有残渣，当然也没有多少味道。然后，我把失重的胳膊套在宇航服气路软管下面，听着"巧遇歌手"舒心的音乐开始睡觉。现在是星期五下午的 5 点钟。

我们的中间休息也意味着我们在得克萨斯州的妻子和家人们可以喘口气了。现在每个人可以放松一下，也吃掉一些厨房里满桌子的食物。费伊过来看望芭芭拉，此时，在地球上的所有女人中，只有她俩可以理解彼此经历的煎熬。

7 个小时后，当飞行任务控制中心把提华纳铜管乐队的《孤独的公牛》传送过来时，我们才正式醒来。我们仍然感觉特别难受。这种响亮的墨西哥管乐声加剧了这一问题。我们本想完全放松，但我们的睡眠更像一段时间的怠速运转，而满月的亮光照在我们小小的飞船上，飞船则以每小时接近 18 000 英里的速度绕地球飞驰。我的身体被限制在毫无挪动空间的地方，眼球后面像有蚂蚁在爬，我的大脑麻木得像一团棉花。我瞄了一眼我的欧米茄超霸手表（设定的还是休斯敦时间），还不到周五的半夜——还处于发射升空的当天。

第三次（也是最后一次）会合将是最难的，我们要模拟"阿波罗"指令舱驾驶员可能需要使用的程序——救援困在低轨道上的登月飞行器。我们头朝下飞下去，寻找我们的目标——"对接器"，它藏在地球由蓝色海洋、白云和被阳光照亮的地块构成的异常明亮的背景里。

我们可以使用雷达，但我们严重怀疑计算机提供的某些数据。所以，这种高难度的导航还得靠复杂、缓慢和耗费脑力的手工计算来完成。当我们寻找目标时，感觉就像直直地落向地球；等我们最终看到那个大"鳄鱼"时，和它的距离还不到三英里。我们终于完成了这项任务——在 24 小时内完成了前所未有的第三次会合。

但这次练习花的时间比预料的要长，消耗燃料的速度高得惊人。连飞船都感觉疲倦了。发射升空时，我们有将近 685 磅的燃料，但现在只剩下 52 磅了，勉强可以完成这次的飞行任务；还有太空行走和返回再入需要我们去完成。

我们的身体状况恶化得比燃料消耗还快，于是汤姆和我切断与休斯敦的通信，单独商议这一问题。我们感觉就像用茶匙挖了一天的水沟，而不是在进行引人注目的太空探索。我们仅仅可以勉强睁开眼睛，累得就像大夏天里的狗一样直喘气。作为指令长，汤姆决定自作主张，周六清晨他把话筒打开，音量调大，把下面的人吓了一大跳。

他用清晰、平缓的俄克拉何马口音告诉地面控制人员说："现在，我们两个都累得不行了。我们在这里一直像手忙脚乱的裱糊匠。我觉得这时候再去做太空行走不是一个好主意。吉恩和我讨论了一下，认为最好让我们两个先休息一下。也许我们应该等到明天早上再开始。"

我们努力把飞行指挥官们需要的信息提供给他们，建议他们考虑各种变数并改变飞行计划，来适应不断变化的情况。最初的任务方案早就被抛弃了。我们的建议事先考虑了各种选项，然而，在试飞员们看来这些自然而然的建议，却在某些地面人员那里产生了完全不同的理解：在美国航天计划的历史上，两位宇航员第一次对分配的任务提出质疑！

这种争吵就像发生了地震。由于 NASA 不是一个军事机构，所以我们并没有违抗军令或不遵守法规，而且每个人都一致认为，我们最有资格评判飞船里的真实状况。但仍有人认为，这不是不想干吗？宇航员们从不会不想干。被锁闭在"双子星座"9号飞船里，汤姆和我只是累得受不了了，没法再去顾及其他事情。

飞行任务控制中心商议后认为，如果斯塔福德和塞尔南说他们已经累得无法继续安全地工作，地面人员就应该支持他们的决定。随后，尼尔平静的声音传进来："控制中心建议我们把太空行走推迟到第三天，你们同意吧？"

汤姆回答说："我们非常非常同意这一建议。"我们要求休息一段时间，然后向那只"鳄鱼"挥手再见，把飞船拉开到安全距离，像两个婴儿一样倒头便睡。

在我们休息的 10 个小时里，地面控制人员继续忙着分析出现的问题，不让那些批评人士获得机会。在整个航天系统内，就没有一点批评的声音。吉恩·克兰兹告诉媒体说，在忙碌的飞行任务中，宇航员们提前感到疲倦实属正常。我们的宇航员弟兄们向我们表达了坚定的支持，他们用逼人的目光吓退了那些持怀疑态度的人士。宇航员们说，如果斯塔福德和塞尔南说他们累了，那他们很可能快累垮了。试飞员们要是没有非常充分的理由，是不可能这么做的，所以，你要支持你的飞行员们。尼尔对媒体说："当指令长感觉工作量大得无法承受的时候，他有责任做出这样的决定。我很高兴汤姆做出了非常出色的判断。"一位NASA的医生补充道："你能听到宇航员说他很累，这是很好的事情。"

现在，对愤怒"鳄鱼"的大量报道带给人们的半喜剧气氛，让位于对"双子星座"9号任务有可能无法完成的担忧。疲劳可不是好笑的。

考虑到我们的身体情况，飞行任务控制中心开了几个小时的会议，来决定是否应该取消这次的太空行走。吉恩·克兰兹说："显然，如果乘组没有准备好，我们就不会进行太空行走。"医生们认为，部分原因是我们的睡眠和工作生物钟已经完全颠倒了。目前的情况表明，飞船处于低燃料状态，与"对接器"的对接已无法进行，后面还有耗费体力的太空行走，而我们已经筋疲力尽了。我们进入地球轨道才刚刚一天。

该是再次调整飞行计划的时候了。当周六我们终于醒来的时候，地面控制人员已决定放弃与那只"鳄鱼"有关的工作，让我们在太空中漂行一天来节省燃料，做一些不太重要的实验，拍一些照片，主要是好好休息。两个半小时的太空行走推迟到周日上午，然后周一返回。

我们的妻子知道我们是那种从不放弃的人，对我们不断的体力消耗感到担忧。她们告诉媒体说，她们很高兴飞行计划做了调整，好让我俩得到休息。芭芭拉和特蕾西周六早上在后院采了玫瑰，下午去参加了弥撒。费伊·斯塔福德和女儿们——迪昂（11岁）和卡琳（8岁）则上街购物去了。

但她们依然紧张不安。在我们两家，扬声器系统传送着飞行任务控制中心和"双子星座"9号飞船之间的通话。其他人都在看电视，我们的妻子则一直听着从内部通话系统传来的她们丈夫那沙哑的声音，以便从中发现别人无法理解的异常情况。她们对听到的情况感到不安，因为她们不仅熟悉我们的声音，而且还清楚我们的心情和习惯。我们也许可以骗过医生，告诉他们说我们感觉非常棒，已做好了冲刺的准备，但这种假话骗不了芭芭拉和费伊。她们知道我们已经接近体力的极限。

13　地狱中的太空行走

　　作为尼基塔·赫鲁晓夫指示的又一次太空表演的主角，苏联宇航员阿列克谢·列昂诺夫于 1965 年 3 月 8 日不顾风险，第一次迈入了外层空间的真空中。实现太空行走的第一位美国人是埃德·怀特，他于同年的 6 月 3 日走出了"双子星座" 4 号飞船，因为我们不想让苏联人独领风骚。

　　埃德太空行走时的珍贵照片是历史上最著名的照片的一部分。他戴着头盔，身穿宇航服，一手拿着扫描枪一样的喷气装置来推动自己，和飞船的联系只有一根弯弯曲曲的脐带线缆。他在特别蓝的地球之上漂动着，一副心旷神怡的样子。

　　苏联人 12 分钟的太空行走，和往常一样被当作秘密掩盖起来。美国人的太空行走持续了 21 分钟，和往常一样被大肆宣传报道。尽管当时我们没有意识到，其实他们的太空行走并不是看上去的那样。后来，阿列克谢成了我的好朋友，他向我透露了他在短暂的太空行走中是如何差点丢掉性命的，尽管他在公开场合从来不会说出来。埃德非常健壮，但他也是勉强能够回到"双子星座" 4 号飞船；等舱门关闭的时候，他已经筋疲力尽。

　　就在埃德在太空中游逛了几分钟后的一年零两天，我打开了

"双子星座" 9 号飞船的舱门；如今 30 多年过去了，现在我可以肯定地说，那时我们对太空行走几乎一无所知。当我现在回忆这一经历的时候，心里一阵发紧：感谢上帝，我经受住了考验。

在航天计划中，所有事情都是循序渐进的。先做最简单的试验，再做更复杂一点的，一步一步往前推进，直到实现最终目标。"墨丘利" 计划的每一次飞行任务，都一点一点地扩展了我们的知识，而实施 "双子星座" 计划的目的就是为 "阿波罗" 计划打下基础。

这种小心谨慎的方法使我们安全地到达了今天的地步，但政治考量以及新的未经验证的技术正在扭曲这一规则。

我的太空行走就是这种事情推进过快的一个例子。埃德的任务只是试验宇航服、手持推进装置和从飞船向宇航服供应生命保障系统的脐带线缆。现在，我们一下子要跨越到一个很不现实的计划安排——让我高强度地工作两个半小时。要是戴夫·斯科特能够在 "双子星座" 8 号飞行任务中实施太空行走，我们就会知道很多相关知识，但当他们的飞行任务提前结束时，太空行走也就取消了。

我的行程里排满了各种实验和试验。最引人注目的是，我被绑在火箭推进的背包上，在太空里自主滑行。想法不错，但错误的假定、过于宏大的目标和大干快上的态度（被称为 "赶工热"）正准备让我走进未知和危险的环境里。

星期日早上，在远离愤怒"鳄鱼"的地方，汤姆和我花费了将近 4 个小时来准备进行太空行走。仔细过完 11 页的检查清单后，我们下降到一条较低的轨道上，我从左肩上部的搁架上拉出一个盒子一样的胸包，捆绑在胸前，把 25 英尺长的一根脐带线缆连在中间的接头上。这根脐带线缆将给我提供来自飞船的氧气、通信和电能，并把医学传感器的数据发送给地面的监控人员。在零重力状态下，从包装箱里拿出来的脐带线缆就像花园里脱了手的浇水软管一样，滚满了整个小小的驾驶舱。然后我们相互帮助扣上头盔，合上头盔上的遮阳面罩，把厚重的手套套在丝绸手套上，然后给宇航服充压，原来柔软的宇航服变得像石头一样。当我把宇航服充压到每平方英寸 3.5 磅时，宇航服竟有了自己的生命，变得不屈不挠，根本不愿意打弯儿。肘部、膝部、腰部或其他任何地方，都不能打弯儿。从手指头到脚趾头，我好像穿上了一件用硬化熟石膏做的衣服。

我那特制的宇航服难以打弯儿的确是有原因的。飞船里的宇航员不需要有和做太空行走的宇航员一样多的绝热保护。在我要去的太空里，太阳直射的温度将比地球上任何沙漠大中午的温度都要高出很多倍，而夜间的温度能把钢铁冻得像玻璃那么脆。要是没有那么多的保护层，我立刻就会被烤焦或冻成冰疙瘩。

我们把飞船里的氧气放空，确认宇航服没有漏气。此时，我们正在黑夜的天空中飞行，即将迎来早晨，这样我就可以在美国的上空以更好的能见度进行太空行走，与休斯敦的通信效果也会更好。

飞行任务控制中心最后再次检查了一遍所有的系统之后，允许我打开舱门。在我们绕飞地球第 31 圈的时候（休斯敦是周日的早上，而对我来说依然是晚上），我抓住头顶上方的大手柄用力一扭。我记得飞船发射前，几个人一起用力才把笨重的舱门关上了；但在零重力下，它运动得很平顺，不需要用很大的力气。我告诉大家说："这是'双子星座'9 号飞船。我们现在准备出去走走了。"

舱门打开后，我轻轻一点飞船的地板，我的宇航服就从坐着的姿势展开了。我抓着舱口的边框往外爬，然后站在我的座位上。我的半个身子探出飞船，像个坐在游览车里的观光游客，等着太阳从加利福尼亚州上空升起。

哎呀，我的天哪，这是一种什么样的景观啊！我从未想到会有这么巨大的感官冲击。我好像把头伸进了万花筒里，里面的形状和颜色每秒钟变化一千次。

"哈利路亚！"这是我唯一能想到的词汇。"哇塞，这里真是太美了！"我无法用语言准确描述这种景象。也没人可以。外层空间是死寂、空虚的，同时也是鲜活、生动的。

由于我们以每小时大约 18 000 英里的速度飞驰，所以我们很快就冲向黎明。纯净的黑暗让位于奇异的雾灰色，随后，沿着宽广、弯曲的地平线出现了一丝淡淡的蓝色。它很快变成一窄条不断加深的金黄色，随后，太阳就像亮闪闪的大圆盘一样跳上来，点亮刚才还被黑夜笼罩的天空，它的光芒慢慢抹去了飞船下我们星球上的黑暗。加利福尼亚州下面巴哈半岛两侧的蓝色海水泛着亮光，我们西南部的沙漠像打磨的黄铜一样闪闪发光。稀薄、柔和的乳白色云朵星罗棋布，绵延数英里，感觉就像坐在上帝的前门廊里。我四周的天幕仍然漆黑一片，但星星已经看不到了。随后，太空黑夜中冰冻的低温转变为白天炙热的高温。我们在朝阳的照耀下穿越加利福尼亚州，我一眼就从旧金山看到了半个墨西哥。

时间是我的朋友，它让我短暂地欣赏了一下这一全景画卷，但它同样也可以成为敌人。我必须把自己从美景欣赏中拉回来，赶紧开始工作。汤姆抱住我的一只脚把我稳住后，我把一台16毫米的莫尔摄像机装在它的卡座上，收取了一个记录辐射数据和测量太空尘埃撞击情况的核感光乳剂盒。然后，我身子前伸，在飞船的头部放置了一个小镜子，当我开始绕到飞船背后拿取宇航员机动装置时，汤姆就可以利用它观察我的动向。

我准备开始我的第一项艰难任务——评估"脐带线缆动力学"的应用。我没有埃德使用的那种用于进行机动的太空喷枪，我的任务是确定一个人能否仅仅通过拉动那个长长的脐带线缆就可以在太空进行机动。

于是我点了一下脚，像挂在绳子上的木偶一样升起来。我已经失重两天了，所以这种感觉并不新鲜，但此时我正在离开我的安全屏障——"双子星座"9号飞船的保护壳。走出令人压抑的飞船，我突然置身于无垠的宇宙。世界上只有另外两个人有过这样的体验。我并不感到孤寂，因为我知道整个世界都在注视着我的一举一动。

NASA 的有些心理医生警告说，当我向下看到遥远的地球正在快速运动的时候，我可能会被太空欣快感所淹没，感觉好像自己正在一头落向地球似的。无稽之谈。在我的世界里，参照物是飞船，而不是地球，我以和飞船完全一样的速度向前飞驰。根本就没有失去方向感的问题，而且我们再也不用担心出现太空欣快感的问题了。

　　我与真实世界的唯一联系就是这个脐带线缆（我们称之为"蛇"），它上来就给我上了一堂牛顿运动定律的课。我稍微一动就会影响到我的整个身体，并波及脐带线缆，再引起飞船的晃动。我们被迫进行了一场甩鞭游戏，汤姆在飞船的一头，我在脐带线缆的另一头。

　　由于我没有东西可以用来稳定自己的运动，所以，我失去了控制，只是胡乱地翻滚。当我到达线缆的尽头时，又像跳蹦极一样被弹回来；线缆在试图恢复原来形状的过程中，把我也给缠了起来。我还什么都没有做就输掉了这场战斗。没人事先提醒我所面临的困难，因为我所做的一切都是全新的。我已经超越了怀特和列昂诺夫的经历，进入完全未知的领域。以前从来没人这样做过。

　　我感觉自己好像正在和一条章鱼摔跤。这条脐带线缆好像充满了生命的活力，像丝带一样飞舞着，试图像绑住窗帘的绳索一样把我困在那里。我说道："糟糕，这条线缆不停地乱跑。"我一边翻着跟头，一边胡乱地绕着飞船转圈，仿佛滑入了太空的油坑里，根本无法控制方向、位置和身体的动作，而这条脐带线缆却一直想把我套牢。我没有迷失在太空里，但我确实什么也不能做。没有稳定装置的帮助，我无法控制线缆，而线缆却可以为所欲为。我气呼呼地告诉汤姆说："我无法到达想去的地方，线缆老是缠着我。"

这可不像拉着张紧的绳索往前走。我必须准确地沿着我的重心慢慢地拉，但这是不可能的。即使做一些像拉直卷曲的线缆这种稀松平常的事情也会让我翻个跟头或者后退，我不停地翻滚，就像在跳慢速的芭蕾舞。只有当我抓紧脐带线缆刚出舱口那一段的时候，才稍微有一点控制能力，就像用短绳子牵狗一样。否则，这东西就像蚯蚓一样绵软，像电话听筒蜷曲的软线一样不听使唤。它绝对是个令人讨厌的东西。

我和它争斗了大约 30 分钟，终于觉得这条"蛇"可能是自夏娃在伊甸园遇见蛇以来，最恶毒的一条了。

创造了飞船外活动时间最长的纪录之后，我需要休息一下。我抓住一个小小的扶手，手忙脚乱地回到舱口处，就像溺水的人扑向坚实的海滩。稳定以后，我深深地吸了一口气。还打了一个嗝。5 天前发射取消碰头会期间大口吃掉的那些绿色泡菜的咸味翻了上来，并在剩下的太空行走中一直追随着我。

我随脐带线缆漫无目标的过山车经历结束了，我把我的结论传达给汤姆和飞行任务控制中心。对以后的太空行走宇航员来说，当他们走进只有推和拉、作用和反作用这一规则起作用的地方时，他们需要利用某种推进手段来进行控制，而且飞船外面要有更多的抓手和扶手。没有这样的手段，他们也会像布娃娃一样乱翻跟头。

经过短暂的休息之后，我挪向飞船的背后，那里存放着我的飞行背包。我再次面对眼前宏大的景象——一种感官的盛宴。从飞船的窗口往外看，外层空间只有 6 英尺宽、8 英尺高；但现在，哇！

赤裸的太阳——一个耀眼、炙热的火球，目不转睛地看着我——闯入其领地的一个小不点儿。随着我居住的星球在我脚下转动，从我在星河中的小树屋上看，地球的景观真是美极了。太阳升起的时候，蓝色的地平线消失了，现在只有窄窄的一条弯曲着的蔚蓝色，与黑色的太空相接。从没有天气变化的太空里，我俯视着雷暴的顶端和飓风"阿尔玛"巨大的柔软卷柱。在广阔的海洋上，我可以看出船舶后面 V 形的尾迹；在陆地上，我可以看出大城市的深色布局网格。源于山脉的河流优雅地滑向海洋，我可以看见密西西比河，它向南一直蜿蜒到新奥尔良。五彩斑斓的颜色代表着翠绿色的热带雨林和棕色的沙漠，深蓝色的水和乳白色的云，在它们之上全部都是黑色。你努力想象一下，一个地方没有边界，一间房子没有墙壁，一口空井你想要多深就有多深，那就是我待的地方。而且在随后的几个小时里，那将是我的家。

时钟"嘀嗒嘀嗒"地走着，趁着还有阳光，我需要到达飞船的尾部，检查飞行背包并在黑夜期间把它绑在身上。然后我就把连在胸包上的脐带线缆换接到飞行背包上，来进行供氧和供电，再用一根 125 英尺长的尼龙绳把我和飞船连接起来。等太阳再次升起的时候，汤姆就会拨动一个开关，把飞行背包固定在飞船上的唯一一个螺栓剪切掉，随后我就出发，用火箭驱动着开始我的自主飞行，成了独立卫星第一人——宇宙的征服者。

但首先我必须到达飞行背包所在的地方，它在那里折叠得像鸟巢里一只怪异的鸟。我的宇航服使我的每一个动作都很困难，我既需要灵活性，也需要机动性，这两样它都没有。它充气以后就像梅西百货在感恩节巡游中的气球人，不管我怎么想办法去打弯，它就是试图保持那个形状不变。摁一下聚会上的气球，当你手指的压力拿掉后，气球就会恢复到原来的形状。在外层空间里也是一样。为了增加强度，宇航服内的材料被编织成菱形的网格，其灵活性和生锈的铠甲差不多。仅仅弯一下胳膊我就得施加肌肉力量才能保持这个动作。我一用力，心跳就加快；我一边喘气，一边试图找到操控的好方法。幸好我在健身房里花了大量的时间，既锻炼了肌肉，也保持了体型。

钟形的"双子星座"组合体由两个舱构成。发射过程中第二级火箭崩掉以后，我们就剩下了返回舱（它就是我们生活和工作的环境）和下面更大一些的"气动转接舱"（就像火车的守车）。气动转接舱用来把返回舱和火箭连接起来，它装有燃料电池、氧气罐和机械设备之类的东西。火箭被抛掉以后，转接舱的底部就暴露出一个凹腔，我的火箭推进飞行背包就放在凹腔的中部。

我沿着一个小扶手两手交替着往前走，每过一会儿就停下来，把脐带线缆挂在小环里，这些小环类似于用来保持屋顶上电视天线电缆的导线支撑。把脐带线缆放入这些小环里，我的生命保障供应就会比较稳定，也不会受到损伤，至少我是这样认为的。但走到转接舱的尾部时，我被吓了一大跳。"大力神"火箭被崩掉时，留下了一圈像锯齿一样参差不齐的边缘，他们规划我的太空行走时，谁也没有想到这一点。我小心翼翼地把支撑线环放在像刀刃一样的金属边缘以上，以防把我的生命保障供应线或宇航服划破。宇航服要是被划一个口子，它很快就会变成裹尸袋。

我转到转接舱尾部、从汤姆的小镜子里消失以后，太阳不见了，我们在南非上空进入黑夜。我打开飞行背包侧面的固定杆，开启了两个小小的灯泡来照明。结果只有一个灯泡亮了，亮度还不如一根蜡烛。我掀起外部金色的面罩，紧紧地抓着固定杆。

唉，我累了。我的心跳加快到每分钟大约155次，像一头猪一样满身是汗，泡菜的味道特别烦人，我还没有开始干正事儿呢。我被飞船拖曳着以每秒大约5英里的惊人速度在太空飞行，为了宝贵的生命，我紧紧地抓住那两根细细的金属杆。

那天芭芭拉起得很早，喝完咖啡后她坐在梳妆台前，琢磨着穿什么样的衣服。当她走向话筒，告诉观众她为自己的丈夫感到自豪的时候，美国女士们会看见宇航员夫人穿着什么样的衣服。她选了一件粉红色的毛衣和一条长裤，把淡金色的头发梳成发卷。特蕾西和妈妈一样，也穿上了粉红色的衣服，她们俩都非常上相。

美国和苏联的很多宇航员都乘坐飞船上过天，所以，对美国大量的热爱太空探索的观众来说，飞船发射（甚至像麻烦不断的"双子星座"9号这样的发射）基本上已成为家常便饭。然而，之前仅有两人进行过太空行走。我曾尽我所能辅导过芭芭拉太空行走是一种什么状况，但由于我对实际情况也没有确切的把握，所以我们俩都得接受意外情况的发生。我的老朋友、全国广播公司的罗伊·尼尔前来拜访，她偷偷地对他说："我很害怕。"罗伊握着她的手回答说："请你记住我给你说的话。他们飞得越多，就知道得越多，他们成功的机会就越大。"

当我打开舱门的时候，她唯一知道的是，她176磅重的丈夫看到并感受到了人类一直梦想的事情。那天早上，罗杰·查菲在我家的客厅摊开了图表和简报材料，准备向她解释每一个细节，回答她可能提出的任何问题。飞行任务控制中心的内部通话系统也在传送我们的对话。玛莎也跟着丈夫来到我家，向我的家人提供精神上的支持。慢慢地，我家的客厅里挤满了人。电视上，解释太空行走的主持人还拿出了一个挂在线上的木偶来代表我，用来进行补充说明。

汤姆已经看不到我准备飞行背包的情况了，这是我一生中最难得的一次太空骑行，但通过脐带线缆的通信，我向他解释说事情并不像设想的那样。我告诉他说："准备这东西非常困难。"

那个唯一点亮的灯泡和手电筒的灯泡差不多，根本不够用。

当我搞定准备飞行所需的 35 项不同的功能时（包括按下开关和打开氧气供应的阀门），我几乎什么都看不到。我感到越来越体力不支，因为在地球上进行模拟训练期间看上去很简单的事情，在真正的零重力条件下几乎是不可能做到的。我在空军的一架货运飞机上做过 100 次这种训练，飞机的一次机动可以产生大约 20 秒的失重状态。在飞机上能做，现在为啥就不行呢？我大汗淋漓，汗水蜇痛了我的眼睛。戴着头盔我没法擦汗。我终于闭合了最后一个开关，飞行背包启动了。马上就可以飞了。

我已经在太空行走了 1 小时 37 分钟，成为在飞船外环绕地球一周并看到地球夜晚的第一人；此时，我们的老克星——"双子星座" 9 号的丧门星魔咒再次袭来。

我看东西感觉很困难，过了好一阵我才意识到这不光是黑暗的原因。由于工作太用力，宇航服产生的人造环境已无法吸收我泵出的二氧化碳和水汽。头盔模糊得像冬日早晨汽车挡风玻璃的内侧，我告诉汤姆说："我的面罩上全是雾气。"这让这位飞船指令长担忧起来，也许他开始考虑与迪克那次不长的谈话——如果我无法回到飞船他应该怎么做。

为什么漂在太空拨动几个开关会那么困难？那我让你做两个试验吧。把花园里的两个软管接起来并打开水龙头。现在只用一只手把两个软管卸开。或者，拿一听汽水或啤酒，平着伸直胳膊拿在手里，用单手拉掉易拉盖。为了更逼真，你先跑一英里再开始，做的时候戴上两双加厚的手套，闭上眼睛来模拟看不见。倒立着（模仿在太空中的翻滚）做几件上面提到的事情。现在你明白了吧？

我面对的主要问题是，没有重力的帮助我没法使劲儿。设计用来把我的双脚卡住的两个窄窄的金属马镫环小得根本不能用，为了把自己稳住一些，我把右脚伸进环里一点，再用左脚使劲儿踩住右脚。就像一个老海员爬上桅杆时总是用一只手抓住撑杆一样，我用一只手紧紧地抓住飞行背包的固定杆，而用另一只手工作。仅仅为了使身子保持不动我就得用上整个胳膊和手腕的力量，我很高兴这还是得益于查理·巴塞特和我在练习举重上花费了大量的时间，锻炼了小臂的肌肉。

我的一头刚稳定住，另一头就开始漂走。工作极其艰难，我急促地喘着气，心跳飙升到每分钟 180 次。由于头盔面罩的内侧起雾，我也显然不能摘掉头盔把它擦干，我只能用鼻子摩擦面罩的内侧，靠摩擦出的一个没有雾气的孔来往外看。

另外，飞行背包本身是一台复杂的机器，带有阀门、控制杆和旋钮，很多都位于难以触及的地方，我只能依靠手腕上那块抛光金属反射镜的反射和厚重的太空手套那迟钝的触感来工作。

当我扭动其中的一个阀门时，牛顿先生的运动定律开始发挥作用——这个阀门以相等的力量把我向相反的方向扭动，我就会再次漂走。没有操控手段，连扭动一个小小的旋钮几乎都是不可能的。哎呀——我的身体漂向相反的方向，直到我抓住了新的手抓点才能停下来。于是我的脚再次滑脱。疲劳准备把我击倒，我的身体也发出了需要休息的强烈信号，但我不能答应，因为我正和太阳赛跑。这是我唯一的机会，我可不能放弃。黎明时分，按计划我应该把这个讨厌的飞行背包系在身上，而且我也确实在努力这样做。前提是我的身体能够挺得住。我在以吓人的速度呼吸氧气，而且总是想着转接舱底部那一圈锯齿一样的尖棱，害怕它在我漫无方向地翻滚时扎破我的宇航服。

为了便于安放，飞行背包光滑的扶手被收缩和折叠起来，把它们拉伸到位就类似于把湿的意大利面条拉直。我一拉，扶手就往回拉，我扭转它们，它们也扭转我。工作进展只能以毫米计量，但我的心跳却非常快。我终于把两个扶手锁定到位，转过身，坐到那个小小的鞍形座上，并用一条普通的安全带系紧。

尽管我的面罩凉凉的，我的下腰部却火辣辣的。白天被脐带线缆弄得乱翻跟头期间，我扯开了那七层厚重隔热材料的后接缝，太阳烘烤了裸露三角区域下未受保护的皮肤。现在，我被严重灼伤，但只有等到脱去宇航服才能处理，这至少还要等上一天。此时我有更重要的事情需要考虑，于是对这种灼热感不予理会。

现在，我需要把氧气和电力供应从飞船换到飞行背包上。我的身体仍然不停地扭转，但现在系上了安全带，至少有了一点操控能力，可以完成线缆的换接。这是地球人首次在太空切断了与飞船之间安全的生命线。我现在真正成了自由飞行的太空人。

这样，我失去了与汤姆的无线电通信。通过脐带线缆进行的有线通信被飞行背包上小小的视线范围无线电通信所取代。由于我位于转接舱的背后，而汤姆在飞船里面，微弱的信号无法穿透我们之间的钢质构件。我说话时，他听到的大部分都是带着杂音的失真声响。后来才勉强听到了我的报告："我连眼前的东西都看不见。"

他告诉地面控制人员（他们听不到我说的话），我们的工作负荷比预想的要高出四五倍，通信质量变差，我已经无法透过面罩看东西。"要是情况不能改善，飞行背包试验就不要继续进行了。让他待在那里休息一会儿。"尽管我知道他只是比较谨慎，但我还是不希望他那样说，因为这正好让飞行任务控制中心有理由取消我携带飞行背包进行的飞行。

从脐带线缆转接之前，地球上的医学团队可以通过我身上的传感器读取数据。医生们本来就是神经过于紧张的一类人，他们现在看不到了，于是变得越来越不安。他们失去了对我的控制！尽管我尽力呼吸得不那么粗重，但他们知道我由于体力消耗过大而气喘吁吁。我最不希望看到一些重要决定是根据航天医生的悲观判断做出的，因为我对自己的状况比地面上的任何人都清楚。

然而，他们的最新图表显示，我现在的能量消耗速度相当于每分钟跑上 116 级台阶。我的平稳心跳几乎是平时的三倍，从他们专业的角度看，问题已经很严重，我的身体状况已处于有可能无法返回的境地。他们宣布说，塞尔南陷入了严重的困境。

我依然不愿意承认这一点，对飞行任务控制中心正在发生的事情感到失望。我已经走得这么远了，现在，做前人未做过的事情这种独特的机会很可能被拿走。我拼命地工作才走到这一步，却不让我把事情做完，我觉得这很可笑。如果他们准备放弃，他们应该在我和脐带线缆争斗的时候就说出来。我就差一点了！我决不放弃的决心，要么产生一项太空探索的巨大成就，要么导致我的最终失败并丧失生命。虽然很疲惫，但我还是想把任务完成。

坐在我那小小的宝座上，我再次用鼻子在满是雾气的面罩上摩擦出一个小孔向外看。现在依然是晚上，澳大利亚在我身下慢慢滑过，灯光点缀的珀斯和悉尼分别位于这个辽阔大陆相对的海岸上。我知道在地球的另一侧，太阳还没有落下，那里有我的妻子、我们的小女儿，以及我所热爱和珍视的一切。我第一次感觉到，太空似乎并不友善，我好像终于碰到了对手。我清楚地感觉到我快坚持不住了，但我仍然想飞那个讨厌的飞行背包。

太阳升起的时候，我们所有人都恢复了理智。

"吉恩，你能看到一些吗？"汤姆的声音一片嘈杂，难以听清。"你能听清我的话吗？能还是不能？"我对着话筒大喊，但他还是难以理解我的话。就这样，我们进行了含混不清、极不自然的讨论，并做出了令人失望的决定。

他说："好吧，你的声音失真得很厉害。你听到我的话了吧？我是说你不要继续往下走了，因为你现在看不到东西。重新接回到飞船的脐带线缆上。"

这是正确的决定，而且汤姆不准备重新考虑这一决定。他把这一决定告知地面："夏威夷，这是'双子星座'9号。"

位于夏威夷的跟踪站做了应答。

汤姆说道："我们停止了飞行背包的试验。我们没有别的选择。"

"收到，我们同意。"地面人员回答道。

"吉恩说他极不愿意这么做，但他没有别的选择，我也一样。"

"收到。我们理解。"火箭推进的飞行背包终于不用飞了。

我松了一口气，闭上眼睛，把我的头盔转向早上初升的太阳，让太阳的热量除去一些面罩上的雾气。我已经尽力了。我没有放弃，只要他们做出决定，我随时可以漂游出去。遗憾的是，选择权已不在我手里；尽管我不是很喜欢把任务丢下，但我知道那样做是正确的。该是回家的时候了。

现在只剩下两件事了——脱离飞行背包和返回飞船。解开安全带，接回飞船的脐带线缆，爬过转接舱，一边返回一边小心翼翼地收回生命保障线，做这些事情比过来的时候要更容易一些，只是比较耗费时间。但这次我不像来的时候那么谨慎和细致。飞行背包对这次飞行已没有意义，我不用在乎这个讨厌的东西了。为制造这个玩意儿，空军花了一千万美元，我们会毫不犹豫地把它抛入太空，让它在大气中烧毁。

当我摆脱飞行背包的束缚之后，时间顿时过得飞快，于是我手脚并用地返回飞船旁边。两个小时过去了，充气宇航服的刚性丝毫未减，我的面罩上全是雾气。我仅存的一点能量像潮水一样正在退去，我的麻烦并没有结束。实际上，这次飞行任务最困难的部分就在眼前。

太空行走几乎受到所有人的关注。职业高尔夫球手伯特·扬西在汽车宾馆里太全神贯注于电视报道，竟忘记了奖金为 10 万美元的孟菲斯公开赛最后一轮的开球时间。在罗马，教皇保罗六世在使徒宫致辞期间，还特意为我们祈祷。此时，我感谢所能获得的所有帮助。

在得克萨斯州，担忧的气氛笼罩着我家的客厅。我进入太空行走两小时后，罗杰发现他正在收听的消息与原来的飞行计划并不相符，对此，他开始担心起来。他离开客厅，用一部与飞行任务控制中心直接连通的红色电话进行私下通话。他紧绷着脸回来后，坐下来和芭芭拉一起再次查看飞行进度表。

他告诉她说："吉恩再次进入黑夜之前只剩下大约 25 分钟了。没有太阳，太空里会更冷，他的面罩会更容易产生雾气。"然后，他提出了一个在此之前很少有人想过的话题。"这会使他返回飞船变得非常困难。"

芭芭拉点了点头，问道："返回飞船需要多长时间?"

罗杰看着她的眼睛说："大约 20 分钟。"5 分钟的富裕时间从来没有让人觉得如此短暂。

玛莎靠过来搂住我的妻子，悄声地说："吉恩加油! 赶紧返回飞船。"

根据埃德的经历，我们知道爬进飞船将会非常困难。其实埃德说爬进飞船非常困难并不恰当，他应该说接近不可能。如果宇航员的身高超过 5 英尺 9 英寸，他就无法在狭小的飞船里站直身体，肯定会碰到头或脚。即使不戴头盔，我也 6 英尺高，这意味着我得使劲儿弓背才能进入飞船。我已经筋疲力尽了，而且还穿着刚硬的裤子。在海军，只有当飞行员降落在航母上，飞行任务才算完成；在太空里，只有当飞船的舱门关闭并锁定时，工作才算做完。

我离开飞船后，我们把舱门留下一条大约3英寸的缝隙，好让脐带线缆能够拉出来，另外也避免炽热的阳光直接照进飞船内部。我用手摸索着找到了舱口。我一边寻找熟悉的东西，一边告诉汤姆："我看不见东西。"我四处乱摸的手终于抓住了舱门，于是我打开舱门，转身后把脚伸进飞船里。汤姆把脐带线缆卷起来后，伸手抓住我的脚脖子来把我稳住，才终于终止了我那失重的"芭蕾"。

但我踢掉了汤姆用来给我的太空行走照相的哈苏相机。相机在我眼前往外漂移，我抓了一把，就像一垒手追逐一个界外球。我那厚重的手套碰到了它，但我已经没劲儿了，没法用手握住它，于是相机就翻滚着漂走了。我的照片也随着相机溜走了，但我还是把飞船外面的摄像机给收了回来。

当我开始竭尽全力想挤进飞船时，我们正在大西洋上空。汤姆抓着我的脚，刚硬的宇航服挣扎得像个活物。试图让它打弯就像试图折叠一艘充气的救生筏。汤姆只能帮我这么多了，身边又没有别人，所以，我只能自己同宇航服和飞船进行抗争。由于过于用力，我大口地喘着气，但我说话非常小心，因为医生们也在听。

我一点一点地往下挪，汤姆把我的脚摁在L形的座位上，我使劲儿把我的腿弯成折叠状。他要是松手，让我试着把腿伸进座位外的凹槽处，我就会再次漂走，于是我就使劲儿往下蹲。随着我不断地下蹲（就像在太空里跳林波舞），我的大腿一阵剧痛。我一边把双膝用力挤进仪表面板的下面，一边先把脚尖再把脚跟推过座位的边缘。现在，我的靴子头部朝下，紧紧顶在用来封闭座位前侧的金属板上；我使劲儿继续下压我的双腿，把它们弯成吓人的 V 形。我别无选择，只能对疼痛的肌肉痉挛置之不理。

我的目标是把我的臀部平放在座位上，让我的脊椎贴在靠背上，但由于充压的宇航服非常刚硬，这是不可能做到的。用力变成了挣扎，然后完全变成了一场战斗；我大汗淋漓，一毫米一毫米地往里进。我的心跳在这之前刚刚平缓了一些，现在，随着我使劲儿地蠕动，一下子又升得很高，而且我每分钟呼吸 40 次。

但下面的对话才是飞行任务控制中心听到的。"快进来了，没问题。"汤姆说道。我回答说："没问题。"让医生们知道那么多毫无用处，反正他们也帮不上忙。

我抓着仪表面板的底部使劲儿往里拉。我想把双膝挤进面板下面一些，那样会更好使劲儿。宇航服柔软的时候，双腿刚好可以放进去，但宇航服充压后就几乎成为不可能。我不停地使劲儿，嗯——！啊——！推，扭动，再推，奋力让宇航服打弯。这比把软木塞重新塞入香槟酒瓶还艰难。

我一半在飞船外面，一半在里面，仍在竭尽全力把身体挤进驾驶舱。我使劲儿把肩膀拉低到舱门以下，竭尽所能向下蜷曲，把脖子和头弯到不可能的角度，然后开始关舱门。舱门碰到了我头盔的顶部，关不上。他娘的！我还是没有完全进入飞船。

汤姆伸过右手，抓住扫帚杆似的手柄（上面带一条链子），想进一步拉低舱门。他用力一拉，舱门又关上了几英寸。这使得舱门勾上了锁闭棘轮的第一个齿，这很好，却使我的状况更加糟糕。我被压缩到了极限，而该死的舱门还没有关牢。我再次向下蜷曲，身体已经疼痛难忍。人的身体可不是用来像纸张那样进行折叠的。

舱门的锁扣终于扣牢了，我反复扳动手柄，直到把舱门完全锁闭而不会崩开。我被宇航服卡死在那里不能动弹，疼得眼睛直冒金星，双脚被紧紧地压在身下，没法伸开。我没法再使我的躯干下压了，我的双膝死死地顶在面板的下侧，一点儿也动不了。棘轮又"咔哒"响了一下。我咬紧牙关，继续扳动手柄，锁闭棘轮又响了几声。还没有骨头被压断，我也不知道为什么。我从未经历过这样的疼痛。我最后扳动了一次手柄，舱门终于锁定了。

我也许承认过我哭了，但这事只有汤姆最清楚。我感觉特别受伤，通过我俩之间的私密通话系统悄声说："汤姆，如果我们不赶紧给飞船加压，我就只能在后面的飞行中保持这个姿势，我会死掉！"我可不能一直被囚困在这种痛苦的姿势下。空气无法进到我的肺里，我眼前金星乱跳，浑身疼得像刀割一般，我就这样在丧失意识的边缘上挣扎。

汤姆一秒钟也没有耽误，给飞船充压的氧气的"嗞嗞"声是我听到的最动听的音乐。随着压力的增加，宇航服也仁慈地变得柔软起来。当我可以挪动我的双腿的时候，我忍着疼痛伸开了双脚，伸直了身体，终于坐回了我那小小的座位上。

我摘掉了头盔，吸入了甜蜜的氧气。我的脸红得像红萝卜一般，汤姆被吓了一大跳。我们培训中的一条铁定的规则是，任何时候都不能在飞船里喷水，因为漂浮的水滴有可能造成电气短路。汤姆毫不犹豫，抓起水管喷头，像手枪一样对着我，把一股股的清流喷在我火辣辣的脸上。我如释重负地闭上了眼睛，有一种获救、复活、死里逃生的感觉。

我在太空中待了 2 小时 9 分钟，期间"行走"了大约 36 000 英里，绕了地球一圈零三分之一还多。工作结束了，我也活下来并讲述了这段故事，但现在回忆起来依然让我感到疲惫。

事情都安顿好了，我们也到了这一天的休息时间，对此我非常期待。这是我一生中最疲惫的时刻，当我脱下手套时，发现双手肿得非常厉害，收口处的金属环把皮肤都割伤了。此时，我能够活着就已经非常欣慰了，哪里还在乎掉几块肉！

我坚信在太空行走方面，没人会比我做得更好，因为我碰到的这些从未预料的问题，对别人也是一样的。但我没有完成安排的任务也是客观事实。

我不怎么担心整个世界会如何看待我的这次太空行走，反正大部分人也不理解到底发生了什么事情。让我担心的观众，是我的那些宇航员同事；我心里有一种清晰的感觉，不管怎么说我还是把事情搞砸了，我让他们失望了。我已经竭尽全力了，这么多年过去了，现在回头一看，我终于明白那次的飞行任务一开始就过于雄心勃勃了。但在那个时候，我不知道如何让这些人认识到那些问题。我知道他们不会当着我的面说什么，但在办公室的私人聊天中，肯定有过婉转的评论。"新手就是不行。""一个真正的试飞员总会想办法把事情搞定。"这是不是等于说我的工作是失败的？"双子星座"9号出了这么多问题，这会不会是我唯一的一次飞行？会有人理解我吗？

不管怎样，至少我们就要回家了。飞行任务即将结束，休息8个小时后我们就准备返回了。我忧心忡忡地入睡了；想到返回地球以后会比上天之前更聪明，只剩下几个小时了，而且也没有什么事情要做，应该不会再出什么差错了，于是心里好受了一些。没想到这种想法还是过于乐观了。

得克萨斯州的半夜，一切都是静悄悄的。安全巡逻人员一直关注着我们家。所有人都安静下来，只有一个例外。一天的紧张结束后，芭芭拉难以入睡，于是躺在床上，把音量调低，收听内部通话系统传来的静电噪声。太空里什么动静也没有。

当我安全进入飞船、舱门锁定的消息传来时，她如释重负；随后的庆祝活动草草地就结束了，因为她一直待在内部通话系统旁边，收听我的声音。随后，大部分客人都回家了，记者们也离开了，瑞伊和库克奶奶都上床睡觉了，特蕾西安静地躺在她那破旧的毛毯下面。终于只剩下芭芭拉一个人了。

她走进后院，站在我们一起建造的露台上，仰望着漆黑的夜空。她丈夫就在上面某个地方，她看不见，也摸不着；他也一样。在那个温暖的夜晚，我们种的玫瑰和剑兰散发着香气，她把手放在一垛棕褐色的砖上（我最近正慢慢地用它们砌烧烤炉）。这是需要在将来完成的一项工程——如果她的丈夫还有将来的话。我离她非常远，也非常近，因为我就要回家了。一个宇航员的妻子所独自承受的精神重压，和 500 年前海员的妻子们感到的紧张不安是一样的，她们的丈夫驾驶"妮娜""平塔"和"圣玛丽亚"号航船跨越未知的大洋去寻找新大陆。

14　重获信任

　　睡觉前我们抛掉了飞行背包，为的是丢弃它那箱爆炸性燃料，那简直就是一颗随时可能爆炸的炸弹。然后在星期一早上，我们崩掉了转接舱（它既是飞船的维修服务舱，也是我们的设备舱），并把飞船掉了个头，这样飞船平钝的一端朝向前方，反推火箭也暴露出来。该返回地球了，那将是一次充满风险的旅程。

　　过了夏威夷，我们正在太平洋上空 160 英里的黑夜中飞往加利福尼亚州。此时，地面控制人员给我们发出了倒计时指令，我们在早上 8:26 启动了反推火箭。"嘭！"又是被人踹了一脚的感觉！在零重力环境中待了三天之后，我感觉被一锤子打回了火奴鲁鲁。我那善于表达的指令长汤姆提醒我说，反推火箭启动时就像有人踹我们的屁股一样，他说得一点不差。强大的制动力猛烈地推压着我们，有一会儿我竟说不出话来。它只持续了几秒钟，使飞船每小时仅减速 300 英里，但这足以让地球的引力把我们捕获。我们抛掉已经完成使命的反推火箭装置，暴露出下面的热防护罩。

　　我们的后背对着防护罩，小小的窗口位于飞船头锥的外侧，它们没有对着地球，而是对着漆黑的天空。仪表面板上一个小小的加速度计稍微动了一点，显示出我们受到的地球引力为0.05G，由于压力太小，我们几乎感觉不到，但足以证明我们正在减速。

我们撞入大气时，地球引力迅速增加，我的眼睛被窗外无与伦比的新景象所吸引。一束橙光闪了过去，像一道细细的闪电消失在太空里。在另一侧的窗外，一束绿光闪了过去。随着"双子星座"9号飞船冲入稠密的大气，一条条耀眼的蓝色、红色和紫色火焰越来越快地从四周闪过去。飞船以每小时数千英里的速度飞行，它与大气之间的猛烈摩擦产生了一个火球，驾驶舱里的温度开始升高。我们在无线电通信消失前听到的最后一句话是："祝你们回家的旅程愉快！"

计算机给出了飞船再入的数据，汤姆让偏心的飞船稍微滚转了一下，先向左转了50度，再向右回转了38度，对着半个地球以外、肯尼迪角东部大约350英里的目标着陆区进行数值瞄准。

这种幅度不大的螺旋运动使得我们身后像光亮翅膀一样的长火舌扭动在一起，闪耀在黑暗中。不同色调的橙色和黄色，耀眼的红色，以及明亮的蓝色和绿色交织成一个色彩斑斓的螺旋。我们的摄像机录下了火焰从热防护罩闪向后方并汇入后面一束束火舌的情况。一个个的火花会在飞船的头部待上片刻，像调皮的小精灵一样闪烁着，然后被我们经过时产生的强大风力吹走了。这是一场告别黑暗的灯光秀，它让摇滚音乐会相形见绌。随后，大火完全包围了我们，烈焰紧贴着飞船，从平钝的热防护罩一直延伸到头锥后面，在飞船后面很远的某个地方会合在一起。

我们带着一团火穿行于静谧的大气中，地球引力逐渐增加——超过了 4G，超过了 5G，还在加大。我感觉就像快乐的绿巨人踏在我的胸膛上。无线电波无法穿透炽热的湍流。我能看到的只有火焰。在我们穿过这个温度高达 3 000 华氏度（约 1 649 摄氏度）的地狱时，至少 4 分钟内没有无线电通信。据说在散兵避弹坑里没有无神论者。我知道在被火包裹、冲向地球的飞船里也一样，我做了一个简短的祈祷。我们都戴着头盔和手套（我的里面还浸透着太空行走时的汗水），向后躺着，动弹不得，只能等着冲出烈火的风暴。到达加利福尼亚州海岸线上空时，我们的高度是 92 英里。到新墨西哥州时，高度降为 60 英里。到达得克萨斯州上空时，我们的速度慢得只有每小时 700 英里。

我们的"烈火战车"产生的色彩迷住了我，今天我完全明白了为什么我的一位宇航员兄弟——艾伦·比恩，在他的后半生成了一位美术家。我们看到的东西无法用文字解释，只能用色彩描绘。

飞船载着汤姆和我高速穿过大气，像一只从地狱里疾飞而出的蝙蝠，终于冲出大火，此时，我们猛然发现我们的地球正急速地迎面而来。我们的"双子星座"9 号飞船在地球的轨道上环绕时像天使般轻盈，现在却具备了浴缸坠落时所拥有的空气动力学特性。

在我们溅落前 7 分钟，"黄蜂"号航母通过雷达发现了我们，并告诉我们飞船正按预定轨迹降落。为了使飞船稳定，我们在大约 26 000 英尺的高度上释放了一个小型减速伞，它位于飞船的头部，这样飞船的热防护罩就会面向水面，我们则面向天空。我以极大的兴趣注视着这个小小的降落伞，因为它让我们摇晃起来，就像狗在抖掉身上的水一样。在大约16 000英尺的高度上，晃动减弱了，于是我们抛掉了这个引导伞，释放了主降落伞。飞船两端各有一根吊索，使我们倾向一侧，这样我们就可以坐立着溅落。我们很快就慢下来，像钟摆一样摆动着。

汤姆向航母问道："你们能看见我们吗?"他们回答道："全世界都看到你们了。"电视摄像机上正闪动着我们飞船降落的画面——在带有薄荷绿条纹的降落伞下摆动着。

就要溅落了。就在我们想着我们已经大功告成的时候，丧门星魔咒再次发作。

大海很不平静，当两个5英尺高的海浪的波谷从我们身下滚过时，飞船正摆向一侧。当飞船最后一次摆回来的时候，它那平钝的端部与上升的海面发生了剧烈的撞击，我们就像迎头撞上了混凝土高墙，几乎失去了知觉。等我们清醒过来时，水正在我们脚边晃荡。汤姆和我之间的私密对话是这样的："哎呀，飞船被撞裂了!飞船里面有水，打湿了所有东西。我们得赶紧离开这个鬼东西!"

我们认为飞船的壳体破裂了，在地球轨道待了三天之后，我们很快就会像锚一样坠入海底。汤姆是海军学院的毕业生，我是海军飞行员，我们谁也不愿意与飞船一起坠入海底。

一个海浪砸在窗口上，我们剧烈地颠簸起来，而驾驶舱里的水翻腾着，就像杜松子酒被搅和成马提尼鸡尾酒一样。那种"做也不行，不做也不行"的局面，我们今天还真是碰上了。要是我们不打开舱门钻出去，飞船有可能成为我们密封的下沉棺材。要是我们打开了舱门，下一个海浪很容易灌满飞船，唯一的不同在于我们会敞开着舱门下沉。我还感觉宇航服里有水！要是宇航服有裂口，而且我也想办法逃出了飞船，我的宇航服也会充满海水，并很快把我拉下去。

我们向航母喊道："我们开始漏水了，赶紧让潜水员过来！"随着直升机快速抵近，潜水员跳入波涛中，我们发现脚边的水并没有上涨。"双子星座"9号飞船并没有下沉。剧烈的溅落弄破了内部供水管线，剩余的饮用水流进了驾驶舱。我看看汤姆，汤姆看看我，我们笑着相互击掌祝贺。我们在太空待了3天零21分钟，环绕地球飞行了120万英里（45圈），以美国航天史上最精确的着陆轨迹回到了地球。我们的溅落地点离瞄准点只有半英里，离等待的回收船只有3.5英里。控制工作做得很到位。

潜水员在飞船上装了一个安全环，轻柔的东风把我们推向离航母更近的地方。我们摘下了头盔和手套，打开了舱门——阳光和清新的空气扑面而来，这是家的气息。

作为飞行员，航母从没有像今天这样看上去那么亲切。庞大的"黄蜂"号靠过来，放下一个吊钩，把烧黑的"双子星座"9号飞船（我们还在里面）安全地提升到甲板上。我们站起来，对着照相机和摄像机挥挥手，沿着红地毯走向数千名欢呼的水兵。我迈着绵软的步伐，水在脚脖子周围晃荡，好像每只脚上都挂着一个水族箱。航母的 17 人乐队正在响亮地演奏《起锚进行曲》，我们简短的致谢人们根本无法听到。

"快看，特蕾西！"芭芭拉喊道，"快看，斯塔福德先生和爸爸从太空回来了！"我女儿对着电视大喊："爸爸！爸爸！"她姥姥杰基·梅·阿奇利把纸巾拿给大家，眼泪在我们家的客厅里尽情地流淌着。

费伊·斯塔福德在草坪上笑着面对记者，脸上的忧虑早已不见踪影，因为现在汤姆安全了。但她对未来表达了一种奇怪的希望："等我以后转世了，我要找一位朝九晚五的邮递员，而不是一位宇航员做丈夫。"

在贝尔伍德，站在草坪上的记者们听到了飞船溅落时从房子里传出的欢呼声。随后，我的父母走出来，爸爸吻了妈妈，带着欢欣的微笑把两个大拇指高高地举在空中，说道："我高兴晕了，我儿子回来了。"

我俩每人递过来一个电话，另一端是美国总统林登·约翰逊，他是从自己在得克萨斯州的私人牧场打来的。他说完整个国家为我们俩感到自豪之后，又专门给我说了两句话。他说："吉恩，你的太空漫步是我们整个航天计划中最精彩的章节之一。"然后，当场把我提升一级，晋升为中校。通常，宇航员完成首次飞行任务后，都会晋升一级。六个月前，汤姆完成他的"双子星座"6 号飞行任务后已晋升为空军中校（银叶肩章）。我的这次晋升意味着我当少校（也是提前晋升）才一年就晋升为中校了，大约比正常晋升提前了六年。谁说当宇航员是军事生涯的终结？

汤姆和我来到船上的医务室，我洗了三天来的第一次淋浴，刮掉一脸浓密、坚硬的胡子，还刷了牙。技术人员帮我脱掉宇航服时，从里面倒出了超过一夸脱（约 0.95 升）的水。溅落和走过甲板时我感觉到的湿滑，就是我太空行走留下的大量汗水造成的。在太空里，它没有蒸发，等我们有了重力以后，它就顺着我的身体流到我的靴子里。然后，医务人员让我站在秤上，发现我在过去的三天里体重减少了 13.5 磅。然后他们特别关注我下腰部的一块灼伤。我告诉他们说我感觉很好，但他们很难相信，因为我现在消瘦得像个稻草人。

经过两个小时的身体检查并换上干净的 NASA 蓝色飞行服之后，我们终于可以给我们的妻子打电话了，但我们没法说些私密的话，因为两边都是公共的通信线路。虽然我们的对话有点儿过于正儿八经，但芭芭拉和特蕾西的声音帮我回到了现实的轨道。当我和妻子与女儿通话时，"双子星座" 9 号任务已在我的脑海中渐渐远去。

在航母上，汤姆和我到处都能听到人们对我们的赞美声。我必须承认，我心里感觉美滋滋的。这种赞美声可不仅仅来自将官和校官。我们和大家分享了两个大蛋糕，然后快速检查了一下烧黑的飞船，在过去的三天里，它是我们两人的家。我和别人握了几百次手，微笑着照了几百张相，听到了几百次美妙的欢呼声。

我们比谁都清楚，这次危险的飞行任务遇到了各种各样的问题，但过去三天里发生的这些问题并没有引起人们的注意。这些人想听到成功，而不是失败，他们像对待皇室成员一样对待我们。不管是总统、海军的将军们，还是数以千计的水兵，他们都认为我们是技艺超群的人。在电视上，著名新闻主持人沃尔特·克朗凯特说我们创造了历史。宇航员！不久前，我还仅仅是一位在和这一艘很像的航母上驾驶 A-4 飞机的无名飞行员。现在，每个人都知道我的名字。我感觉自己成了真正的航天英雄。

登上"黄蜂"号航母 6 小时后，我们再次出发，这次是作为两架螺旋桨飞机的副驾驶飞往肯尼迪角。落地前，我们两架飞机紧挨着在跑道上空"嗡嗡"地低飞，此时，雷雨天气正笼罩着这一地区。这也许是一种新的征兆，因为我们把英雄的光环留在了航母的飞行甲板上。

在新闻媒体面前说一通废话并不难，但现在站在停机坪上的是我们的"教父"迪克，他仰着满是皱纹、毫无表情的脸看我们爬下飞机。他将在肯尼迪角主持四天的汇报会，参加人员都是对飞行任务和我们一样了解的 NASA 专家。

我们现在需要在胜利返家的路上绕个弯，因为专家们需要非常准确地知道我们在太空中到底出现了什么情况。我握着迪克的手，悄声地说我给他准备了"一些非常有价值的数据"。他回答说："干得不错，老弟。"这对我来说稍感安慰，因为他对每一个返回的宇航员都这么说。

在随后的四天里，汤姆和我把我们经历的一切都录进了收录机，然后我们飞回休斯敦，在那里，宇航员办公室主任、"冰冷指令长"艾伦·谢泼德将组织对我们再进行整整一周的工作拷问。谢泼德——这位全美国曾经最著名的人，对我这位新名人根本不感冒。我感到，不管我说什么，我的太空行走就像一部断头铡刀一样悬在我未来的道路上。然而比接受后果更糟的是向谢泼德承认我很担心。他没有时间听人哀诉。

在此期间，航天计划的高官们向媒体赞扬了这次任务所取得的成果。载人航天中心主任鲍勃·吉尔鲁斯说，尽管经受了挫折，但"双子星座"9号极其成功，我们从"未曾预料的事情"中学到了很多。"双子星座"项目经理查克·马修斯做了最好的总结："我们处于航天计划的试飞阶段，在此期间你会犯错误，并从错误中学到新东西。"他还告诉大家"这次飞行取得了进展"，并列举了我们成功的轨道会合，以及为了溅落得更接近目标区域而对飞船进行的准确操控。但对我的太空行走，他们都表现得异常谨慎。医生们说他们对宇航员们在太空中工作比在地球上时更容易疲劳感到非常困惑。虽然他们用的是"宇航员们"，但由于只有我一个在太空做过工作，所以，你很容易想到他们在说谁。

我也注意到了在宇航员同事的办公室里，他们关起门来说的一些话。曾经嘲讽阿姆斯特朗和斯科特在"双子星座"8号中表现不佳的那几个人，现在又开始烦扰我，他们公开暗示，要是让查理·巴塞特、麦克·柯林斯、迪克·戈登或任何其他训练有素、成功处理过意外状况的试飞员上去，事情很可能就是另一种结果。塞尔南毕竟只是中等水平的宇航员之一，他纯粹靠巧合提前获得了飞行机会，这很可能超出了他的能力范围。

在密集的汇报会期间，在太空工作与人们的预期截然不同这一事实慢慢浮出水面，我也开始理解我的太空行走其实非常独特。然而，那些暗示的批评一直困扰着我，那些说我坏话的人竟在我自己的内心播下了怀疑的种子：要是真是我的问题呢？这使我非常气愤，但在正式结论做出之前，我什么也不能做，只能默默地忍受。

当我们从肯尼迪角飞回埃灵顿空军基地时，芭芭拉和特蕾西过来接我，我抱起三岁的女儿，亲吻了我的妻子。我们驾车驶过熟悉的街道时，我得知家里一个水龙头漏水需要修理，特蕾西在幼儿园擦破了膝盖，被记者们踩踏后草坪急需修复。我从艾萨克·阿西莫夫的科幻小说中回到了日常生活剧，这种角色转换令人欣慰。天哪，回到家真好。

人们对我在太空的工作也许有些疑虑，但芭芭拉在飞船溅落的当天就发起了一轮先发制人的进攻。穿着白色的夏装，看上去像理想的宇航员夫人，她告诉记者说尽管她在飞船上天期间几乎啃掉了自己的指甲，但她和我都期待着我能再次上天。"那是他的工作。我们登月的旅程才刚刚开始。"她的话语和我们女儿的照片（穿着红、白、蓝三色的水兵服），在 NASA 最需要的时候，为他们做了最好的宣传。

NASA 的年度拨款被国会大幅削减，一些合同的联邦资金已经用完，大约有 6 万人（半数在研发领域）即将失去工作。对联邦资金的竞争正不断加剧，NASA 的公众形象变得越来越重要，而不是相反。对一个在其他战线举步维艰的国家来说，一个穿着带有美国国旗颜色服装的小女孩确实给人们留下了非常美好的印记。

在密西西比州，我们飞船溅落的当天，民权步行示威者詹姆斯·梅瑞迪斯被人从暗处射伤，一位白人男子被捕。约翰逊总统正用新的"大社会"计划来缓解黑人不断高涨的愤怒情绪。

在越南，我们的飞行员正猛烈轰炸北越，但对河内的战争机器并没有造成明显的损伤。在我执行完"双子星座"9 号任务、享受英雄般待遇的时候，我的战友弗雷德·鲍德温被击落两次并身受重伤。鲍勃·舒马赫作为战俘，在河内的希尔顿监狱倍受磨难。罗恩·埃文斯正在进行宇航员训练，不愿意谈及越南；我的好朋友斯基普·弗隆正准备飞去参战。我的照片登在了报纸上，但我非常清楚谁是真正的英雄。

在满是这种新闻头条的情况下，这个国家开始寻找好消息，这项工作就落在了 NASA 和宇航员们身上。在其他方面好像也没有什么好消息，在太空竞赛方面我们做得相当不错——我们在载人飞行和轨道会合方面领先苏联：13：8 和 5：0；塞尔南和怀特的太空行走共持续了 2 小时 26 分钟，而苏联的列昂诺夫只有 12 分钟。

随着汇报会一个接一个地进行，越来越多的证据表明，我们并没有预料到宇航员在太空工作（甚至仅仅行走）时所遇到的问题。查尔斯·贝里博士评论说："在刚硬的宇航服环境中难以进行体力劳动是这次飞行的重大发现之一。"听到这些话，我感到事情发生了重大转折。贝里博士与宇航员们的意见常常相左，所以，能赢得他的支持意义非常重大。现在，问题的重点终于转向了如何解决这一问题，我也可以喘口气了。

6 月底，我以从未想过的角色返回了芝加哥和贝尔伍德。从我到达奥黑尔国际机场的那一刻起，一直到三天后我离开的时候，我受到了从海外得胜归来的传奇战士般的热烈欢迎。至少可以说，在家乡受到的热烈欢迎让我倍感意外。

在芝加哥消防局乐队嘹亮的《我的小镇》音乐声中，芭芭拉、特蕾西和我走下 NASA 的"湾流"公务机，受到了爸爸和妈妈的热烈拥抱，以及芝加哥市长理查德·戴利的热情迎接。摩托车护卫队很快把我们护送到贝尔伍德，镇上 55 个灯柱上都挂着彩旗，我们家在马歇尔 939 号的不大的房子，被一千位热心的支持者围拢着。镇上当年送走了一位消瘦的大学生，如今返回来的是一位航天英雄，现在该是庆祝的时候了。

在贝尔伍德，到处都是太空舱的模型，几乎每家都挂着美国国旗，23 000 个居民几乎每人都挥舞着一面国旗。第二天，约有20 万人沿着游行路线站在湿热的天气里，有的地方挤了 6 层人，但我印象最深的是，一位戴着美国退伍军人协会帽子的矮小老人站在路边，手里拿着一面小小的国旗。我不知道他是谁，但他花时间走出来，站在烈日下，向一位年龄不及他一半的人致敬。

镇上把我家附近的一条街道和一个公园重新以我的名字命

名，青年商会给了我一个惊喜——一幅我们家人的油画，一场丰盛的晚宴成为庆祝活动的高潮。但最精彩的时刻，是我走进我家小小的厨房，发现只有两个人坐在桌子旁，袖子挽得高高的，衬衫上全是汗渍，领带歪向一侧，一边喝啤酒、说笑，一边轮换着讲故事——我的老爸和他的偶像戴利市长。我非常喜欢这个场面。

一周以后，这种场面又在汤姆的家乡——俄克拉何马州重演，还有穿牛仔靴、戴斯泰森毡帽的公共马车游行。一位政治家对汤姆说，如果汤姆承诺不竞选公职，他就承诺不去登月。汤姆说他不会竞选，但我不相信，俄克拉何马州一位很担心的国会议员也不相信。

在那个航天时代的初期，几乎每个从太空回来的宇航员都会受到这种返乡待遇。美国人民在向我们致敬，也是在向他们自己致敬。这些纳税人毕竟提供了把我们送入太空的资金。

"双子星座" 10 号飞船于 7 月 18 日升空，飞行 3 天，约翰·扬是指令长，麦克·柯林斯的任务是做两次太空行走并从"阿吉纳"火箭上收取一个科学实验装置。和埃德·怀特一样，麦克将使用太空枪（而不是飞行背包）作为推进系统，而且两次太空行走都是在白天进行。他的第一次太空行走还没有开始就被取消了，因为宇航服内气路中的有毒物质使他的眼睛出现了严重的红肿。第二次行走时，他到达了会合目标"阿吉纳"跟前，却剧烈地四处滑动，他不得不进到火箭的内腔并抓住一束导线才稳住了自己。

两个月后，轮到迪克·戈登乘坐"双子星座"11号飞船了，皮特·康拉德是指令长。大家都认为，要是有人能够降伏太空行走这头恶兽，他一定是迪克·戈登。他还在飞船内部时，他的头盔面罩就出了问题；他还没有开始行走，宇航服的环境系统就已经不堪重负。等迪克走到外面，他已经热得满身是汗了。在随后的太空行走中实在太累了，为了休息一会儿，他竟然跨到了"阿吉纳"火箭上，就像在骑一匹马，而康拉德则兴奋地喊道："骑它，牛仔！"

他们是航天计划中两位最好的宇航员，他们出现的问题直接证实了我曾经遇到的问题，这说明我并不是唯一一个在太空工作中遇到麻烦的宇航员。

经过这三次艰难的太空行走，事情发生了变化。NASA的工程师们对未来的飞船重新进行了配置，安装了很多新的抓手、扶手和未来太空行走者能够卡住靴子的马镫环。这些马镫环很好用，我们称之为"金拖鞋"。

因为我曾经把太空行走比作在零重力环境中游泳，于是NASA就租了一个游泳池作为宇航员的训练场地。第一批穿着宇航服进入游泳池的，是我和巴兹·奥尔德林，他将在最后一次"双子星座"飞行中进行太空行走。戈登·库珀和我是"双子星座"12号飞行任务的后备乘组。

然而，迪克·斯莱顿在最后时刻还是对巴兹和这次任务不大放心。飞行背包试验准备在"双子星座"12号飞行任务中再次进行，随着 10 月发射日期的临近，很多人都认为这个未曾试验过的飞行背包依然是个大难题，但这种装置在空军中的推动者却持有不同意见。我是唯一在太空中只是把这东西绑在身上的宇航员。

迪克把我叫到他的办公室，关上门，还没有坐下来就对我说："吉恩，要是再次升空你需要多长时间准备？"

我想他可能要给我分配"阿波罗"计划初期的飞行任务。"你尽管发命令，迪克。什么时候？"

"现在。你愿不愿意从后备转为主乘？和洛弗尔一起飞 12 号？"

我脸上肯定挂着惊讶。让我乘坐"双子星座"12 号升空就意味着把巴兹·奥尔德林替换掉。"我能问其中的原因吗？"

他回答道："和飞行背包有关。空军坚持要再试一次飞行背包，那样的话，我想让你去试。你愿意去试吗？"

由于巴兹在决策能力方面存在问题，他一直没有得到 NASA 管理层的认可。他非常聪明，但他好像不能专心于一件事，总是想重新设计所有东西，问题是我们没有时间去重新发明这个专用的"轮子"。再加上他在模拟器和其他训练项目的表现，迪克说他认为巴兹无法完全驾驭这个飞行背包。

我有过这方面的经验，他想让我去完成这项工作。当迪克问你愿不愿意承担飞行任务时，答案只有一个，我不会再次放过搞定那个讨厌的巴克·罗杰斯式装备的机会。我告诉他："是，长官！您绝对放心，我可以上。"我终于感到迪克对我的信任从未动摇过。

然而，迪克还没来得及改变乘组安排，飞行任务就发生了变化。危险的飞行背包项目被拿掉了，太空行走简化为仅对在太空做最简单的事情进行基本评估。巴兹只是在飞船外面简单活动一下，把脚安全地卡在"金拖鞋"里，通过各种系绳、抓手和扶手来紧紧地贴在飞船上。不用去对付复杂的飞行背包，他的任务是稳稳地站在一块面板前面，剪开几根电缆，用扳手拧紧几个螺栓，把几个钩子挂到环上，撕掉几块尼龙搭扣贴片，以及诸如此类的事情。

"双子星座"12 号飞行任务极其成功，巴兹三次出舱，创下了大约 5 小时的太空行走纪录。麦克、迪克和我极不顺利的太空行走带来了对飞船重要的重新设计，这样，他爬回飞船时，连气都不喘一下。他以自己特有的风格，在随后的几年里公开声称，他依靠自己的能力解决了舱外活动的所有问题，他的太空行走之所以进行得非常顺利，是因为他比我们其他人准备得更充分。我们直言不讳地说，他只是"站在汽车后面的脚踏板"上工作而已。读者自己评判吧。

15 灾难之年

    "双子星座"计划的 10 次载人飞行极其成功，证明了我们可以实现飞往月球的每一个重大目标。不到两年我们就超越了苏联，相比之下，他们的太空计划现在似乎步履艰难。他们在太空还没有进行过真正的轨道会合，从来没有对接过两艘飞船，只进行过一次 12 分钟的太空行走。正像"双子星座"计划紧跟"墨丘利"计划一样，当"双子星座"12 号飞船在 1966 年 11 月中旬溅落的时候，被称为"阿波罗"计划的大规模试验已经开始了。但随着日历翻到了 1967 年，要完成登月这个艰难的壮举，实现肯尼迪总统这个 10 年之末的登月目标，我们只剩下 36 个月了。

    在过去的几年里，我从巨大的飞行器装配大楼的建设中，见证了肯尼迪角航天港的高速发展。这栋巨型建筑物高 525 英尺，长 716 英尺，宽 518 英尺，是世界上此类建筑中最大的。仅内部的 4 个开间之一，就可以装下整个联合国大楼。飞行器装配大楼内部太空旷了，站在上层高架过道的工人们感受着不同的大气环境，有时会被笼罩在云层里，雨雾打在他们的脸上。简而言之，它令人极其难忘。这栋装配大楼造价一亿美元，占地超过 8 英亩，高高地矗立在佛罗里达州平坦的土地上。在这栋大楼内，技术人员拥有了一个安全港，用来把"阿波罗"计划巨型火箭的各级组装起来。

汤姆和我乘坐"双子星座"9 号飞船升空前两个星期，飞行器装配大楼的门（每一扇有 45 层楼那么高）"轰隆隆"地打开了，巨大的"土星"助推火箭直立在棒球场大小、世界上最大的履带式运输车上，被拉进阳光里。

这种运输车有 8 条坦克式履带，每个角上有 2 条，每条履带有 57 根滚棒，每根滚棒重 1 吨。当它一点一点地挪向发射场，慢慢爬上发射塔的缓坡时，火箭（用于无人发射试验）顶端的晃动距离从不会超过一个棒球的直径。1966 年，共成功进行了三次"土星"火箭的无人发射试验。肯尼迪角已做好了准备。

迪克一直以来比锦标赛中的棒球主教练还忙——对宇航员的名字进行匹配、重组、去除和添加，来为"阿波罗"计划初期的飞行任务做阵容安排。最后，他确定让格斯、埃德和罗杰飞"阿波罗"1 号；经过几个月的强化训练，他们也做好了准备。他们将乘坐"土星"1-B 火箭升空，因为他们精心策划的任务只在地球轨道上完成，因而不需要完整的"土星"5 号登月火箭的强大动力。

一切似乎都准备好了，我们都陷入了一种近乎疯狂的激情中。我们能做！我们要登月，我们要战胜苏联人！"赶工热"占据了主导地位。

我全力以赴投入了工作。我那并不成功的太空行走不仅没有使我边缘化，而且我还和汤姆·斯塔福德、约翰·扬一起成为"阿波罗"计划第二次载人飞行任务的后备乘组。这一决定是在1966年圣诞节前三天宣布的，让我心里敞亮得就像我家客厅里装饰好的圣诞树。

"阿波罗"计划的每一次飞行有三名乘员，而不是"双子星座"计划的两名，或者"墨丘利"计划的一名，因为它是由两个全新的飞船组成的，带有大量复杂的系统。其任务需要一名宇航员（即指令舱驾驶员）待在月球轨道上，而另外两名宇航员（即指令长和登月舱驾驶员）降落到月球表面。指令舱和服务舱在返回地球之前一直连在一起。蜘蛛形的登月舱一开始被称为"月球旅游舱"，NASA后来觉得这个名字太不严肃，于是改成了登月舱。

格斯、埃德和罗杰被选为"阿波罗"1号飞船的主乘宇航员之后，迪克一开始让沃利·希拉担任"阿波罗"2号飞船的指令长，让唐·艾西尔和沃尔特·坎宁安分别担任指令舱驾驶员和登月舱驾驶员。精明的迪克觉得沃利即将退休，用他自己的话来说，"我不准备让这个乘组承担登月飞行任务"，但他们完全有能力去重复"阿波罗"1号的飞行任务，在舒适的地球轨道上进一步试验"阿波罗"飞船的各种系统。

这引起了沃利的不满。他对重复格斯已经做过的事情毫无兴趣。他有根有据地抱怨说，"阿波罗"2号毫无意义，结果，

NASA 同意了他的意见并把这次飞行彻底取消。沃利赢得了这场战役，却输掉了这场战争，因为取消了"阿波罗"2 号飞行任务，他被迫成为"阿波罗"1 号飞船指令长格斯的后备指令长，这和他们在"双子星座"计划中的情况完全一样。令人感到惊奇的是，在受到这种明显的冷落之后，他依然待在航天计划中。

我们已经知道迪克喜欢在三次飞行之后把后备乘组转为主乘组，所以，我很高兴和汤姆、约翰一起成为"阿波罗"2 号飞船的后备乘组（这是在沃利发飙使它被取消之前）。那么，三次飞行之后我们就会乘坐"阿波罗"5 号飞船升空，而且我们有机会进行首次登月。汤姆和我位于首次登月的最初候选宇航员之列。然而，"阿波罗"2 号的飞行任务取消之后，我们成为"阿波罗"非常重要的首次飞行任务的另一个后备乘组。

此时，各乘组都在为初期的飞行做训练准备，一个个火箭走下了装配线。就在一切都顺利进行的时候，肯尼迪角突然发生了重大惨剧。1967 年刚刚过去 27 天，当每个指标似乎都是"正常！""正常！""正常！"的时候，一场大火吞噬了"阿波罗"1 号飞船，烧死了格斯、埃德和罗杰，使美国的航天计划处于停滞状态。

在调查人员找到"阿波罗"1 号飞船发生事故的原因之前，美国将不会有太空飞行。我将在很长时间里不会有上天的机会。

这场惨剧阻断了我们登月的道路，使我们处于非常脆弱的境地。我们神秘的苏联对手获得了重新领跑太空竞赛的机会，他们迅速行动,想充分利用这次机会。4月23日——"阿波罗"惨剧仅几个月之后,他们把弗拉基米尔·科马洛夫送入太空,去执行一项大胆的飞行任务,准备以一场公共关系灾难把我们击垮。

科马洛夫上校乘坐的是他们最新型的宇宙飞船"联盟"1号——一种他们的工程师们认为可以把苏联宇航员送往月球的飞行器。在我们的航天计划茫然无措、踌躇不前的时候,科马洛夫已乘坐轰鸣的火箭进入地球轨道。不仅这次发射很成功,他们的任务计划也令人惊叹。当他飞越拜科努尔航天中心时,第二艘"联盟"飞船将发射升空,然后两艘飞船将进行会合,宇航员会进行双人太空行走并换乘飞船。

然而,"联盟"1号飞船刚进入地球轨道,为飞船供电的一个关键太阳能电池板未能打开。科马洛夫和地面控制人员一道,用尽各种办法,它依然卡在那里,像一支折断的翅膀。由于没有我们使用的那种电池,飞船的电气电路变得不稳定,随后彻底失效。语音通信变差了,各种仪表出现故障,控制推进器不再响应。仅仅飞行5圈之后,苏联工程师们知道科马洛夫处于危难之中,于是停止了第二艘飞船的发射。

这艘"带病"的飞船胡乱地绕着地球飞行,每飞一圈都变得更加无助。科马洛夫手动操控还能工作的几个控制器,来使飞船的再入尽量保持稳定,然后陡直地落入稠密的大气。总算进入了危险的再入阶段,却使飞船的降落伞摇摆不止。"联盟"1号飞船变成了炽热的大钢球,以每小时500多英里的速度,翻滚着落向地球,完全失去了控制。当飞船撞向地面时,苏联奥尔斯克地区的农民们被巨大的爆炸声吓坏了。苏联人失败了，科马洛夫摔死了，苏联的航天计划也和他一起坠毁了。在美国，我们并不知道他们经受的挫折有多大。根据过去的经验，我们知道，一位宇航员的死不会阻止他们，我们认为苏联人很可能还有别的秘密计划。

在正式场合，我们表示哀悼；而在内心，我们暗自高兴。也许在"阿波罗"1号飞船发生惨剧之后，他们也有同样的感受。在后来的岁月里，就像经过多年的战争之后双方的飞行员不再是敌人一样，美国和苏联的宇航员们也开始见面，当我们把他们每个人和很久以前就知道的名字对上，举着满杯的伏特加分享各自故事的时候，相互尊重逐渐发展为友谊。但在那些最初的岁月里，我们希望他们那些该死的火箭都发生爆炸！我们处于敌对状态。如果他们首先登上了月球，像"人造卫星"和"加加林"这样的名字会再次响彻世界，而且更糟糕的是，我们就成了失败者。我们很遗憾科马洛夫死了，但他是个战士，和我们所有人一样，他知道太空飞行的风险。我们获得了喘息的机会。现在我们有了更多的时间，有了另一次机会。我们依然可以在登月方面战胜他们。

突然之间，一些训练有素的海军飞行员竟有了大把的空闲时间。1500名调查人员在"阿波罗"飞船的残骸中仔细地扒拉着，检查每一个螺帽和螺栓、面板和仪表，一寸一寸地查看飞船15英里长的导线，显然，他们的搜寻工作即使不用花上几年，至少也得几个月。

我们终于有机会把目光转向越南，那里的战斗比任何时候都更加激烈。现在有超过 47.5 万美国军人在那里作战，比朝鲜战争高潮期的人数还多，我们向敌人投下的炸弹总重量比我们在整个第二次世界大战中所使用的还要多。马克斯韦尔·泰勒上将宣称，我们正在取得胜利。

我们很多人都倍感内疚，因为其他人都在参加战斗，而我们却在旁观。这可能是一种奇怪的心路历程，但我们心里很不舒服，因为我们带着英雄的光环，而我们的战友们正在一场激烈互射的战争中流血、被俘和死亡，而且，我们曾经接受过针对这种战争的训练。各种反战声明激怒了我们。

宇航员办公室里的私人谈话、下班后喝啤酒时的闲聊和周末烧烤时的长时间讨论，让我们萌生了一个想法。我们为什么要闲等在休斯敦？既然皮特·康拉德、迪克·戈登、艾伦·比恩、我或者任何其他宇航员都机敏得足以为 NASA 驾驶宇宙飞船，那我们当然可以进一步完善我们的航母着陆技能，然后进入越南战场，在太空竞赛的间歇期间发挥我们的军事技能。我们在把这种想法告诉迪克之前，就知道他不会同意，但我们必须试一试，这样至少可以缓解我们的一些内疚。

迪克可能认为我们的计划是他所听过的最愚蠢的计划，但他坚持自己的铁律，他说只要我们想离开，大门任何时候都是敞开的。即使面对有可能失去六个或更多上过天的宇航员的局面，他能说出这样的话确实是一种鼓励。但他补充道："你们真的理解目前的局势吗？你们可以走，但我不能保证你们回来时还能继续拥有这份工作。"

五角大楼做出了最后的决定。如果我们愿意，我们可以重返现役，也可以驾机飞行，但决不允许参战。要是敌人俘虏一个宇航员，那种宣传效果你自己去想吧！我们的计划被粉碎了。越南不是我们的战场。

回想起来，我现在知道我们当时所处的地方并没有特别糟糕的事情。我们可以对战争表现得无所畏惧，因为我们反正也去不了那里。如果真的把我们送去参战，我们很可能会承认，在国内开着科尔维特运动轿车、当真正的美国英雄比在河内上空被打下来强太多了。

"阿波罗"飞船的大火和"联盟"飞船的坠毁都没有能够终止太空竞赛。苏联人在处理他们自己的灾难，我们则对"阿波罗"飞船进行必要的改进，并恢复后续的工作，以证明格斯、罗杰和埃德没有白白牺牲。我们的决心比任何时候都更加坚定。尽管任务更加急切，我们现在做事情会更加和缓，更加安全，我们会进行检查、再检查和三检查，但我们不会放弃。如果我们不能在越南参战，我们无疑可以在太空参加这场冷战。

"阿波罗"飞船失火后不到4个月，一份重达19磅的文件到达了华盛顿的国会山。事故审查委员会向国会做的报告，指出了导致事故的10种可能原因，这些原因都指向了飞船同一个通用部位的电气故障。

曾经有一种政治上的担心：由 NASA 委任的审查委员会来调查 NASA 的事故可能会粉饰、掩盖存在的问题。但这个委员会对工作非常严肃认真，他们对 NASA 和北美航空工业公司（指令舱的承制商）的管理提出了严厉的批评。于是，国会的参议员和众议员们开始磨刀霍霍，显然，他们将会对多年"赶工热"中的责任人进行严厉的惩戒。

国会做他们的日常工作无可厚非，但我们更关心的是，有一项计划需要重回正轨。弗兰克·博尔曼在国会作证时，终于向他们发出了愤怒的吼声："停止政治追杀！赶紧让我们继续工作。"连国会也不想招惹一位发怒的宇航员。

在 4 月一个阳光明媚的早晨，迪克·斯莱顿把我们 18 位宇航员召集到载人航天中心 4 号楼的一间小会议室。我们都穿着便服，看上去和那天在载人航天中心忙碌的数千名工作人员没有什么区别。"教父"迪克注视着他手下这群焦躁不安、被困在地面上的宇航员。其中有两个参加过"墨丘利"计划，而执行过"双子星座"计划的占大多数。也有几个来自我们 14 人那批，但还没有上过天。没有一个来自科学家那批，因为他们还在学习怎么驾驶飞机，而最新一批宇航员则更谈不上参加这样的会议了。

迪克让我们吃了一惊。他说："执行首批登月飞行任务的都在这间会议室里。"我们在琢磨他的这句话时，会议室里响起了一阵声音不大的评论声。迪克让我们一下子振作起来。该是恢复正常业务的时候了。

我快速环视了一下。我非常了解这些人，知道他们是谁，知道他们的妻子和孩子，知道他们是什么类型的飞行员，也知道他们的能力。汤姆·斯塔福德身体前倾着，点了点头。尼尔·阿姆斯特朗——这位最终成为受这次会议影响最大的人，脸上没有展现任何表情。还有麦克·柯林斯、约翰·扬、戴夫·斯科特、迪克·戈登……都是精兵强将！我回忆起了在飞行学校刚开始的日子，我在航母上的初次着陆，宇航员选拔期间与 NASA 官员的初次会面，那时，我不是很自信，总感觉不如周围的人。这种情况已不复存在。我位于这些精英飞行员之列一点也不过分。毫无疑问，我认为我就应该坐在现在的位置上。老天作证，我是经历了艰难困苦才赢得了这个位置。我完全有资格坐在这里。

随后，迪克终于说出了最要紧的部分。再经过几次设备测试之后，被火灾耽误的"阿波罗"首次载人飞行就可以开始了。它将被命名为"阿波罗"7 号，指令长是独一无二的沃利·希拉。他的指令舱驾驶员和登月舱驾驶员依然分别是唐·艾西尔和沃尔特·坎宁安。后备乘组将是汤姆·斯塔福德、约翰·扬和我。

1967 年注定不会一帆风顺。

6 月，一位新宇航员——埃德·吉文斯从一次聚会驾车回家时，在离家只有 10 英里时撞毁了他的大众轿车，当场死亡。我个人很受触动，因为他是空军负责研发宇航员机动装置的项目官员，这个飞行背包在"双子星座"9 号飞船上给我带来了太大的麻烦。我们花了很多时间一起交流关于飞行背包的问题。埃德是个很好的人，他的死让人很伤感。我又得穿上整洁的制服，帮助安葬又一位朋友。

仅仅 4 个月之后，克利夫顿·威廉姆斯驾驶一架新的 T-38 从肯尼迪角起飞，飞机的控制器卡死了，飞机直接钻入佛罗里达州的沼泽地。他跳伞跳得太晚了。失去这位特别友善的克利夫顿，整个航天系统都悲痛不已。他是每个人的朋友，有人曾经说过，他决不允许任何人不和他做朋友。他年轻的妻子贝丝即将生下第二个孩子。我是他们女儿的教父。罗杰·查菲的死对我是个沉重的打击，现在克利夫顿·威廉姆斯的死则伤透了我的心。一再失去朋友让我十分厌倦。

克利夫顿是我们这批中第 4 位逝去的宇航员，是这一年里第 5 位逝去的宇航员。如果再加上苏联的科马洛夫，1967 年我们共失去了 6 位宇航员。这一年太糟糕、太令人悲伤了，芭芭拉竟无法给我们的朋友们写一封传统的圣诞节祝福信。

为了缓解我们的精神压力，芭芭拉和我接受了朋友们发出的节日期间去得克萨斯州拉诺一个农场打猎的邀请。圣诞节的第二天，我们乘坐一架小型塞斯纳 172 飞机飞过去。我们刚到那里就接到了姐姐德洛丽丝的长途电话。

爸爸上午住进了医院，她找到我之前不久爸爸去世了。农场里天已经黑了，我们在草地的跑道上点着了几个照明火罐，然后飞回了休斯敦。第二天，在飞往芝加哥的路上，我感到精神空虚,好像我已经什么都没有了。我走到飞机尾部那个小小的卫生间,锁上门,偷偷地为我的父亲哭泣。就像年初"阿波罗"发生大火时我们从加利福尼亚州飞往休斯敦一样,这又是一次漫长的回家之路。

爸爸使我的很多成就成为可能,他给我指出的人生方向,我今天依然在遵循。他对妈妈很忠诚,从不粗暴地对待妈妈、姐姐和我。我敬重他,爱他,但像很多父子一样,我俩也难以进行较为亲近的沟通。

多年来爸爸一直患有糖尿病,尽管用着胰岛素,但他一直都拒绝戒掉抽烟和喝酒的习惯。由于工作很忙,我回家看他的次数越来越少,所以,我每次回家,爸爸都会拿出一瓶苏格兰威士忌,坚持要和他唯一的儿子一起喝。他的病明显加重,我俩也都知道喝酒对他不好,但他对我当上宇航员感到非常自豪,我觉得要是拒绝和他一起喝酒,有可能会摧毁他那虚弱身体里仅有的一点精神气。他只是想用这种方式告诉我,他是多么关心我。他是我父亲——一个大好人,我很爱他。很遗憾他没有活到看我登上月球的那一天,但我还是愿意相信他的在天之灵知道我登上了月球,而且我在月球上的时候还想到了他。

飞行员是特殊的群体,我们认为死亡不应该影响我们的生活。脾气暴躁的老格斯·格里索姆曾经说过:"如果我们死了,我们希望人们能够接受。如果我们发生不测,我们不希望它延误我们的航天计划。征服太空值得去冒失去生命的风险。"

在格斯穿上宇航服之前的一个世代，18 岁的约翰·吉莱斯皮·马吉加入了加拿大皇家空军去参加第二次世界大战，在一次空中近距格斗中阵亡。有一次他急速爬升到 30 000 英尺的高空，深受鼓舞，于是写了一首诗，随后这首诗成了飞行员的航空之歌。1967 年年底，我把这首诗找出来，一方面安慰自己，另一方面也重新激发我的信念。

> 啊，我摆脱了地球粗暴的束缚，
>
> 带着欢快的翅膀在天空跳舞。
>
> 我向着太阳爬升，
>
> 进入在阳光和欢笑中滚落的云雾。
>
> 在高空阳光下的寂静中翻滚、上冲、侧滑，
>
> 无论做啥都是那样无拘无束。
>
> 盘旋中我驾机追逐呼啸的狂风，
>
> 穿过空气的廊道冲上无垠和激情燃烧的蔚蓝。
>
> 我轻盈地飞上有风的最高空，
>
> 在这里云雀和老鹰从不沾边。
>
> 带着静默和升华进入高空无人涉足的圣洁之域，
>
> 我伸手触摸了上帝的圣脸。

16 浴火重生

沃利·希拉把他们的飞船称为"凤凰"——一个最恰当的名字。在阿拉伯的传说中，这种华丽的鸟会在木柴火堆中结束自己500年的生命，然后在灰烬中重生。对古埃及人来说，它代表着太阳，每天晚上逝去，每天清晨重生。这个名字再恰当不过了，因为希拉的新飞船是从"阿波罗"1号飞船的灰烬中重生的。

NASA无趣的技术官僚们从来不喜欢给飞船起个性化的名字。想象力不是他们的强项，他们把这次任务中的"土星"火箭（编号205）和指令舱（编号101，这次不带登月舱）正式命名为"阿波罗"7号。美国做好了再次飞行的准备。

1968年，几乎整个航天计划就只有一个目标——把沃利、沃尔特和唐成功地送入太空。NASA的工资表上有33 000人，在私营企业中，为"阿波罗"计划工作的有383 000人，他们流下的汗水可以浮起一艘战舰。如果把投入的精力当作火箭的动力，它们早就把"阿波罗"7号飞船送到了银河系的边缘，类似于最新热门电视连续剧《星际迷航》中"企业号"的远航。

沃利变得很难打交道，原本和蔼可亲、爱开玩笑的人变成了一个非常严肃、令人讨厌、威逼不止的家伙。作为计划恢复后首次太空飞行的指令长，他手里的大棒随时准备挥舞。对那些负责建造"阿波罗"新飞船的人们，沃利总是有话直说，不断施压；如果他或者他的乘组成员觉得不满意，他会立刻告知他们。他会对他们大声说道："飞船你们不会去飞，但我们会！上次试飞的几个人被活活烧死了。老弟，这种事决不允许在我的眼皮底下发生。"唐和沃尔特也学会了他们指令长的一些烦人的做派。

由于角色截然相反，务实的弗兰克·博尔曼成为调解人。弗兰克被安排与建造"阿波罗"7号飞船指令舱和服务舱的管理团队一起工作，他看到沃利的威逼做派已产生反效果。弗兰克告诉迪克·斯莱顿说，希拉的推动过头了，大家都知道他的想法，他大量的过分要求已经影响到工作的进展。他建议迪克让希拉他们退出来，好让北美航空工业公司完成飞船的建造，否则飞船可能永远都上不了天。迪克接受了他的建议。沃利·希拉与迪克在"阿波罗"7号飞行任务上的意见不合，将不会是最后一次。

经过全新设计的飞船终于面世了，其中包含了耗资达50万美元的数千种改进。整个飞船内部都经过了改进，包括使用即使在纯氧条件下也能阻燃的新型面漆和面料。"阿波罗"1号乘组无法打开的舱门，也进行了重新设计，现在打开舱门只需3秒钟。飞船发射前，宇航员们将不再使用纯氧环境，而是使用更加安全的氮气-氧气环境。短粗的指令舱看上去像个纸杯，虽然重达11 000磅，但直径只有13英尺。它将从加利福尼亚州运往肯尼迪角，进行最后的检测和飞行准备。最后，连沃利都认为飞船是安全、可靠、满足要求的。发射日期定在1968年秋天，训练的节奏也加快了。

模拟训练的时间非常宝贵，因为"阿波罗"7号乘组并不是唯一需要准备的乘组，尽管他们在使用训练设施方面拥有优先权。作为后备乘组，汤姆、约翰和我也需要不断提高我们的技能，因为我们不仅要帮助主乘组进行准备，还要为我们自己的"阿波罗"10号飞行任务做好准备。

迪克又做出了一些乘组安排，他们也在进行训练。吉姆·麦克迪维特、戴夫·斯科特和拉斯蒂·施韦卡特是"阿波罗"8号的主乘组，皮特·康拉德、迪克·戈登和艾伦·比恩是其后备乘组。紧随其后的是"阿波罗"9号，由弗兰克·博尔曼、麦克·柯林斯和比尔·安德斯担任主乘组，由尼尔·阿姆斯特朗、吉姆·洛弗尔和巴兹·奥尔德林担任后备乘组。

飞行任务计划是这样写的：

"阿波罗"7号会让我们重新开始，并在环绕地球轨道的11天飞行中测试指令舱和服务舱系统。飞船将由"土星"1-B火箭发射。

几个月后，"阿波罗"8号（麦克迪维特的乘组）将首次由"土星"5号巨型火箭发射升空，并首次把登月舱带入太空。进入地球轨道后，他们将把登月舱与指令舱进行分离，并把登月舱作为单独飞行器进行飞行试验，然后再与母飞船会合。

随后，"阿波罗"9号（博尔曼的乘组）将执行同样的飞行任务，但会进入更高的轨道（距离地球大约4000英里），以模拟外太空条件。

如果所有这些飞行试验都进展顺利，"阿波罗"10号就很有可能一路飞往月球，甚至在月球着陆！汤姆和我有可能驾驶登月舱直接降落到月球上，并走出具有历史意义的几步。当然，任何事情都不是完全确定的，尼尔·阿姆斯特朗的"阿波罗"11号和皮特·康拉德的"阿波罗"12号也会是首次登月的重点考虑对象，这取决于时机、环境和前期飞行的成功。

　　这些我都无法掌控，所以，我只是集中精力做好我的新工作——登月舱驾驶员，尽管我还没有亲眼见过登月舱。于是，"阿波罗"7号升空前两个月，当我把负责的指令舱那部分工作尽量搞得非常熟练之后，我忙里偷闲来到纽约的贝丝佩奇——格鲁曼公司的所在地，登月舱就是在这里制造的。

　　登月舱 LM-4 看上去非常怪异。它有 23 英尺高，坐落在像蜘蛛腿似的支脚上，整个飞船立在宽大的厂房地面上。它透过三角形的眼睛瞄着我，它的身体就像压扁的雪茄烟盒，包裹着皱巴巴的金箔。它更像一只独角、双眼、会飞的紫色食人兽，而不是能把我带向月球的宇宙飞船。其他处于不同建造状态的登月舱，悬挂在头顶的横梁上，被一个缓缓前行的框架携带着，像奶昔一样被摇晃着；或者静悄悄地待在地板上的其他地方，像等待被披挂上皮肤的骨架。

　　登月舱内部也一样怪异。汤姆和我将站在和电话亭差不多大小的空间里，用系绳拴住，通过看窗外、读取计算机数据、操控两个复杂仪表面板和推进控制器（像弹电子乐器一样）来驾驶月球着陆器。

我习惯于驾驶那些由坚硬的钢铁制造的飞机和飞船，那些如果你用榔头敲的话会发出"铛铛"响声的东西，那些由格鲁曼公司（我们飞行员称之为"格鲁曼钢铁工厂"）自豪地推出的坚固、厚重飞行器。而这个登月舱的反差太大了。这只"小雏鸟"的蒙皮由很薄的金属制成，薄得几乎透明。格鲁曼公司现在不是给月球着陆器增加钢铁，而是每削减一磅重量奖励 25 000 美元；老天作证，他们留下的东西已经不多了。他们剩下的那点东西极其吓人，仿佛掉落一把螺丝刀都会把它戳破。两个玻璃窗被削减得非常薄，飞船一充压它们就鼓胀起来。外表常常并不可信。历史将会证明，这个看上去像虫子一样脆弱的月球着陆器能够完成需要它做的任何事情，而且在登月的旅途中，它还被当作救生艇挽救了三位宇航员的生命。

离开时，我对格鲁曼公司员工的激情印象深刻并深受感染。这些员工在把他们建造好的每一艘登月舱发往 NASA 之前，都会亲吻它们。如果他们愿意爱上一台机器，那我就愿意驾驶它。

那是我第一次去格鲁曼公司，当时我只关注了 LM-4——我将在"阿波罗"10 号飞行任务中乘坐的月球着陆器。我要是有先见之明的话，就会沿着装配线继续往下逛一逛，在另一艘月球着陆器——细高的 LM-12 的装配站上花点时间，它还处于建造的初期。对我来说，LM-4 一直都很特别，但 LM-12 将是我在月球上的家。

把我们送往月球的燃料不是航空肼 50、四氧化二氮、液氧、液氢或者麦片，而是钱，而钱变得越来越少。NASA 申请的 1968 财年的经费是 43 亿美元，但国会只批准了 39 亿美元，是 5 年来最低的，而"阿波罗"计划的首次载人飞行还没有开始呢。有不太确切的传言，说这些资金可能无法完成一直规划到"阿波罗"20 号的所有飞行任务。然而，宇航员并不担心联邦经费，我们的世界里只有太空竞赛，它现在再次变得白热化。"赶工热"重新抬头，我们每天的时间连完成所有要求的训练任务都不够，更不用说去解决纷乱世界里的各种问题了。

　　1968 年，朝鲜在 1 月截获了美国海军的"普韦布洛"号军舰，越南在 2 月发起了臭名昭著的"春节攻势"，而电视对此所做的全面报道把血腥的越南战争带进了美国人的客厅。4 月，马丁·路德·金被暗杀，他的非暴力理念也随之一起被埋葬。城市的老城区被纵火焚烧。6 月，博比·肯尼迪在前往民主党总统候选人提名会的路上被枪杀。美国学生发动了骚乱。苏联的坦克惨无人道地开进了我的祖籍国——捷克斯洛伐克。这些坏消息不断吸食着原本可以支持航天计划的联邦经费。

　　唯一一件大多数美国人都会同意的事情，是我们一定要而且必须在登月上击败苏联人，而我们宇航员则全身心地投入了"阿波罗"计划。为了取得成功，我们承受着不断增加的巨大压力，这使得我们几乎没有时间看报纸或收听电视新闻，睡前阅读的内容也是飞行任务计划；周末抽点时间看望家人感觉就像做贼一样；甚至每天 12 小时模拟训练之后的小组闲聊也和任务有关。

任务无处不在。

"土星" 5 号火箭搭载不载人登月舱与指令舱组合的飞行试验进行得很成功。加加林成为首个太空人仅仅 7 年之后，就在一次坠机事故中丧生。一大批新的宇航员来到休斯敦，由于人员众多，我都记不全他们的名字。苏联人在其强大的新型火箭的烈焰中恢复了他们的航天信心。"探测器" 4 号把一艘不载人飞船送往距离地球 25 万英里的地方，其飞行轨迹与我们的"阿波罗"飞行计划极为类似。几个月后，"探测器" 5 号携带另一艘不载人"联盟"飞船，绕飞月球的背面，并发回了宇航员报告计算机读数的声音。这只是磁带录音，但把我们吓得不轻。那个"坏家伙"又回来了，而且拥有了第一艘往返月球的不载人飞船。

NASA 的高官们悄悄地商讨如何应对这一新的威胁。苏联人真的会率先到达月球吗？他们有这个能力吗？我们知道他们曾在 1960 年的一场惨剧中恢复过来，当时，一枚充满一百万磅燃料的不载人火箭像一颗炸弹一样在发射台发生了爆炸，烧死了 60 多个优秀的火箭工程师。现在，他们显然也从"联盟"惨剧中恢复过来，准备再次升空。这种潜伏在我们月球附近的刺耳录音令人无法忍受！

然而，我们复杂的"阿波罗"组合飞船仍然没有准备好。我把几小时、几天、几周的时间花在模拟器上，去学习如何驾驶以前从未驾驶过的东西，并对从事这种试验的天才工程师们想象出来的各种紧急情况做出响应。我会在他们构建的虚拟月球上坠落、烧毁，因为我没有快速做出正确的决定。我会喝杯咖啡，然后继续练习，因为你一旦到达月球，要是把事情搞砸了，你就不会有第二次机会。我们不断训练，因为苏联人也在做同样的训练。

然后我们迎来了"阿波罗"6号的"全系统"飞行试验，它包括"土星"5号火箭和把"阿波罗"宇航员送往月球所需的大部分装置，只是没有搭载宇航员，也没有登月舱。这枚巨型火箭事先进行了严格的测试，通过了连续的可靠性检测，每一个角落和缝隙都经过了仔细的检查，因为我们经受不起再一次的失败。如果说有一艘飞船做好了升空的准备，那就是"阿波罗"6号，而且其任务非常简单——返回地球时对飞船进行测试。我们只希望这个大家伙至少可以进入地球轨道。

1968年4月4日，飞船从肯尼迪角发射升空，场面非常壮观，但随后第一级巨型火箭几乎马上就出现了严重的弹跳和晃动问题，就像一根巨大的弹簧高跷的剧烈反弹。火箭上升期间晃动得太厉害了，竟把连接火箭和服务舱的转接舱给甩掉了。尽管如此，第一级火箭按时关闭，第二级火箭适时接管，只是它的两台可靠的J-2发动机相继意外关闭。要是载人发射，这种故障会使发射自动终止，逃生塔会把指令舱从摇晃的火箭上一下子拽走，然后把宇航员们扔进大西洋。

随后，计算机出现异常，因为矛盾的信息送进了它那小小的电子脑里，地面人员让火箭剩下的发动机加长工作时间，以弥补两台J-2发动机的失效，此时火箭的速度急剧下降。火箭偏离了预定轨道，又被过度纠正——先是朝着一个点一直飞，超过以后又折返回来，蛇行着进入一个怪异的鸡蛋形轨道。令人惊奇的是它最后还能进入轨道。

在绕飞地球的第二圈，飞行任务控制中心希望剩下的试验任务能够正常进行，于是向 S-IV-B 第三级火箭发出了点火指令。但它没有启动，而指令舱和服务舱的单发动机却启动了，"踹"掉了第三级火箭，快速进入了一条它自己的怪异轨道。它最终被重力拉回，并返回、溅落在太平洋。工程师们说，他们可以轻而易举地解决出现的问题，但问题是，"土星"5 号火箭的这次关键试验并没有取得有价值的结果。

现在回想起来，我们也许应该把所有的事情先停下来，等试验完全成功之后再重新开始，但苏联人正在加速推出他们的"联盟""探测器""质子"和 N-1 火箭（谁知道还有什么其他的），于是我们做出了相应的决定。尽管"阿波罗"6 号的试验极其糟糕，但我们仍然可以让"阿波罗"7 号继续升空，因为它由"土星"1-B 火箭送入地球轨道，而不是刚刚带来很多麻烦的"土星"5 号火箭。"继续！继续！继续！"再次成为我们航天计划的主旋律。

陪家人的时间比在模拟器上的训练时间还宝贵。特蕾西过 5 岁生日的时候，我没有回家陪她。我能陪她的特殊时光，是在周六挤出几个小时在乡下的土路上骑马，以后这些土路都会铺上水泥。即使到了今天，特蕾西早已长大成人、成为三个女儿的妈妈，我们在一起的时间依然宝贵得难以言表，感觉我必须把很久以前失去的时间补偿回来。

芭芭拉和我尽力珍惜我们在一起的短暂时光，我们去了巴哈马群岛，去拉斯维加斯看了一场名人高尔夫锦标赛，还在赛道旁边的座位上看了印地 500 赛。即使在那样的时候，我们也是作为受邀的贵宾前往，身边总是围着很多人，和我俩单独在一起的时光完全不同。航天计划没有考虑它给我们的个人生活带来的严重问题。尽管我们都在努力克服分离之苦，但这种影响还是开始在芭芭拉和我的身上显现，因为为了我们的航天事业，这是我们需要付出的部分代价。

我每次回家都已筋疲力尽，感觉就像扛着一大包石头，根本没有心情哄她开心。在高度紧张的状态下持续进行的出差和训练，给我们的身体、感情和精神都造成了伤害。我感觉睡觉都是在浪费时间，没有尽到自己的职责，都是在欺骗自己的同事，因为还有很多东西需要学习。由于心无旁骛，错失生日、周年纪念日和重要事件对我来说也变得可以接受了。我们需要做出牺牲，当你错失了一次生日或周年纪念日的时候，你就很容易错失下一次，再下一次。

我会打个电话，给她一个不痛不痒的道歉："亲爱的，对不起，今晚我就不回去带你出去吃饭庆祝我们的结婚纪念日了。"

她也会给我一个不痛不痒的原谅："没关系，我理解，我不介意。"

紧张关系像波纹一样在电话里传递。

当特蕾西过生日，而我出差在外的时候，我没在现场看她吹灭蜡烛，这对我来说很残酷，但对她来说更加残酷。"妈妈，爸爸为什么不回来？他答应过的！"芭芭拉怎么回答都没有意义。我5岁的女儿无法理解我为什么会错失她生活中的重要事件，到后来，连我妻子也无法理解了。

在我们家的传统中，家庭永远是第一位的，这让我心里非常难受，虽然看上去这样很自私，但其实我没有别的选择。我要去他娘的月球！

10月，芭芭拉受邀去费城做关于航天计划中生活情况的演讲，这是她的第一次公开演讲。她被认为是宇航员妻子中的领军人物，是那些丈夫刚刚进入航天计划的妻子们的榜样。尽管有着丰富的经历，当她和戴夫·斯科特的妻子勒顿一起飞往费城，为一个航空展览会做演讲时，她还是紧张得像只小猫。她把自己的演讲稿写在特蕾西带横线的作业本上，撕掉、划掉、重写，把全部的情感都投入进去。

她说，人们想从她这里知道的第一件事，是嫁给宇航员是什么感觉。她跳出了宇航员妻子的角色定位，非常诚实地回答了这个问题。当宇航员的妻子意味着大部分时间自己一个人生活，几乎失去了你的丈夫，因为他每周七天都在工作，没有真正的休假来缓解这种压力；意味着当全世界都在崇拜你的男人时，你要把自己的自尊放在一边；意味着你独自抚养孩子，学会修理水龙头和更换轮胎，不用咨询不在家的伴侣也能处理各种费用问题和家庭紧急情况；意味着你时刻都在担心他是不是安全，深夜里等待电话铃响，然后听听你丈夫的声音，因为这是每周当中离你丈夫最近的时候了。（后来，贝蒂·格里索姆在回忆死去的格斯时，深情地写道："我想念那些电话。那基本上就是我对他的记忆——他的那些电话。"）芭芭拉说，不管内心的感受如何，宇航员的妻子必须在电视摄像机面前拿出一副勇敢的模样；必须承受参加葬礼、看见其他宇航员的妻子成为寡妇的痛苦；必须隐藏自己的情感，决不能暴露一点儿缺点。她虽然嘴上没说，但心里可能很想说，一个妻子其实很想知道她心中的英雄今晚在纽约、洛杉矶或佛罗里达州做什么。"他真的想我吗?"

她说，你只有和丈夫一样相信这个航天计划，你才能把这样的压力承担下来。你属于一个特殊的社会，在这样的社会里，正常的生活规则并不适用。一个宇航员的妻子有责任使自己的工作和丈夫一样高效，因为你们两人谁也不能独自完成，你是团队的一部分。这是唯一可行的办法。

我想那是一个很棒的演讲，但我当时并没有意识到。那天晚上她在电话里对我说："喝了三杯血玛丽鸡尾酒和两剂镇定药之后，我什么都能做。"这位宇航员夫人展现了我以前从未见过的一面，但由于我对航天计划和飞行任务过于投入，以至于对我个人生活中发生的事情几乎毫无察觉。

她说的那句很重的话透露出宇航员的妻子们不再满足于做一个默默无闻的伴侣。"我真为他感到骄傲!"已成为过去时。有几位妻子开始利用每周和丈夫见面的几个小时讨论离婚问题了。

1968 年 10 月 11 日，约翰·扬和我作为后备乘组帮助沃利、唐和沃尔特把安全带系上并把他们锁定在"阿波罗"7 号的指令舱里。我们把他们三个留在那里，坐在一大罐不稳定液氧的顶部，周围有两百万个工作零件。

不久，"土星"1-B 火箭带着欢快的轰鸣声按时升空，引发了佛罗里达州沙地的强烈振动，就像一个巨人在跺脚；三名出色的宇航员把美国带回到了太空。"阿波罗"1 号飞船发生大火之后，时间已过去了漫长的 21 个月。

在太空的 11 天里，他们做了两件非凡的事情——成功完成了每一项试验；惹怒了航天计划中的每一个人（从底层工程师到飞行指挥）。大部分的争吵发生在公开的通信系统直播中。他们监督指令舱建造过程中所表现的那种傲慢情绪，此时再次发作，在整个飞行期间，他们不停地抱怨、发飙。很快，他们都得了感冒，脾气变得更坏了。他们不喜欢飞船上的食物，认为让他们做的很多事情就像"米老鼠"的杂耍。沃利骂一位项目经理是笨蛋，唐也随声附和地说，他认为其中一项任务特别弱智，他想和安排这项任务的人单独谈谈。说好听点儿，他们把自己置于整个飞行计划之上；说难听点儿，他们认为自己就是飞行计划的核心。最后，沃利失去控制，他告诉飞行任务控制中心："我们不会接受任何新游戏，或者做那些以前从未听说过的滑稽试验。"作为军官，拒绝执行命令是不可想象的。唐和沃利就一个导航问题发生了争吵，一整天都在地球轨道上绕圈和生闷气。沃尔特告状说，唐在值班时睡着了。飞行任务控制中心的人们烦透了沃利、沃尔特和唐的三人闹剧，嘟囔着要让他们在台风中溅落。在返回地球的过程中，他们三人都拒绝戴头盔，因为沃利担心，由于感冒，那样有鼓膜破裂的危险。这样，他们就直接违抗了迪克的命令，失去了他的信任，一落地就被打上了"叛乱分子"的烙印。他们此后再也没人上过天。

沃利——这位唯一驾驶过"墨丘利""双子星座"和"阿波罗"飞船的宇航员，对此并不在意。一回到地面，他就靠着自己一贯的个人魅力很快摆脱了困境。唐被安排为"阿波罗"10号的后备宇航员，但他因为和一位佛罗里达州的性感姑娘鬼混，被妻子哈莉特起诉离婚，他很快就会走出人们的视野。具有讽刺意味的是，沃尔特·坎宁安一直试图对"阿波罗"7号飞船上的纷争保持距离，但他还是收获了自己多年来种下的被人讨厌的苦果。他只分给了一些案头工作，并在后来写道，他感觉整个乘组都受到了侮辱。我想这也许有着非常正当的理由。

尽管如此，"阿波罗"7号的三位"坏家伙"还是完成了他们的任务，尤其是在太空环境中反复启动服务舱的发动机。这玩意儿还真行！格斯·格里索姆、埃德·怀特和罗杰·查菲现在可以安息了。"阿波罗"计划已经上路了。

NASA的高官们秘密讨论了两个多月。有了"阿波罗"7号取得的完全成功的数据支撑，他们准备对苏联人和那艘可恶的"探测器"号飞船做出响应。父老乡亲们，飞行计划做了一些调整："阿波罗"8号将飞往月球。

首要任务是确定乘组。"阿波罗"8号是吉姆·麦克迪维特的飞行任务，但长久以来，他和他的乘组一直在为他们原先计划的任务——让"土星"5号火箭搭载完整的指令舱和登月舱组合并在地球轨道上做全面测试和练习——做着艰苦的训练。迪克首先让吉姆决定是否接受任务的调整，但吉姆予以拒绝，选择继续执行原来的计划，迪克对此并没有不高兴。吉姆的决定让我大吃一惊。我认为当宇航员的唯一目的就是登上那颗不断转动的月球，而吉姆竟对这次一生难得的机会说"不"。

随后，迪克又问了候选队列中的下一位——弗兰克·博尔曼先生，这位瘦小精干的混蛋开车狂奔到发射台时，差点儿从迪克身上轧过去。在"阿波罗"9号任务中，弗兰克·博尔曼、麦克·柯林斯和比尔·安德斯将重复吉姆他们的指令舱和登月舱训练，只是在更高的地球轨道上，弗兰克早就想甩掉这项任务。

于是，"阿波罗"8号和9号的乘组做了交换，只是更换了其中的一个人。麦克·柯林斯几年前在一次座椅弹射操作中腰部受了伤，现在需要做脊椎修复手术。他还带着颈托，琢磨着还能不能驾驶飞机，哪怕是像"派珀幼狐"这样的小飞机。于是吉姆·洛弗尔替换他，成为"阿波罗"8号主乘组的新成员。麦克得知自己错失了首次月球之旅的消息后，感到非常难过。

此时的选择也造就了一系列的历史机遇，从而导致尼尔·阿姆斯特朗在月球表面迈出了第一步。"阿波罗"8号任务原来的后备指令长是皮特·康拉德，他在三次飞行任务后将会担任"阿波罗"11号的指令长。然而，当吉姆错失月球之旅、改为执行

"阿波罗"9号飞行任务后，他的后备乘组也随着他做了后移，皮特最终成为"阿波罗"12号的指令长。尼尔本来在原来的"阿波罗"9号中担任博尔曼的后备指令长，当博尔曼的任务前移时，他也跟着前移了重要的一位，三次飞行之后，他成为"阿波罗"11号的指令长。

越南战争毁了林登·约翰逊总统，在1968年11月的总统选举中，理查德·尼克松险胜休伯特·汉弗莱和乔治·华莱士。但在1968年快结束的时候，约翰逊还在白宫，他决定利用这个时机和得克萨斯州老家的太空小伙儿们开个聚会。受邀的有博尔曼和他的乘组、希拉和他的乘组，还有执行"阿波罗"9号任务的"牛仔"们。当然他也不会忘记邀请被任命为"阿波罗"10号主乘组的三位年轻人——斯塔福德、扬和塞尔南。这些都是登月计划中的宇航员。

12月9日，一群声名显赫的宇航员前来参加在宾夕法尼亚大道1600号举行的聚会。有人将它与安德鲁·杰克逊臭名昭著的开放日相提并论，当时，安德鲁·杰克逊总统的乡下朋友们在白宫的走廊里骑马，拿着长枪在阳台上射击，在地板上吐痰。我们的聚会可不是这样。我们没有马，白宫特勤局不会让我们打枪，我们绝大多数人也不大可能在地板上吐痰。事实上，和平时的宇航员聚会一样，它进行得很平淡。

半夜过后很久，约翰逊总统都上床睡觉了，兴致高涨的汉弗莱副总统依然让海军陆战队乐队继续演奏、客人继续畅饮。终于到了要离开的时候，客人们成群结队地从白宫的主楼层沿着高雅的大理石楼梯，走向玫瑰花园附近的出口。芭芭拉一边专注地和别人说着话，一边开始走下楼梯，我决定以更快的方式下去——沿着扶手下滑。在汉弗莱的笑声和掌声中，以及特勤人员和芭芭拉既惊讶又尴尬的注目礼中，我跨上长长的、光亮无比的扶手，呐喊着滑了下去。滑到底部以后，一位海军陆战队的警卫员向我行了一个干净利索的军礼；我虽然稍微有点儿醉，但仍然可以站立，这样，我这位宇航员又完成了一次完美的着陆。回宾馆时，芭芭拉把我的耳朵揪了一路，但我依然认为那是一个好主意。安德鲁·杰克逊总统的朋友们这回高兴了。

　　圣诞节前一天，"阿波罗"8号飞船到达了从地球上看像镰刀一样的月球，并进入一条距月球表面只有69英里的轨道，博尔曼、洛弗尔和安德斯成为首批如此近距离观察布满大坑的月球地面的地球人。休斯敦时间晚上8:11，在月球轨道飞行一整天后，他们再次绕过月球的背面，在快要看到地升时重新建立了与地球的无线电和电视联系，并在地球上的平安夜，朗读了《创世记》："起初……"这让我们感觉好像亲身参与了一个新时代的创建。

　　但他们还没有脱离危险。他们仍然需要回到地球，而唯一的机会取决于，那台将把飞船推离月球轨道并使其安全进入返回地球轨道的发动机能否正常点火。这个操作称为"跨地球轨道切入"，将在月球的背面、和休斯敦失去联系的情况下完成。如果发动机能够正常工作，飞船将在圣诞节午夜之后 19 分钟从月球背后冒出来。

尽管我什么忙也帮不上，但我还是在飞行任务控制中心待了几乎一整天的时间，被绕月飞行的"阿波罗"8 号飞船所报告的经历所陶醉。然后，我和芭芭拉一起到埃灵顿空军基地的一个小教堂参加午夜的弥撒。

随着"跨地球轨道切入"点火时间的接近，整个世界都紧张起来，因为每个人都很清楚，随着圣诞节的到来，三名宇航员的生命正处于危险之中。我们进入了教堂，但我无法专心于弥撒，甚至当我曲膝施礼时，我也不停地偷看手表。快到他们重新建立通信联系的时候，我紧张得再也待不下去了，悄悄地溜到教堂外面。在这种特殊的时刻，我想上帝也不会介意。在漆黑的停车场，我打开车上的收音机，靠在一侧的挡泥板上，望着夜空中像指甲一样的月亮。

发动机点火大约 20 分钟后他们才能和地面重新建立无线电联系。如果 20 分钟后很长时间仍无法取得联系，我们就知道"跨地球轨道切入"的点火失败了，我们的宇航员将被困在月球轨道上。随着时间的流逝，我再次看了看我的手表，和其他人一样紧张不安。此时，收音机里传来了响声——是吉姆·洛弗尔的声音："告诉各位，这里有一位圣诞老人。"太好了！他们点火成功了！

利用整装的"土星"5 号火箭进行的首次飞行试验取得了历史性的成功，"阿波罗"8 号一下子就打断了苏联人的腰，就像折断一根干树枝一样。我们赢得了到达月球的竞赛，尽管我们仍需要完成踏上月球的任务。

我的兴趣被吸引到了另一件事情上。战胜莫斯科的感觉非常甜蜜，而在月球上空朗读《圣经》则极具感染力，但我被"阿波罗"8号拍摄的蓝色地球从荒凉的月球地平线上升起的照片彻底迷住了，那是非常著名的地升照片。我们看见过由环绕月球的照相机拍摄的类似照片，但这次的照片更真实，因为它们是由人而不是机器拍摄的。

我迫不及待地想飞往月球，并亲眼看一看地升。

17　庞然大物

唐·里克斯靠取笑高官和名人为生，他在拉斯维加斯一场晚间无拘无束的脱口秀表演中给我帮了倒忙。里克斯看见谁就讽刺谁，艾伦·谢泼德也坐在下面，笑个不停。当这位喜剧演员看到这位第一个乘坐火箭进入太空的美国人时，忍不住说了一句俏皮话："艾伦！我的朋友吉恩·塞尔南即将绕飞月球。你干的那点事儿，用我们的行话来说，叫开场秀！"谢泼德脸上的笑容一下子就消失了，就像落到热石头上的雪一样。唐，谢谢你取笑我的头儿。

我后来才发现，认识名人有时候走运，有时候倒霉。这次无疑是倒霉，但里克斯已成为我的好朋友，艾伦也会忘记这次嘲讽。

芭芭拉和我被带入一个与我们成长的世界有很大不同的世界。很快，我们就收到了拉斯维加斯的后台入场券，参加好莱坞的聚会，在纽约参加时尚晚宴，与政治家、影视明星和社会名流互讲趣事。我们很容易就进入了这种圈子，发现在各种炒作背后，有些名人还是相当不错的。当歌手韦恩·牛顿听说特蕾西正在学习骑马时，送给她一匹漂亮的阿拉伯小马驹，作为好朋友之间的礼物。我和鲍勃·霍普打过高尔夫，和弗兰克·辛纳屈一起煮意大利面，与罗纳德·里根、菲尔·哈里斯、康妮·史蒂文斯、巴伦·希尔顿以及我的偶像约翰·韦恩建立了真正的友谊。

芭芭拉和我在墨西哥的阿卡普尔科度过了 1969 年的元旦，然后飞往华盛顿参加尼克松总统的就职典礼。我们在两个月内第二次来到白宫，这次是作为国会议员、后来的总统杰拉尔德·福特的客人。在各种耀眼的演出和聚会中，我俩发现我们经常和一对很有风度的夫妇——新任副总统斯皮罗·泰德·阿格纽和他优雅的夫人朱迪在一起，并很快和他们建立了深厚的友谊。尼克松很快就让阿格纽掌管航天任务组，后者在我们的登月计划中投入了很大的精力。不久，拿骚湾的邻居们就会知道，我家房子周围保安人员突然增多很可能是因为副总统和他夫人在我家后门廊里打台球，而我正在给大家烤汉堡。在泰德·阿格纽不幸的政治生涯中，很多事情会让他难以承受，但我们之间的私人友谊让其他一切黯然失色。

1969 年初，我们发现"阿波罗"8 号打乱了让一位宇航员踏上月球的进度安排。肯尼迪总统很久以前给我们设定的宏伟目标还没有实现。我们可能不需要再和苏联人赛跑了，但我们无疑需要和时间赛跑。距离这个十年结束还有 365 天，倒计时已经开始。

博尔曼-洛弗尔-安德斯的飞行任务证明我们有了能把我们送往月球的助推火箭，但至关重要的月球着陆器组合还没有成功进行载人试验。那是 3 月份"阿波罗"9 号需要完成的任务，而且 NASA 正在思考，如果这次任务取得成功，下一步应该做什么。

几个月前刚刚取消的原计划，是让吉姆·麦克迪维特在"阿波罗"8 号任务中试验登月舱，然后让博尔曼他们在"阿波罗"9 号任务中再次强化这些试验，从而为"阿波罗"10 号的登月敞开大门。然而，博尔曼他们在调整、简化的"阿波罗"8 号绕月飞行任务中，连登月舱都没有带。其结果是失去了一次重要的试验机会，而且也很可能葬送了汤姆和我首次踏上月球表面的机会。

到 1969 年 1 月，两个因素促成了这项显而易见的决定。麦克迪维特的乘组还没有在地球轨道上测试登月舱，我们的 LM-4 月球着陆器虽然比前三个着陆器重量轻，但对登陆月球来说还是太重，无法保证有一个安全的余量。登月计划面对的是定死的节点，没有一点可以浪费的时间。尽管下一个即将走下装配线的登月舱——LM-5 轻得可以用于登月，但我们的飞行计划已安排在 5 月，它无法在那个时候准备好。不管是麦克迪维特的飞行任务还是我们的飞行任务，数百万个零部件中任何一个都有可能出问题，从而造成登月计划的拖延。我们不能把"阿波罗"10 号的任务推迟到 LM-5 登月舱做好准备之后，因为就登月舱的工作能力来说，还有很多的未知因素。"阿波罗"9 号在地球轨道对登月舱进行测试之后，我们需要再做一次稳健的飞行试验，看它在恶劣的月球环境中是如何工作的。

最后的决定是在 1 月下旬做出的。"阿波罗"10 号将是一次全面的演练，除了不踏上月球表面，它将完成登月所需的所有测试。迪克把首次登月尝试这个历史性任务交给了尼尔·阿姆斯特朗的乘组，但大家都明白，事情的发生有可能不会像计划的那样。如果指令舱或登月舱在"阿波罗"10号任务中工作得不够好，登月进度可能会再次后推而让"阿波罗"11号做进一步的试验。那样，"阿波罗"12号甚至13号将尝试进行首次登月。此时，除了"阿波罗"10号任务不会把月球的石头带回来，其他任何事情都无法最后确定。从今天的视角来看，这是一个很好的决定。汤姆、约翰和我对此不仅没有失望，反而高兴地接受了这个月球探路者的新角色。

如果事情还不够复杂，那么另一件事情进一步打乱了乘组的安排——艾伦·谢泼德又回到了上天机会的竞争中。

有人一开始就知道谢泼德为了重返太空几乎会不择手段，但我们从来不相信他真的能够做到。他的首次飞行已过去了很多年，现在变化太大了，即使他重新回到宇航员飞行状态，他也得按规矩来，排在很多非常熟练的宇航员后面，先当后备宇航员，然后进入学习驾驶技术复杂的"阿波罗"飞船那漫长而又艰辛的过程。换句话说，我们觉得他的时代已经过去。我们没有考虑谢泼德在航天计划中的影响力、坚定决心或者美国公众对他怀有的深厚感情。

在1968年，他内耳的病症其实更严重了，几乎到了在房间里走路都有可能摔倒的境地。艾伦急切地寻求解决办法，因为他的整个职业生涯都处于危险之中。幸好我的好朋友汤姆·斯塔福德救了他一把。汤姆得过一种耳病，差点儿让他离开宇航员队伍，后来一种手术治愈了他的耳病；他把这种手术告诉了艾伦。艾伦赶紧接受了这个建议，就像抓住了救生圈一样。他悄悄地做了类似的手术，并花了几个月进行恢复，我们竟谁也不知道这件事。等我们知道的时候，大哥艾伦已经回到了宇航员队伍！医生们给了他飞行许可，他要求飞行机会，他几乎命令 NASA 赶紧采取行动，尽快让他坐进飞船里（牛吧?）。去你的吧，唐·里克斯。如果其他宇航员不太喜欢冰冷指令长插到"阿波罗"队列的前面，那也去他们的吧。

在 1 月的另一次通告中，麦克·柯林斯经过颈椎手术后几个月的康复，正式恢复飞行状态；迪克任命麦克为"阿波罗"11号的指令舱驾驶员，填补吉姆·洛弗尔取代他在"阿波罗"8 号中的位置后留下的空缺。"阿波罗"11 号的乘组获得批准：阿姆斯特朗、柯林斯和奥尔德林。

在肯尼迪航天中心的飞行器装配大楼内，一个新的"堆叠体"正在形成。大量的技术人员围绕在一枚多级"土星"5 号飞行器周围，它带有 AS-505 的标识，被我们称为"阿波罗"10号。沃纳·冯·布劳恩的月球追梦船真是一个庞然大物。

仅第一级火箭 S-1-C（由波音公司制造）就有 138 英尺高，直径达 33 英尺，即使不装燃料也重达 288 000 磅。其 5 台 F-1 发动机能产生 770 万磅的推力，燃料泵具有 30 台柴油机车的驱动力。其内部能够轻而易举地并排放下三辆厢式大货车。

紧接其上的是第二级——由北美公司制造的 S-2。其直径也是 33 英尺，高度为 81.5 英尺，空载重量为 83 400 磅。第一级关闭后，第二级的 5 台 J-2 发动机（燃料为液氧和液氢）将会启动，并产生一百万磅的推力。

再上面是第三级——由麦克唐纳-道格拉斯公司制造的 S-IV-B。其直径缩减为 21.7 英尺，从而构成这枚飞行器气动锥体的一部分。第三级使整个火箭的高度再增加 59.3 英尺，其空载重量为 25 100 磅。

这三级火箭的用途只是提供推力，除去发动机，它们只是巨型的燃料箱而已；当仪表显示为"空"时，它们就一个一个地被抛掉。满载时，其燃料能充满 96 节油罐车。"土星"5 号前三级的总动力相当于空中加力状态下 543 架喷气战斗机的动力之和。

第三级之上是重 4 500 磅、由 IBM 制造的设备单元——告诉火箭做什么、何时做的电脑。

还需要再增加 82 英尺。接下来是飞行机库，蜷缩在机库内部的，是格鲁曼公司制造的 LM-4——我们的登月舱，它的支脚折叠起来，像只熟睡的昆虫。机库周围镶嵌着四块花瓣形的面板，构成火箭流线型的壳体，直径进一步收缩为 12.8 英尺，并与服务舱的底部相接。

这个服务舱高 24.6 英尺，它装有我们的生命保障系统和发电设备。它的尾部还装有一枚火箭，用于改变飞行轨迹并提供进入和离开月球轨道所需的至关重要的动力。这枚火箭对飞行任务太重要了，它的燃料箱受到保护，并且是超绝热的，放入其中的冰块在八年半的时间里都不会融化。

接下来是指令舱，往上一直到我们生活和工作的乘组室，直径进一步缩小。乘组室上面是对接通道和我们的降落伞。指令舱塞满了 24 台仪器设备、566 个开关、71 个指示灯和 40 个报警显示器。最高处就是火箭的箭头——一枚尖尖的发射逃逸固体火箭，我们一旦升空，它就被抛掉。

发射时，"土星" 5 号比自由女神像高出 60 英尺、重 13 倍。仅从登月舱机库的底部到指令舱的顶部，其高度几乎与把约翰·格伦送入地球轨道的 "墨丘利-阿特拉斯" 组合相当。位于 "土星" 5 号顶部的逃逸火箭，其初始推力比谢泼德乘坐的 "红石" 火箭还大。我们离开地球时，将坐在一艘 363 英尺高的飞行器的顶部，返回时会在一个不到 12 英尺高的钢质锥体里溅落。

这就是那个将把我们带向月球的庞然大物。组装起来以后，这个科技的奇迹将具有我们最终应对肯尼迪总统挑战的所有构件。

当整个飞行器被组装起来时，我们经常过来查看，唯一的主要硬件变化是从服务舱更换氧气罐。旧罐必须拆下来，因为技术人员需要接触笨重的燃料电池，然后换上一组可以直接上天的新罐。我们的氧气罐取下后，经过检修装到了 "阿波罗" 13 号的飞船上，却引起了太空飞行的一次重大事故。这是谁也没有想到的。

在登月方面，苏联人曾经差一点儿把我们击败。实际上，在"阿波罗"8号升空前两个星期，他们的"探测器"7号就准备做绕月飞行，但苏联工程师在发射前发现了一个问题，于是这次飞行任务就推迟了。1969年1月，"探测器"飞船被发射升空，进行不载人试验，但火箭很快就出现了剧烈的弹跳问题，这枚巨大的火箭几乎把自己抖成了碎片。

虽然这次失败了，但苏联人还有最后的航天杀手锏——N-1巨型火箭，它有橄榄球场那么大（比我们的"土星"5号还大），由30台巨大的发动机提供动力。2月末，在其首次不载人发射试验中，拜科努尔发射场被这个庞然大物释放的一千万磅满负荷推力震得摇晃起来。如果试验成功，一位或三位宇航员很有可能会乘坐下一枚N-1火箭，赶在我们之前登上月球。

但它失败了。这枚N-1火箭升空后很快就连续出现了一个又一个故障，随后发生惊天动地的爆炸，碎片散落范围达到30英里。"探测器"飞船的失败和N-1火箭的爆炸意味着苏联在登月竞赛中终于出局。

所以，我们有责任去证明，我们完全可以取得最后的成功。不然的话，过去十年的喧嚣又有什么意义呢？

"阿波罗"9号将飞行10天，乘组由上过天的吉姆·麦克迪维特和戴夫·斯科特以及新手拉斯蒂·施韦卡特构成，他们将首次对登月舱进行真正的太空试验。为了避免给两艘同时飞行的飞船带来通信混乱，NASA做出了让步，允许乘组给他们的飞船命名。他们根据飞船的样子，把"阿波罗"9号的指令舱称为"糖块"，细高的登月舱称为"蜘蛛"。

3月，在我们的特蕾西满6周岁的前一个星期，芭芭拉过来和我一起在肯尼迪角看发射。发射被推迟以后，我的朋友、特莱丁瑞安航空工业公司总裁弗兰克·詹姆森邀请我们去他位于加勒比海圣卢西亚的营地度几天假。这将是我最后一次放松而且可以陪家人的机会，于是我们就接受了。

即使在飞往这座明媚小岛的路上，谈论的话题依然是我们的"阿波罗"10号飞行任务，飞船将在两个月以内升空。我和他们公司的迪克·艾弗森聊了起来，他是分管雷达设计的副总裁，这种雷达用于搜寻登月着陆点。在太空的某个点，飞船以某个角度和高度面向月球，这部雷达开始扫描月球表面，并准确找到着陆区。当我们讨论确切的数字时，迪克差点儿惊掉下巴，然后结结巴巴地说："但雷达的设计可不是这样的，吉恩！"我茫然地看着他。纯粹出于偶然，我们针对工作的闲聊竟发现一件重要的事情被忽略了。着陆雷达的计算机软件设计师显然在使用飞行计划的早期版本，当任务的飞行轨迹改进后，这种变化不知出于什么原因没有返回到特莱丁瑞安航空工业公司。我们新的飞行路径将永远也无法到达那个看不见、却需要现有雷达软件寻找的关键着陆点。要是没有迪克和我的这次交流，"阿波罗"10号飞船到达预定空间位置时，将会发生可怕的意外。当我们其他人在加勒比海的一个海滩上放松时，迪克赶紧返回圣迭戈去解决这个问题。

除了几个小问题，"阿波罗"9号任务完成得非常不错。经过5天环绕地球的飞行之后，吉姆和拉斯蒂通过对接通道从指令舱漂进登月舱，封闭了舱门，然后按照检查清单进行各项检查，并把"蜘蛛"抛入太空。他们唯一可以安全返回地球的办法，是重新与戴夫·斯科特驾驶的"糖块"对接，因为登月舱的设计就不是单独让它从月球回来的。一想到这一点，我心里就发紧。

　　"蜘蛛"单独飞行了6小时20分钟，利用自己的火箭飞到距母飞船111英里的地方。这就是试飞的意义所在——把一台从未飞过的机器带出去兜一圈，其可能的结果只有两个：成功或者失败。

　　登月舱本身也包括两个相互独立、完全不同的部分。带有大功率火箭的降落级用于把飞船从月球轨道降落到月球表面，然后成为宇航员返回时的一次性发射台。上升级包含乘组室和驾驶舱，带有一枚较小的火箭，用于把着陆器送回月球轨道，并与指令舱会合。这台发动机非常关键，因为它是宇航员离开月球的唯一手段。

　　通过重复启动发动机来验证降落级工作正常之后，吉姆和拉斯蒂把它抛掉，然后利用上升级的火箭来追寻处于更高轨道上的"糖块"。他们不慌不忙地回到指令舱，在此之前，戴夫一直紧张地等待着，随时准备需要时冲下去救援他们。两艘飞船慢慢接近，响亮的"咔嚓"声终于表明对接卡头已经锁定。乘组的紧张情绪一下子就消失了，这在他们的声音里表露无疑。他们可以一起回家了。

当拉斯蒂打破有关对太空眩晕保持沉默的潜规则时，这次飞行也透露出了一个重要的问题。大家都清楚，每个人进入太空后都会感到有些头晕，你甚至还呕吐过几次，但你决不会告诉任何人，而且你乘组里的其他人也不会告诉别人。承认太空晕船不仅等于向公众和其他宇航员承认了自己的弱点，而且也给医生们提供了给我们施加更多限制的理由。你也不想让迪克觉得，因为你的胃不舒服而不能完成分给你的任务。

实际上，太空眩晕确实给前面的飞行任务带来了一些严重的问题。弗兰克·博尔曼后来终于承认，在飞往月球的一路上他非常难受，但这事只有吉姆·洛弗尔和比尔·安德斯知道，他们肯定不会说出去！然而，这次拉斯蒂眩晕得太厉害了，有时候几乎无法工作，因而不得不承认这一问题。由于他的眩晕问题，飞行任务计划只得进行更改。这一事件也为对这种现象的仔细研究打开了大门，如果我们想继续探索外太空，这是很有必要的。拉斯蒂为我们所有人付出了代价。虽然在公开场合谁也没有说过对他不利的话，但他从此再也没有上过天。

"阿波罗" 10 号的升空时间越来越近了，即使在这个时候，管理层还在争论要不要我们登陆月球。支持的一方认为，我们已经进入了危险之地——冒着各种风险落到了距离月球表面只有47 000 英尺的高度，为着陆进行了各种准备，那为什么不迈出最后一步？为什么不继续降落与着陆？更谨慎的一方则警告说，着陆器还是有些过重，我们还有很多不知道的东西（我们最近才偶然发现了着陆雷达的问题），而且让两个宇航员登陆月球并不意味着我们可以让他们安全地返回。

汤姆、约翰和我只顾训练，不参与他们的争论。如果任务改变了，我们会无条件地去执行。但我们的盘子已经装得非常满了，而且目前的任务计划，用"阿波罗"9号那个在我脑海里挥之不去的词来说，"确实是雄心勃勃"。我们的任务是把"阿波罗"8号的月球环游和"阿波罗"9号的登月舱试验组合起来，并进一步拓展空间，进入未知的领域。

我们承担的探路者的角色，意味着我们将由"土星"5号发射升空，在太空飞行25万英里，把约翰留在月球轨道，而汤姆和我则驾驶着陆器快速靠近月球表面。这是以前没人做过的事情。未知因素太多了，负责模拟器试验的工程师们已经穷尽了他们狠毒的小脑袋，再也想不出我们有可能遇到的新灾难了。这也太过分了，在我们预定升空的几周前，我们向这群模拟器试验人员表达了我们的不满。

"看在上帝的份上，让我们结束这种持续的试验失败吧。你们已经让我们死了十几次了——发射时炸死，被遗弃在月球轨道，返回时烧成灰烬。够了！让我们模拟几次一切正常的飞行任务吧！不然的话，我们都不知道成功会是什么样子。"

"阿波罗"10号升空前两夜，副总统阿格纽和乘组共进晚餐，很显然，他专心地投入到了航天任务组的工作中。他热情洋溢地向我们透露了他准备推进的有关太空探索的下一步目标，包括能容纳 50 位科学家、环绕地球的太空站，永久性月球基地，以及 20 世纪末由宇航员完成的载人火星飞行。这是一项充满希望的计划，而且副总统对所需的经费也充满信心。在阿格纽看望我们的时候，他夫人朱迪则在帕特里克空军基地与芭芭拉共进私人晚餐。费伊·斯塔福德和芭芭拉·扬则选择留在得克萨斯州。

第二天下午，随着发射时间越来越近，迪克不情愿地同意我最后一次看望家人。迪克要求道（只有他可以这么做）："看在上帝的份上，不要让记者或者摄影师在海滩上看到你！不能让任何人知道你是谁！"趁他还没有改变主意，我赶紧钻进租赁的轿车开跑了，然后，一直沿着小路来到芭芭拉和特蕾西与世隔绝的滨海房子前。

经过几个星期精密、单调的机械训练之后，我需要她们的温暖。在几英里以外，一枚巨型的火箭装满了翻滚的液体燃料，明天我就会乘它升空，但在这几个小时里，我不再是一名宇航员，而是一位父亲和丈夫。

几个月来，我尽量给她俩讲解我们的月球飞行任务——迄今为止的航天计划中最危险的一次任务。芭芭拉已尽可能地为这次飞行做好了准备，但我仍然不确定是否把事情给特蕾西说清楚了，她还是在用 6 岁孩子的眼光看月亮。

我觉得在她身边时刻保持乐观很重要，决不会向我的孩子说可能会发生不幸的事情。那天下午，当她坐在我的腿上时，我再次把故事给她讲了一遍："小傻瓜，明天爸爸就要去月球了。月球很遥远，不是每个人都能去的地方。要是爸爸不能从月球回来怎么办？"我想她会想一会儿这个问题，但她已经有了现成的答案。她说："我会飞过去，把你带回家。"真是个好孩子。

我的心结打开了，精神也放松。芭芭拉在门口和我吻别，悄声祝我早点回家；特蕾西用力的拥抱几乎把我的脖子都勒肿了。感觉很温馨，但我该回去工作了。我开车前往肯尼迪角，远处，我们白色的"土星"5号火箭在聚光灯下闪闪发亮，像一座把我引向太空的明亮的灯塔。它仅仅矗立在那里，即使从几英里以外看过去，就好像已经到了去月球的半路上。

在开上香蕉河路时，由于沉浸在自己的思绪中，我脚上的油门就踩大了。一辆闪着红灯的警车很快让我回到现实。"糟糕，这可怎么办？"我把车停到路边。

一位警察在暮色中走过来。"你这么着急去哪儿啊？"

他是一个很有礼貌的年轻警察，穿着崭新的副警长制服。我心想：现在怎么办？"警官，我即使告诉你，你也不会相信。"

他以为抓到了一个自以为是的家伙，于是要求看我的驾照。很久以前，如果你是军人，而且驻扎在加利福尼亚州，你的驾照就永远不会过期。所以，我的驾照上写着长期有效。

这位警察看看驾照的正面，又看看背面，眯缝着眼睛看那行小字。他疑惑地问道："你的驾照从不过期？你住哪里？"

糟了。"休斯敦。"

"这可是加利福尼亚州的驾照。"

"是的，警官。我在那里当过海军。"迪克的警告像瑞士的牛铃一样在我的脑海里响个不停："不能让任何人知道你是谁！"

"你住在得克萨斯州，拥有加利福尼亚州的驾照，在佛罗里达州开车？"

"是的，先生，警官。"我真的想脱身了。一方面，我不想让他知道我的身份，另一方面，如果他真的知道了我的身份，也许会让我走。但迪克说不能告诉任何人，所以，我只能照办。

"汽车登记证呢？请你拿出来让我看看。"副警长已经很不高兴了。他心想：发射前你永远不知道会碰到谁，总有笨蛋编故事，想为明天的发射找个好位置。

我打开储物盒看了看，没有。"没有登记证。对不起，我是租的车。"

"那租赁合同呢？"

"我放在房间了。"我可不想告诉他我的房间在宇航员宿舍。

他把胳膊抱在胸前，脚跟有节奏地在地上踢踏着，看着我说："喂，你今晚来这儿干嘛？"

"对不起，警官，但我不能告诉你。"我尽量拿出一副谦卑的样子。

"你不能？好吧，伙计，那我们来点儿容易的。"他又看了一遍我的驾照，和很多人一样，把我的名字给读错了——把"塞尔南"读成了"柯尔南"。"尤金·柯尔南，是你的真实名字吗？"

"警官，这个我也不能告诉你。"我要是暴露了身份，迪克会杀了我。

"我来把事情理清楚。你不告诉我你的真实名字，也不说来这里做什么。你拥有加利福尼亚州从不过期的驾照，但你住在得克萨斯州，此时正在佛罗里达州。没有汽车登记证和租车合同。我说的没错吧？"

我点头表示同意，知道这次在劫难逃了。"基本上是这样，先生。"

"好吧，柯尔南先生，或者什么别的先生，请你跟我到警察局走一趟。"

"嗯，你可不能这么做。你真不能这么做！"这种对话显然于事无补，明天早上不同的头条版本在我的脑海里闪现：登月任务由于宇航员被捕而取消。"我明天必须得去某个地方，你真的不能把我带到警察局！"

警察可不喜欢听到这种话。"你想打赌吗？请下车。"

就在他准备掏出手铐的时候，我眼前出现了所见过的最美好的一幕。公路对面一辆破旧的大众轿车一个急刹车停了下来，一个带着宽大黑边眼镜的男士从车窗里探出头来，用浓重的德国口音惊讶地嚷嚷道："吉恩，你在这干嘛？你应该赶紧准备！"

发射塔的头儿冈瑟·温特赶紧跑过来救驾，警察转身看了看他。警察被我俩围在中间，一脸的困惑。我一边指着远处的"土星"5号，一边解释我的困境。"冈瑟，我遇到了大麻烦。请你给这位警官解释一下今晚他为什么不能逮捕我。"

"你为什么不亲自解释？"

"迪克不让。"

"迪克？他也在这儿？"他环视了一下四周，和警察一样困惑。

有人正朝这边观望，另一位警察也朝这边走过来。"没有。他说我可以出来几个小时看看家人。冈瑟，我得赶紧离开这里，免得让人认出来。"

冈瑟点点头，轻轻地把警察拉到一边，我则靠在我的车上。他指指火箭，又转身指指我，他那带着浓重德国口音的语句在温暖的夜空中尽情地回响着。几个小时后，冈瑟就会把我锁定在飞船里，我就会飞往月球。最后，警察听得够够的，笑着朝我走过来。

他说："我一生中听过很多的荒诞故事，你要是认为我会相信今天这个，那你脑子肯定进水了。这里有成千上万的人，你觉得我会相信我抓住的是一位正准备前往月球的宇航员？但你们的故事很好玩，赶紧走吧。"他一边笑，一边示意我开车走人，最后还远远地喊道："上你的月球去吧！"

在我开车前行的时候，看到那辆尾部方方正正的老旧大众轿车——从德国佩纳明德赶来的救驾战车，突突地开走了。我一下子就放松了。也许冈瑟的适时出现并不仅仅是赶巧，这也许是"阿波罗"10号的好兆头。黑夜来临的时候，汤姆和我来到39-B发射台，与这枚亮闪闪的火箭独处一会儿；仰脸看上去，它有36层楼那么高，火箭的每一寸都沐浴在光照里。它重达6 483 320磅，不停地发出由"嘶嘶""哼哼"和"汩汩"声构成的不和谐合唱曲。即使静静地站着，它也被一条钢缆固定在发射台上。"土星"5 号一副跃跃欲试的样子，因为它知道自己即将做一件非凡的事情。

汤姆和我像两个充满敬畏的学生一样站在"土星"5 号这个庞然大物面前，他说："这和'双子星座'飞船差别太大了。"我以前可没有这种感觉，那时还在琢磨乘坐"大力神"洲际弹道导弹会是什么样子。那枚导弹异常安静，站在那里毫无生机，直到它的自燃式火箭燃料被注入在一起之后发生爆燃。这位"土星"姑娘可不是这样。在我的心目中，她已经从金属变成了肉身，正在和我说悄悄话呢。

在"大力神"火箭中，我们坐在只有两台发动机的火箭顶部。仅"土星"火箭的第一级，就有 5 台 F-1 巨型发动机，每台的动力都比整个"大力神"的动力高出 4 倍多。挣脱发射塔之前，它会在 9 秒钟轰鸣的烈焰中吸食掉 43 吨煤油和液氧。

"你紧张吗?"汤姆带着一脸的坏笑问道。

"不，不紧张。很期待。"我回击道。

"我也不紧张。"他一边大笑着表示同意，一边拍了拍我的后背。

为什么我觉得自己这么渺小?

18 加油！宝贝！加油！

　　负责公共关系的官员们很注重 NASA 的形象，他们觉得，对具有历史意义的"阿波罗"9 号来说，把指令舱和登月舱分别叫做"糖块"和"蜘蛛"确实不够严肃。当我们从花生漫画家查尔斯·舒尔茨那里获得使用许可，把"阿波罗"10 号的指令舱和登月舱命名为"查理·布朗"和"史努比"时，他们更加难以接受。他们这次输得很惨，因为地球上的每个人都知道那个笨拙的小男孩儿和他那只敢于冒险的小猎犬，这两个名字具有极大的宣传效果。那只戴着泡泡头盔、无所畏惧的史努比，带着自己的狗窝飞向月球，脖子上的红色围巾一路飘舞着；它成了卓越的象征，还没等起名的喧闹声安静下来，标牌、招贴画、玩具娃娃、包装盒、运动衫和按钮上到处都是这只小狗的图片。我们的航天计划以前从未出现过这种情况。

　　一个世纪前，当飞机都还没有发明出来的时候，儒勒·凡尔纳就写出了飞往月球的故事，与我们的方案具有惊人的相似性。乘组有三名宇航员，火箭是多级"月球火车"，从佛罗里达州发射升空，返回时在太平洋溅落……陪同他们去的是一只称为"随从"的狗。你不觉得猜测得非常接近吗？

随着我们预定的发射时间——1969 年 5 月 18 日（星期日）中午 12:49（美国东部时间）越来越近，我们以前的飞行经历使我们的准备活动变成了既宽慰又熟悉的例行流程。

我早上 6:50 就起床了，比汤姆和约翰早 40 分钟，因为我要和迪·奥哈拉以及卡吉尔神父（一位亲密的家庭朋友）参加一个私人弥撒。然后与大约 10 位宇航员同事共进传统的牛排和鸡蛋早餐。随后我们做了体检，听了简报和天气预报，穿上宇航服，被送往 4.5 英里外、离航天中心最远的地方——39-B 发射塔。这是一段 15 分钟的车程。火箭发射后，我们只需 12 分钟就能进入地球轨道。

发射前 3 小时，当我们从车里下来时，个个都是信心十足的样子。这很正常啊！我们是航天计划中最有经验的乘组，三人共完成 5 次"双子星座"飞行任务。我们三人都是老朋友，完全相互信任。"嘟囔虫"和"酷约翰"20 年前在"密苏里"号战列舰上当海军学院实习学员时就认识了，他俩都上天飞过两次，我只飞过一次，但另有那次地狱般的太空行走经历。我和汤姆再次成为搭档，他是轨道会合方面的大拿，在"阿波罗"任务规划方面也是一位领军人物。约翰做过"双子星座"飞行任务的指令长，是"阿波罗"指令舱技术管理工作的大拿之一。作为登月舱的驾驶员，我对我的飞行器了如指掌。他俩都是 38 岁，我 35 岁。在过去的 3 年里，我们一直做着同样的工作，先是作为本来是"阿波罗"2 号的后备乘组，大火之后，成为"阿波罗"7 号的后备乘组。我们不仅熟悉我们的飞行器，而且还成为它们的延伸构件。"史努比"和"查理"也成为乘组的成员。

当我们提着便携式氧气箱，穿着已完全封闭的宇航服（左臂上绣着美国国旗），来到发射塔工作人员面前时，看上去既放松又高兴，因为我们终于要上路了。我们就要上到这枚巨型火箭的顶上，把火箭一级一级地抛掉，进入地球轨道，然后一路奔向月球。

"土星"5 号倚靠在像摩天大楼一样高的开敞型橙色塔架上，穿破低空的薄雾，伸向天空。金属壳体上结的冰纷纷滚落下来。

电梯门"咣当"一声关闭了，电梯开始上升，我们可以从安全门宽大的缝隙里清楚地看到外面。身边火箭的每一寸地方都在低吟和振动。火箭的低温"血液"——液氧和液氢，在她的体内沸腾着，像玻璃一样的冰块从壳体上滑落下来。她已经迫不及待了！电梯猛地一下停在了 320 英尺高的平台上，我们走出来，一位系统工程师大声说道："欢迎乘坐 12 点 49 分的快车！"

我用戴着手套的手遮住早上的阳光向外看，能看到沿海滩几英里的地方。轿车和卡车一辆挨一辆地停在路边，几十万人聚集在海滩上和滨海的陆地上。在整个布里瓦德县，每辆汽车的天线杆上和每家的房门口都飘动着鲜艳的小国旗。离发射塔 3 英里远的重要人物看台上坐满了人，从这里一直到 16 英里远的杰迪公园，所有的空地上都站满了人。

来自世界各地的 1500 家媒体聚集在新闻中心，一位女记者的惊叫声打破了他们平静的早晨，因为她看见一条 4 英尺长的黑蛇蜿蜒着爬上了台阶。NASA 一位负责公共关系的先生抓起了这条不伤人的爬行动物，放进一块草地里。感到安全之后，记者团的记者们一边拿起望远镜，一边收听 NASA 的杰克·金所做的发射前定时更新报告："到目前为止，一切仍然正常。还有 2 小时 37 分 42 秒，倒计时持续进行。这里是发射控制中心。"

宇航员乔·恩格尔和唐·艾西尔花了几个小时检查飞船，现在扭动着钻了出去，加入了那群"殡葬师"。戈登·库珀提前离开了，去加入杰克·洛斯马、查理·杜克、布鲁斯·麦坎利斯和乔的飞船通信员轮班。上午 10:06，汤姆·斯塔福德先钻进了"阿波罗"指令舱，挪到左侧的座位上（这是指令长的传统位置）。我随后进入飞船，挪到我右侧的帆布座椅上，然后约翰坐到中间的位置上。很快，冈瑟·温特宣布一切就绪，拍了拍我们的头盔，乐观地竖起大拇指，为我们送上"一切顺利"的传统祝福，然后命令把飞船的舱门和发射塔的白屋都关闭。看到我及时来到发射塔，而且没有戴着手铐，他大概也松了一口气吧。

我们开始对着检查清单完成每一项工作，把数据读给飞行任务控制中心，记录来自计算机的数据更新。检查稳定与控制系统、遥测与无线电频率、跟踪信标和姿态与导引系统；解除火工品的保险；检查内置飞行电池；检查自动时序装置；两检这个，三检那个。"我们还有 41 分钟，倒计时持续进行。我们的目标依然是 12 点 49 分升空。这里是发射控制中心。"

没有时间思考，只是埋头工作。由于我们经常做这种训练，手指和眼睛不停地在仪表设备上跳动，就像打字高手能在键盘上每分钟敲出 100 个词一样。给反作用控制系统加压；更新高度表的数据。时间过得飞快。"阿格纽副总统已经来到控制中心。我们还有 24 分 53 秒，倒计时持续进行。这里是发射控制中心。"

能做的我们几乎都做了，虽然我们祈祷不要出现任何故障，但我们知道，哪怕一点点的纰漏都有可能毁掉这次飞行。出现了几个小故障，但很快解决了。汤姆和我对"双子星座"飞船的多次发射推迟记忆犹新，所以这次能不能顺利发射我们心里也没有底。月球在 25 万英里以外等着我们。去除外部电源，供电转为燃料电池；激活旋转式手动控制器；做最后的状态检查；导航转为飞船内部系统。天气没有问题。位于肯尼迪角的发射控制中心主任罗科·佩特罗内发出了"继续"的指示。位于休斯敦飞行任务控制中心的飞行指挥官格林·伦尼也给了"继续"。"60 秒，倒计时持续进行。此时我们继续执行飞往月球的任务。这里是发射控制中心。"

主控计算机接管了倒计时，秒针快速走过表盘，燃料箱开始加压。发射塔回转臂收回，斯塔福德对计算机做了最后一次检查。在倒计时 8.9 秒，燃料阀门打开，"土星"5 号第一级的 5 台巨型发动机轰鸣起来，烈焰冲进混凝土坑道，然后在火箭周围向上翻滚。它每秒钟吞食掉数千加仑的燃料，产生超过 750 万磅的推力，用于把 640 万磅的火箭和其乘组推向天空。"点火时序已经开始，发动机启动，5，4，3，2，所有的发动机都已启动。"

在 3 英里远的重要人物看台上，人们先看到了火箭的点火，然后，可怕的轰鸣声滚过水面，扑向他们。人们捂住耳朵，感觉有一阵热风的推动和冲击波的晃动。比利时法比奥拉王后吃惊地抓住丈夫博杜安国王的胳膊。多次观看发射的约旦国王侯赛因也被吓得不轻。特蕾西被这震耳欲聋的不协调声响吓了一跳，把脸紧紧地贴在妈妈粉红色的裙子上，芭芭拉也感到冲击波扑面而来。受到惊吓的苍鹭和鹈鹕，一群群地飞走了。在发射塔周围，什么东西都无法生存，巨大的热量把海滩上的沙子变成了玻璃。

随着振动传到火箭的顶部，飞船内部晃动起来，我们体验到一种低沉的轰鸣声，这种轰鸣声我们既能听到，也能感受到。现在已经没有退路了。巨大的火箭已充满活力，它那无与伦比的推力绝对吓人。随着时间一秒一秒地过去，我紧紧地靠在座椅上。我屏住呼吸，因为我不习惯于按时离开发射塔，我不知道在下面那个咆哮的火坑里，还有什么东西可以正常工作。

仅在预定发射时间过去半秒之后，把我们固定在发射塔上的巨型锁扣一下子收起了，我们的"土星"火箭动了一下，巨型发动机喷管喷出烈焰，并开始转动，以保持火箭头部的直立。火箭获得了平衡，一两秒钟之后，从发射台上升起。"发射完毕。起飞。飞船已于 12 点 49 分起飞……脱离发射塔。"我们升起来，拖着一束夹杂着手持冲击钻般的轰鸣声、比焊工的火炬还耀眼的橙白色炽热火焰。

"土星"火箭穿过高空一片遮住部分太阳的云层（此时的太阳并不比我们的火箭更耀眼），慢慢转向东南方向一条通往环绕地球的中转轨道。不一会儿，我们就从佛罗里达州观众的视野中消失了。轰鸣声消失后，特蕾西把手从耳朵上放下来，仰头看了看什么也没有的天空，问道："妈妈，爸爸到月球了没?"

　　随着超重力越来越紧地把我压在帆布座椅上，我向全世界报告："太棒了! 这次起飞太棒了!"和我们的"土星"火箭相比，"双子星座-大力神"组合就像一枚爆竹。起飞一分半钟后，我们升到了 12 英里的高度，承受着 4.5 倍的重力。这种兴奋感很快被所谓的弹跳运动给毁掉了，这种运动把我们使劲上下摇晃，就好像众神在调制马提尼鸡尾酒。这个我们早有预料。不用担心，随着燃料的不断消耗，第一级火箭每一微秒都在变轻，最终会将这一难以置信的巨大载荷推到 4 500 英里的最高时速。仅仅几分钟，我们已经升到了 46 英里的高空，做好了第一级火箭关机、第二级火箭启动的准备。

　　我们预料火箭分级时会有像"双子星座"飞船的那种冲击，但这次发动机关机时，产生的冲击异常剧烈，我们顶着安全带被甩来甩去，就像撞墙一样。跟在后面的大火球一下子就把我们吞没了。约翰·扬后来把这种冲击比作一次惨烈的火车事故。

　　随后，第二级火箭点火，我们一下子被推回座椅，冲出火球。在"土星"火箭上，事情发生得太快了。

　　但火箭的弹跳依然伴随着我们，而且更加剧烈;又有一百万磅的液氢和液氧猛烈地燃烧了 7 分钟，我们以惊人的速度在加速。我们还没有脱离危险——飞船还在和我们说话，但我们并不喜欢她的诉说。低沉的呻吟声和尖利的抱怨声，表明我们身后的某个地方，金属结构正在承受巨大的压力，而火箭的弹跳与晃动预示着下面正在酝酿大麻烦。下面到底怎么啦？由于我们仍然位于像摩天大楼一样的火箭的顶部，我们无法实际看到身下相当于20层楼高的地方所发生的事情。飞船唯一能看到外面的窗口位于汤姆的前面，因为其他的窗口都被与逃离塔火箭相连的保护罩给挡住了。实际上，我们什么也看不见。

然后，逃离塔（我们已不再需要）像炸雷一样被崩掉了。这是"土星"火箭另一个令人吃惊的地方，因为尽管我知道它会崩掉，尽管我也知道它会在那个时间点崩掉，但我没想到它崩掉得如此突然和剧烈，而让我瞬间想到它会不会把我们的飞船也一同拆掉。逃离塔一下子就消失了，也带走了遮挡我们窗口的气动保护罩，这样，约翰和我终于可以看到飞船外面了。我立刻就看到了窗外非常熟悉的景象，说道："整整3年过去了，感觉时间很长，但现在又看到了非洲的海岸线，而且看上去非常漂亮。"

第二级火箭工作11分47秒之后关机了，使我们飞驰的速度达到每小时15 540英里，我们还没有进入地球轨道。尽管我们的航天计划经历了跌跌撞撞，但回到太空还是令人兴奋不已。约翰打趣道："就像回到了过去的好时光。"

我们又受到了一次冲击——第三级火箭点火了，它将工作3分钟，足以把我们送入116英里高的地球轨道，速度达到每小时17 540英里。突然，火箭平稳得像一辆凯迪拉克轿车。当我们抛掉第二级以后，火箭的弹跳消失了，我们随后进入失重状态。这次对失重现象并没有产生欣快感，因为我们以前都经历过。我们更关心的是，起飞时疯狂的颠簸会不会对飞船造成损坏而影响我们的飞行任务。

发射完成后，飞船的控制由佛罗里达州转回给休斯敦，格林·伦尼让飞行任务控制中心的工作团队充分发挥他们的技能，从遥测数据中分析飞船能否继续执行任务，特别是看看娇脆的登月舱是否损坏。他们唯一知道的是，好像有什么地方不对劲儿，但计算机数据无法提供线索。计算机数据显示一切正常，伦尼决定依照数据行事；当我们与位于澳大利亚金银花溪的卡纳文跟踪站取得联系后，飞行任务控制中心让我们启动飞往月球的发动机点火。

我们等待这一命令时，已环绕地球飞行了一圈半，于是开始了最后一次点火的倒计时，这次点火将使我们脱离地球轨道而进入环绕月球的飞行路径——被称为跨月球轨道切入的一次机动。出于某种奇怪的原因，我们总是以头朝下的方式进入地球轨道，所以，当我望向窗外时，看到悉尼的灯光在很远的下方摇曳，但这些灯光却位于我的头顶之上。随后，这枚巨型火箭启动了，悉尼一下子就消失了。澳大利亚人被这颗照亮他们夜空的闪亮新星惊呆了。

在"双子星座"飞船上，早晨的到来是相对缓慢的，但现在的情况完全不同，我们一下子就冲进了白天，以难以置信的速度飞离地球。我惊叹道："这种看日出的方式真棒！"火箭的弹跳没有了，但又产生了新的、更加剧烈的振动，我们被安全带勒着甩来甩去。飞船在奋力挣脱地球的引力，金属结构在尖叫，仪表面板像在弹簧上跳舞。我们没有后视镜，看不到我们身后正在发生的事情，但显然，事情正在急速恶化。我们能感觉到火箭的痛苦。不管前面存在的是什么问题，这一问题现在变得更糟糕了。

我看了看汤姆和约翰，意思是你们听到这种异常声响了吗？感觉到了吗？左边的汤姆小心地把手放在中止手柄上。我开始计算中止飞行的可能性，尽管仪表振动得让我几乎无法读数。离发动机关机还有两分钟。别让我们失望，宝贝！别让我们失去这次飞行任务！

有的宇航员把飞往月球描述为飞行的自然延伸。我在这里告诉大家，情况并不是这样的。当你作为飞行员离开地球轨道时，你完全脱离了你熟悉的东西、你知道的东西、你总是依赖的东西。这种极其费脑、急速变化的运动与飞机的试飞有天壤之别。在飞机试飞中，飞行员的任务是拓展飞机的能力边界，寻找预先确定问题的答案；而飞往月球时，我们面对的是一个陌生而又充满敌意的环境——没有地平线，没有上和下，速度和时间被赋予了新的意义，我们不仅不知道答案，甚至连问题都不知道。

飞船似乎要把自己震碎。要是汤姆决定中止，他只需扭动那个手柄，火箭发动机会立刻安静下来，我们至少还是完整的。"阿波罗"10号会在一个环绕地球的惯性飞行轨道待上两天，并最终把我们扔回太平洋。这是绝对不可能的。

于是，我们骑着这匹惊马跑完了跨月球轨道切入的全过程，汤姆戴手套的手从未离开过那个中止手柄，甚至连向地面报告的时候也没有。由于剧烈的振动，他只能从咬紧的牙缝中一个音节一个音节地报告："我们……正……经历……高频……振动。"

也许是想到了沃利·希拉在"双子星座"6 号中面对类似状况时的冷静表现，汤姆推迟了他的最终决定。"阿波罗"10 号像冬日的老房子一样嘎吱作响，我们的速度达到每小时 20 000 英里，最后又增加到每小时 24 300 英里。别叫唤了吧，加把劲儿。别放弃，宝贝，加油！坚持住！

　　我们做出了正确的判断。第三级火箭按时关机，跳动停止，周围一片寂静，我们进入了一条通往月球的惯性飞行轨道。看到自己竟然没有粉身碎骨，我非常高兴地松了一口气。沃纳·冯·布劳恩他们建造了一台很棒的机器。汤姆慢慢松开了那个中止手柄，他那熟悉的俄克拉何马州口音飘进休斯敦，只听他平静地说道："我们上路了。"

19 一望无垠

现在是电视直播时间！

宇航员们无法把在太空看到的东西真实地告诉大家，这一直是个问题。我们是工程师和飞行员，全世界的人们有些听腻了我们说的"真美呀"和"太棒了"，尽管我相信，不管是诗人还是水管维修工，他们也一样无法描述这样的景观。在我们的飞行期间，照片和黑白摄像机无法真实描绘我们遇到的壮观场景。"双子星座" 9 号任务之后，我觉得自己很自私，因为我无法更好地与别人分享我的所见和经历。

"阿波罗" 10 号首次携带了彩色摄像机，它将给太空旅行增添一个意想不到的新维度。纳税人终于可以看看他们的钱都花到哪里去了。在 8 天的飞行中，我们做了 19 次电视直播，播出时长总共达到 5 小时 46 分钟，是以往各次太空电视直播总时长的 3 倍。播出效果好得惊人，我们因而赢得了电视艾美奖。彩色电视的出现意味着每个人都可以跟我们一起前往月球（至少可以间接地感受一下）。

升空大约 3 小时后，约翰·扬着手进行当天最后一项主要任务——把指令舱调个头儿，然后与登月舱对接，我则打开了电视摄像机。约翰小心翼翼地把我们推开到与已经关机的第三级火箭相距大约 50 英尺的地方，使飞船平稳地翻转了 180 度（半个前滚翻）。

随着我们慢慢地旋转，地球在我们这次飞行中首次呈现出来，那是一种非常独特、令人震撼的景象。在"双子星座"飞行中，我们在环绕整个世界时，会飞越海岸线、湖泊和城市，但现在，随着我们快速飞离地球，我们可以一眼看到整个海洋和大陆。在地球轨道上时，地平线弯曲得像一道巨大的彩虹，但现在，我们以每小时大约 25 000 英里的速度飞离地球的时候，地平线已经自行闭合了，地球开始在我们的眼前慢慢变小。我们那云团笼罩的蓝色球体被无垠的黑夜包围着，这让我第一次意识到，我现在的飞行才叫太空遨游。

尽管心里充满好奇，但我们没有时间去赏景。目前的任务是把月球着陆器从停止工作的第三级火箭 S-IV-B 上取下来。这枚火箭已经和我们分离，但依然像个随从一样紧紧地跟在后面，因为两者的速度是一样的；"史努比"蜷缩在火箭顶端那个小小的储存库里。四片在起飞期间保护登月舱的白色面板已经像花瓣一样掉落了，约翰一点一点地把我们向前推进，使指令舱的头部对准月球着陆器头部那个像漏斗一样的卡座。明亮的阳光照在火箭的金属蒙皮上，我随后打开电视摄像机，聚焦在登月舱上，画面清晰得可以看清每一颗铆钉。飞行任务控制中心的人们兴奋得有些发疯了。这些人这么多年来从未离开过地面，他们现在感觉就像在我们的飞船里，终于成为航天任务的现场参与者。

约翰对准了目标，两艘飞船对接在一起。他报告说："锁定了，锁定了，我们锁定了。"然后，他施加相反方向的推力，慢慢把登月舱拉出来。为了把登月舱整理好，我们不舍地关闭了电视摄像机。

我漂进两艘飞船之间的通道，打开指令舱的舱门，通过确认把"史努比"和"查理·布朗"固定在一起的对接卡头是否都已锁定，来检查、核实飞船的完好性。当我打开舱门时，两侧压力的突然变化扯掉了舱门背面的一些聚酯薄膜覆盖层，在距离地球14449英里的地方，我竟置身于一场"暴风雪"中。我还没有来得及把舱门关上，雪片一样的隔热材料喷涌而出。等我返回到座位上的时候，头发和眉毛上挂满了令人发痒、像小羽毛似的白色材料，我看上去就像刚刚给鸡拔过鸡毛一样。

尽管如此，我们还是准备进行下一步工作——把现在已毫无用处、依然在我们后面漂行的第三级火箭抛弃。我们起飞4个半小时后，约翰把我们的"月球小火车"——"查理"和"史努比"带到安全区域，随后，地面控制中心发出指令，第三级火箭最后一次启动，把自己甩向环绕太阳的轨道，也就是说，它将永远环绕太阳运行下去。当然，我也用摄像机拍下了它毅然离去的身影。

完成当天大部分技术工作后，我们决定做最后一次电视直播，向地球上的居民们展示一下地球。然而，当我们向窗外看时，却找不到地球了。尽管我们处于阳光之中，我们所能看到的只有黑夜和星星。飞船通信员查理·杜克让我们再找找。他开玩笑说："她肯定在哪儿藏着呢，问一下导航员，他应该知道。"遗憾的是，此时我这位导航员正忙着抓取那些漂浮的隔热材料碎片呢。

地球终于冒出来了，摄像机打开，显示出完美的色彩，我把整个地球收进画面。白雪覆盖的落基山脉和加利福尼亚州下面红棕色的巴哈半岛出现了，这就像在太空上的一次地理课。北极的冰盖、多雾的阿拉斯加州、多云的加拿大、风暴肆虐的新英格兰和蔚蓝的加勒比海，与周围能想象到的最黑的黑夜形成鲜明的对比。我评论道："顺便说一下，我觉得地球是一个非常宜居的地方。"我对这台摄像机感到特别自豪，因为它给了人们对这段历史的某种拥有感，以及从太阳系观察自己家园的视角。

在太空的第一天结束时，我们对飞行做了极其微小的修正——仅把速度提高了每小时 30 英里。"查理·布朗"和"史努比"疾驶在"太空 1 号公路"上，并以"烧烤模式"慢慢转动，以便均匀分布太阳的热量。我们都累了，于是结束了今天的工作。此时，我距离巴布达巷有 22 781 英里，而且越飞越远。

下午晚些时候，芭芭拉充满自信地在可可比奇汽车旅馆举行了一场记者会，让记者们了解一位有经验的宇航员夫人的想法；费伊·斯塔福德和芭芭拉·扬也在得克萨斯州举行了记者会。对这种活动，她们谁也不是新手，我夫人的自信表露得淋漓尽致，她流利地应对一个又一个问题。她解释说："这是我们的工作和生活。我从不担心他的安全。我知道这听起来有点假，但这是千真万确的。"她只是没有说出这样的事实：她知道我决不会放过这样的挑战。我必须参与这项可能是一个飞行员一生最难得的任务。芭芭拉不仅表达了对我们这次任务的信心，而且也表达了对未来"阿波罗"飞行任务的信心，并补充说她希望我能够担任一次后续任务的指令长。特蕾西在房间里尽情地玩耍，摄影师抓拍了她的笑脸，她的两颗门牙已经掉了。对她来说，一开始的兴奋已经过去，她准备回家了，回到拿骚湾，回到一窝刚出生的可卡犬身边，她已经毫不犹疑地把其中的一只命名为"史努比"。在伊利诺伊州，我妈妈把我起飞前寄给她的花展示给记者们，她把这些花称为"飞船发射花束"。

一旦最终上路，只要飞船正常工作，到达月球并不是多么困难的事；经过艰难的发射阶段之后，我们的飞行变得非常平顺。工程师们说，火箭的振动和噪声是由于火箭释放多余的压力造成的，不必担心。继续飞行。当我们飞过半路——大约 125 000 英里时，我们给飞行任务控制中心播放了弗兰克·辛纳屈的《带我飞往月球》。

我们又拿出摄像机玩耍了一阵，向地球上数百万观众展示三位不刮胡子的宇航员在失重状态下漂游是个什么样子。我们做完了每一个可能的检查项目，收取了漂浮的隔热材料碎片。我们相互讲些笑话，把手伸进食品袋里，试验最新的发明——能把食物挂在其表面的太空勺，它使我们看上去有点像正常吃饭的样子。我们时不时地看看我们的地球，她慢慢变得越来越小，从沙滩球、篮球，再到排球。她带着我无法完全理解的目的庄严地运行在太空，绕着一根我无法看见、但一定存在的神秘轴线转动，我会花上几个小时去思考其中的原因，最后不仅没有找到答案，反而产生了更多的不解。

在太空，我有很多的时间使自己成为善于沉思的人。我再次问自己那个经常在太空思考的问题：这事真有可能发生在我身上吗？当然是，但这一事实产生的影响力极其巨大。太空旅行的一个后果是，回到地球我变得特别处乱不惊，有时候甚至无法集中精力处理小问题，因为与我经历的事情和到过的地方相比，它们看上去太小了。我那些上过月球的宇航员同事或多或少都存在同样的问题；我们打破了熟悉的生活模式，却再也无法修复了。

举例来说，看向地球，我只看到一个遥远的蓝白两色星体。上面有又深又宽阔的海洋，但现在它们看上去非常小，我一下就能把它们尽收眼底。海洋不管有多深，有多宽，它们都有海岸，有海底。但我现在疾驶在太空里，周围一望无垠。甚至连"无垠"这个词都失去了意义，因为我无法测量它。由于没有日升和日落，时间对我们来说只意味着在这次任务的某个具体的点上完成某些检查项目。这边这个恒星是壁宿二，在它之后是一个又一个其他恒星。那边那个斗宿四也是一样。在北落师门的后面，还有更多的恒星，深远得超出我的想象。到处都是恒星和无限深远的黑夜，真是无边无际。我不是一个宗教信仰特别强烈的人，但我的确是一个信徒，当我看向四周时，我看到的是美，而不是空虚。任何一个心智正常的人，看到这样的景象都不会否认这一经历的灵性，也不会否认一个至高无上的存在，不管他们的神是佛陀、耶稣基督，还是别的什么。叫什么名字不重要，重要的是接受存在一个造物主这一事实。某个人，某种存在，某种力量把我们小小的世界、太阳和月球置于它们所在的这种黑暗的空虚之中，这种安排根本无法用逻辑去解释。这一切太完美、太美好了，不可能是偶然发生的。我无法告诉你世界为什么或者如何以这种特殊的方式存在，我只能非常肯定地告诉你它确实是以这种特殊方式存在的，因为我亲身到过那里，亲眼看到了无边的太空和无尽的时间。

我们三个经验丰富的太空人在"阿波罗"10号飞船上朗诵约翰·马吉的诗歌《高飞》，并不是偶然，因为确实有一刹那，我真切地感到我可以伸手去触摸上帝的圣脸（就像马吉说的那样）。

第三天，我们摆脱了地球的引力，被月球的引力所捕获，像漩涡里的一片树叶被拖向前方。在预定的时刻，我们会启动服务舱的火箭来进行制动。飞行控制人员在25万英里以外把我们完美地瞄准了月球，使我们能够以每小时数千英里的极高速度，来到距离运动的月球不足60英里的地方，真是令人难以置信的精确。一点点的计算误差都有可能让我们在屡遭撞击的月球表面上砸出另一个陨石坑，或者高速进入一条环绕太阳的飞行轨道。

为了使这次飞行更加刺激，我们从月球的阴影里接近它，我们完全处于黑夜中，根本就看不见它。这也许是一个好主意。如果不是黑夜，看到这么巨大的东西朝我们冲过来，完全遮住了其他一切，我们的心肯定会怦怦直跳。

在到达月球之前，我们在月球的阴影里摸黑飞行了几个小时。指令舱里变得安静下来，我们忙碌地做着检查项目，相信我们迟早会飞到月球的另一侧。连无线电信号都无法穿透这个把我们与地球分开的球体。我们孤单地处于月球的背后，尽管我们看不到它，但我们可以感受到它强势的存在。我在胸前画了十字，摸了摸脖子上挂的那个小小的宗教挂件。

我头朝下漂浮着，鼻子挨着窗户，突然在有色玻璃窗上看到了自己的镜像。随后光亮照到我的眼睛里，我发誓第一眼看到的月球竟是蓝色！但这只持续了一秒钟，随着有了更多的光线，月球那棕灰色的本来面目才显现出来。"它在那儿！它在那儿！"我一边叫着，一边爬回座位。离把我们送入月球轨道的发动机点火只有3分钟了，而且点火必须在第一次飞越月球背后的时候完成，此时，飞行任务控制中心仍然无法通信和提供帮助。可我怎么能忽视这样的景观？当然，我们三人谁也不能。于是，指令舱慢慢地转动起来，这样5个窗口都可以看到令人震惊的景观。但发动机点火的机会只有一次，于是汤姆命令我们把头转回驾驶舱，准备启动发动机点火，我们只得照办了。

然而，一旦进入月球轨道，情况就完全不一样了。我们像笼子里的三只猴子，爬向窗口，仔细观察在我们身下转动的这个巨大的灰色物体。我们看到嶙峋的山脉和山谷，很深的陨石坑和更深的峡谷、纹沟和沟壑，可能的古老火山（外面是白色，里面是黑色），以及各种大小的圆形陨石坑——从棒球场那么大的，到罗德岛那么大的。但没有一点生命的迹象。

当我们刚转到月球另一侧的时候，我们第一次目睹了地升。看着我们的星球从月球的地平线下缓缓上升令人激动不已，它鲜明的色彩似乎让太空的荒凉变得温暖起来。再次看见地球不仅可以欣赏她那令人震撼的美，而且还意味着我们可以重新建立与飞行任务控制中心的联系，他们正焦急地等着我们从月球的背面转出来。汤姆清了清嗓子，打开了话筒："你们可以告诉全世界，我们已经到达月球。"

20 在月球上空飞驰

在我们绕飞月球的第 9 圈，经过一段难以入睡的睡眠时间之后，飞行任务控制中心给我们播送了托尼·贝内特的《最好的尚未到来》。我们躺在紧身、绑定的睡袋里，由于过于兴奋，一直处于似睡非睡的状态；在过去的 6 个小时里，我们一直环绕着月球数牛。在我们做日常工作（如吃早饭、打开冷气风扇、报读辐射量计读数）的时候，飞船通信员杰克·洛斯马给我们报读地球上的新闻。尼克松总统任命沃伦·伯格为最高法院首席大法官。托尔·海尔达尔从墨西哥出发，驾驶一艘纸莎草船横渡太平洋，而奈杰尔·泰特利独自环游世界的尝试因船在大西洋沉没戛然而止。加油，托尔！不想对奈杰尔有过多的怀念。在苏联，莫斯科的电视台播放了来自"阿波罗"10 号的电视片段。休斯敦太空人棒球队获胜了。我家的小狗崽走失了。还有什么新闻？

我穿着舒适的连体工作服漂进连接通道，打开登月舱的舱门，就像爱丽丝穿过镜子一样，进入了一个完全不同的世界。我失去了方向感，因为现在地板位于我的头上，于是我蜷成失重的一团，翻个跟头，让眼睛适应新的环境，身体恢复平衡。我瞥了一眼泛黄的窗外，看到橘黄色的月球表面，笑了。

在启动登月舱的供电之前，我们得先把那些从通道盖板泄漏、现在仍然漂浮、使人发痒的聚酯薄膜隔热材料碎片处理掉。有的碎片堵住了连接通道和登月舱气流控制系统的出气口，于是我们非常仔细地对飞船进行了清理，防止这些碎片影响我们娇贵的设备，我们也想出了使飞船完全加压的另一种方式。然后，雷达出现了问题。一个仪表坏了，测距装置也不工作了。随后通信系统出了故障，"史努比"向左扭转了 3 度，有可能会把连接登月舱和指令舱的金属卡头扭断。每一个问题都给我们带来一阵失望，因为除非每一个系统都工作得非常完美，否则，"史努比"不可能独立飞行。在飞行任务控制中心的帮助下，我们用流利的太空语言紧张地讨论了 3 个小时。

飞船通信员："'史努比'和'查理'，我是休斯敦。你们的陀螺平台看上去出了点小问题，X 陀螺的扭转角有点过大，请你们再做一次漂移检查。完毕。"

"史努比"："好的，明白。你要我们重做漂移检查。稍等。"

飞船通信员："好的。检查内容在第 43 页。"

"史努比"："加载 K 矢量时，我只需用动词开头，数值为 90，对吗？"

飞船通信员："'查理·布朗'，我是休斯敦。请再报读一次登月舱和指令舱的压力差。"

全是这样的对话。最后，我们解决了飞船的所有问题，并在绕月飞行的第 12 圈消失在月球的背后，再次与地面失去联系。飞船通信员的最后一句话非常令人振奋："好了，'查理·布朗'

和'史努比'，你们就要转到山后了。你们获准脱离对接，我们月球对面见。"

我们又要靠自己了，这次要执行危险的分离程序。虽然我们都很兴奋，但我们三个人都表现得一脸严肃。由于我们穿上了宇航服，戴着头盔，戴着的大手套使平时很容易做的事情变得非常困难。这次不允许出现任何差错。

汤姆在登月舱左侧指令长的位置，我在右侧，我俩都失重地站着，用弹性系绳拴在地板上。我们的眼睛盯着前面一排排的仪表面板，手轻轻地放在推进器的控制器上。通过小小的窗口看不到月球，我们完全依赖主导航制导系统计算机提供的数据，这些红色数字在我们之间的一块面板上闪动，告诉我们所处的位置。主导航制导系统对准的是非常遥远的恒星（看上去像静止的一样），能提供准确的导航数据。我的右侧是另一台计算机，称为"中止飞行制导系统"；从技术上讲，它是一个在月球附近或月球表面使用的辅助导航系统，但它真正的用途是，出现意想不到的麻烦时赶紧使我们脱离险境。主导航制导系统和中止飞行制导系统在随后一次未曾预料的关键时刻，发挥了极其重要的作用。

最后一个技术问题。在任何飞机的控制面板上都能看到一个晃动的黑白球，它用于显示飞机和地平线的关系。平飞时，球黑的一半在下面，白的一半在上面。飞机倾斜时，黑白球也倾斜相应的角度，这一简洁的信息帮助飞行员在黑夜、大雾或云层中保持平飞。在太空，我们的系统更复杂一些，但基本目的都是一样的。它通过三个陀螺进行对准，并与主导航制导系统计算机相连，来提供飞船相对于月球地平线的飞行信息。我们最不想遇到的情况是框架锁死，这种情况表明陀螺已经卡住，意味着黑白球已不起作用。要解决这一问题，我们就得重新启动计算机来产生一个新的惯性导航平台，这一过程需要进行恒星瞄准、复杂的计算机输入并花费很多时间。通常，框架锁死意味着所有昂贵的硬件设备都无法向你提供任何信息，你不知道你在哪里，也不知道正往漆黑太空的什么地方去，你处于紧急状态，没有时间去寻找恒星和敲击计算机键盘。这意味着你遇到了大麻烦。

现在，约翰·扬只身一人在指令舱里，他要在月球的背面完成飞船的分离程序。对接卡头打开时，我们听到了"砰"的一声闷响，约翰小心翼翼地把"查理·布朗"退出与"史努比"的连接。这是一个令人紧张的时刻，因为我们只有约翰这一张回程票。汤姆和我启动了"史努比"的小型推进器，使我们离开"查理·布朗"更远一些，并调整一下我们的位置。由于"史努比"没有那种厚厚的隔热层，因此它的推进器每启动一次，声音大得就像用榔头敲击垃圾桶一样。

飞行任务控制中心焦急地等待着。我们转到月球背面 36 分钟后，休斯敦收到了来自马德里的报告，跟踪站的雷达发现了两艘而不是一艘飞船，以相距 50 英尺的队形，从月球的背后飞出来！约翰抓起摄像机，为地球上的观众拍下了"史努比"非常精彩的画面：白铁侧板在阳光下熠熠闪烁，细长的支脚伸展出来，在月球表面棕黄色的背景下，舒适地待在属于自己的环境中。飞行任务控制中心的家伙们非常高兴，嘴巴咧得很大，大得都能把香蕉横着吃下。

汤姆和我在准备向月球下降的时候，在佛罗里达州的肯尼迪角，那台巨型的履带式运输车再次出动，把"阿波罗"11号这座高塔从飞行器装配大楼慢慢地拉出来，运往发射台，为登月发射做准备。了解到每个人都相信"阿波罗"10号会取得成功，我们非常高兴。

"查理·布朗"和"史努比"以每小时3 000英里的速度飞驰，就像一个男孩和他的爱犬之间的密切配合一样；我们的任何操作都需要非常精密地瞬间完成。随着我们把两个飞船拉开更远的距离，知道约翰·扬待在我们上面的指令舱里，我倍感欣慰。那些驾驶指令舱的人都是我们这个行业中最好的飞行员。我们一起工作和训练得非常默契，约翰总是准确地知道我们接下来要做什么，我们处于什么位置。我们可不想让任何其他人做我们的救生员。你问任何一位登上过月球的宇航员对留在月球轨道的那位同事的看法，你听到的只有高度的赞扬。当迪克考虑后续登月任务的指令长人选时，首先获得晋升的四位宇航员是洛弗尔、斯科特、戈登和扬，他们都是有经验的指令舱驾驶员。没有他们，登月大戏就无法进行下去。我们对约翰·扬完全信任。

尽管我们完成了所有的检查项目，但这也只是压给汤姆和我最繁重工作的一个开头。工作任务有很多，但目标只有两个：抵达我们的预定位置和活着回来。我们开始启动降落级火箭的倒计时，火箭工作时长是 2 分钟，但立刻被我们的飞船通信员查理·杜克纠正，他说休斯敦确定的工作时长只有 1 分钟，"大哥在盯着你们。"非常感谢飞行任务控制中心的那些人，降落火箭发动机工作时间过长会使我们直接撞向月球表面。

约翰对我们说："再见，大约 6 小时后见。"

我回答道："我们去了以后祝你待得开心。"

约翰叹了口气，他得独自漂行在月球轨道，是人类历史上最孤单的人。"你们永远不会知道，当只有一个人在里面的时候，这家伙有多大。"

我们轻松的话语掩饰了任务的严峻性。此时，我们谁也不知道随后会发生什么情况，也不知道"史努比"和"查理"能不能再次对接在一起。没人能保证。

降落级火箭的点火持续了 59 秒，使我们飞离了"查理·布朗"。约翰对着我们进行电视直播，画面显示"史努比"变得越来越小，就像一只离家出走的小狗。从我的角度看，是"查理·布朗"变得越来越小。

火箭发动机的启动就是对我们的飞行进行制动，使我们从 60 英里高的月球轨道落向布满大坑的月球表面，和我们以后登陆月球的操作是一样的。但我们的目标只是到达另一个较低的轨道——距离月球表面不到 8.5 英里的高度上，于是我们快速飞往那里。约翰·扬从很远的高空注视着我们，然后兴高采烈地向飞行任务控制中心报告道："他们在大石头中间闲逛呢！"

我们快速降落，越来越低，月球不再是一个灰色的圆球，它慢慢展平，给我们展现出了地平线。现在看上去几乎就像飞行在亚利桑那州的沙漠里，但没有一种沙漠会有这样的地形地貌。我们曾经俯视的陨石坑侧壁，现在变成了奇特、吓人的滚动山脉，因为我们好像已经到了它们山峰的下面。巨石阵里的石头一个比一个大，它们的影子长长地挂在峡谷的两壁上，峡谷平坦的顶部看上去比我们小小的飞船高出很多。

当我们首次飞越静海（Sea of Tranquility）的西南角时，我被看到的景观惊呆了，向休斯敦喊道："我们快到了！"飞船通信员查理·杜克回应道："我们也跟着下去了。我是查理！我感觉你们已经拐上高速了。"

从地球起飞 100 小时 43 分 20 秒后，我们会到达近月点——离月球最近的点。我沿着被岁月抽打的月球表面看过去，远处是黑色的太空。我们正往前飞着，我一下子看到了令人心颤的景观：戴有云冠的蓝色地球从月球背后升上来，就好像上帝把一颗宝石放在基座上，让我欣赏。我充满敬畏地小声对我们的飞船通信员说道："查理，我们刚看到了地升，非常壮美。"

随着"史努比"飞越静海，查理·杜克报告说："他们的速度真快。"我们的口头报告既简短，又不连续，因为要看的东西很多，要说的话很多，要做的事情很多！我们现在飞越月球的高度，比我有时候在得克萨斯州驾机飞过我家的高度还低。我们把飞船横转过来，脸朝下往前飞，满是尘土的地面像地毯一样滚过去。

汤姆说道："景观非常奇妙。到处都是不同深浅的棕色和灰色。"我们的主要任务之一,是给"阿波罗"11号可能的着陆点照相,于是,汤姆开始给他的哈苏相机装胶卷,我们继续叽叽喳喳地说着窗外的景观,就像两个兴奋的孩子把脸贴在火车的窗口上看外面的风景一样。为了避免和地面人员说话时不停地按下开关,我们干脆把通信系统一直开着,这样所有人都能听到我们说话。"你们告诉杰克·施密特,这里的大石头多得能填满加尔维斯顿湾。"

我们飞过了阿波罗山脊……响尾蛇纹沟有数百英尺深,非常光滑,边缘完全变成了圆弧形……在苛责A点周围,有很多大石头……马斯基林和一连串的陨石坑一直延伸到着陆点……前面是靴丘和莫尔特克。"我告诉你们,我们飞得很低,快到目标点了,伙计们。"我兴奋地说道。在那儿!着陆点!场地非常平坦,就像新墨西哥干涸的河床,但场地一头有一片巨石阵。杜克岛在我们左侧闪过,瓦什盆地在右侧闪过。我们离地面非常近,近得让我感觉有必要把腿抬起来,以免我的脚趾头划到山顶。我们不能只是坐在那里享受这次旅程,这似乎有点不太公平。事情太多,时间太少。

汤姆遇到了相机的问题,他的相机是准备用来给着陆点照相的。"这该死的滤光片坏了我的事。我的哈苏相机坏掉了。这台混蛋相机!"他拿出备用相机,这台也卡死了。好在"嘟囔虫"骂人的话听不太清,不然,一直开着的话筒会让地球上数百万听众都能听到。

我们全力投入后续工作:测试着陆雷达,检查计算机,寻找地表下有可能干扰导航数据的磁性石块——尽量把月球有可能留给后续乘组的小意外进行曝光。

很快就到了离开的时间。我们让"史努比"再次绕飞到月球背后我们轨道的最高点，然后大角度俯冲再次返回静海上空的近月点，准备在"阿波罗"11号飞船从月球表面起飞的上空附近，模拟一次飞船发射。此时登月舱会一分为二。

位于飞船下部、把我们从月球轨道送下来的降落级，将变成小型发射平台（类似于肯尼迪角的发射台），而上升级将把"史努比"推回月球轨道，与指令舱进行会合。

我们稳住飞船，准备进行两级分离。飞船的两个部分由四个螺栓连接在一起，螺栓将由小药柱炸开。螺栓炸开大约一纳秒后，脱离了笨重的降落级的上升级火箭就会启动，我们将快速飞向高空，去寻找在我们前方大约300英里的"查理·布朗"。

由于这次是为了完全模拟"阿波罗"11号所需的所有操作，所以，我们还要模拟一次紧急情况，用中止飞行制导系统而不是更复杂的主导航制导系统，来引导上升级的飞行。汤姆和我在模拟器上对这一流程模拟过一百万次，从来没有出过差错，但在实际飞行中，事情的发展并不总是像训练时那样顺利。

我们照着检查项目清单进行操作，我伸出左手把导航控制开关从主导航制导系统转为中止飞行制导系统。我们太忙、对系统太熟悉了，以致对需要拨动的开关几乎连看都不看。过了一小会儿，汤姆伸出右手，凭直觉摸到了这个开关，知道它需要从一种状态变成另一种状态，于是就把它拨回到一秒钟之前的位置。

我们觉得已经做好了级间分离的准备，于是准备启动上升级火箭并炸开螺栓。此时，可怕的事情发生了——"史努比"失去了控制。

　　"框架锁死！"汤姆喊道。

　　"混蛋！到底是咋回事？"我叫道，全然不顾通信话筒依然开着。我们突然开始四处上蹿下跳和翻滚；我们以每小时 3 000 英里的速度飞驰，离那些大石头和陨石坑不到 47 000 英尺，如果考虑那些看上去像巨型蛀牙似的狰狞的山峰，我们离月球表面就更近了。

　　汤姆想着我们处于中止飞行制导系统，于是就喊道："我们转到主导航制导系统。"并再次拨动那个开关，结果却把我们转回到了中止飞行制导系统。"妈的！"现在计算机已完全茫然、毫无用处了。本来应该锁定"查理·布朗"的飞船雷达，现在却找到了一个更大的目标——月球，于是飞船开始飞向月球而不是月球轨道上的指令舱。

　　事情乱作一团，我看到地面滚过我的窗口，然后是地平线尖锐的边缘，接下来是黑夜，再下来又是月球地面，只是这次是从不同的方向滚过来的。飞船完全失去了控制。我紧张地说道："让……让我们把飞船转到中止飞行制导系统，伙计。"我们忙不迭地去停止这种回转运动。

　　5 秒钟后，汤姆向飞行任务控制中心发出了一组新的、令他们心惊肉跳的故障信息，那些戴着头盔式耳机的人们一下子都从座位上跳起来，怎么也不相信他们的计算机终端上会有这么多疯狂闪动的各种报警。汤姆大声报告道："我们遇到麻烦！"休斯敦不知道发生了什么状况，而且速度快得让他们根本来不及反应。

月球这个老魔鬼再次闪过我的窗口，这次是从左到右，看上去非常近。我瞄了一眼黑白球，它在寻找一个并不存在的地平线而疯狂地转动着。月球地面再次晃过，这次是从下到上。我叫道："管它呢，我们转到中止飞行制导系统。我得把这混账东西控制住。"

"'史努比'，我是休斯敦。我们看到你们几乎出现了框架锁死！"查理·杜克紧张地叫道。

汤姆认为我们可能有一个一直打开的推进器，类似于尼尔·阿姆斯特朗和戴夫·斯科特在"阿波罗"8号上碰到的情况，于是取消了计算机控制，赶紧抓住了飞船的手动控制器。随后，这段吓人的小插曲一下子就结束了（真是来得快，去得也快）。在这生死攸关的15秒里，我们在月球之上做了大约8个侧手翻，汤姆再次把"史努比"牢牢地控制住了。老"嘟囔虫"的确知道怎么飞行。后来，专家们经过分析数据猜测说，要是我们再继续滚转2秒钟，汤姆和我就会坠地。

情况可不只是有点紧张。我都快被吓死了。但我们立刻就恢复了正常，汤姆向休斯敦报告说："我们都恢复了理智。"我们对系统进行了重新设置，竟然发现我们还有足够的时间按计划启动上升级火箭。

轰！火箭启动了，我们以极快的速度冲向高空。"宝贝儿，加油。我们启动了。"火箭把我们推离那个贫瘠的月球地面，我一边说，一边报读剩余的飞行时间："78 秒，50 秒，20 秒。嗯，太棒了！太棒了！"

"祝贺！看上去你们的点火很成功。"查理·杜克从休斯敦说道。

"伙计，这话让我感觉好多了。"我一身轻松地说道。月球表面已经离我们很远了，再也抓不住我们了。

离开约翰三个多小时后，我们正紧紧地追赶他。两个半小时后，"史努比"离"查理·布朗"的距离只有 40 英里，而且越来越近。我们在月球的背面追上了他，约翰进行了飞船的对接，卡头动人的声响表明飞船已对接成功。和休斯敦再次建立通信联系后，汤姆马上报告说："'史努比'和'查理·布朗'已紧紧地拥抱在一起。"

此时我们就像回到了家一样。我们在"史努比"里一直站立了 12 个小时，已经非常疲惫了，但休息之前，我们得向我们的老朋友说再见。当我们再次转到月球背后时，我们抛掉了"史努比"，把我们这只带着星条国旗和各州州旗的忠诚的小狗送入环绕太阳的永恒轨道。然后我们睡了 9 个小时。"阿波罗"10 号在肯尼迪角通往月球静海的太空高速公路上留下了浓重的一笔。

21 赌注

经过跨地球轨道切入这个关键时刻之后，返回就变得轻而易举。这里的问题其实很简单：要是火箭不能按计划正常工作，我们将无法回到休斯敦，甚至连地球都回不到。

我们正在第 31 次、也是最后一次绕飞月球，紧张不安而又急切地做着各种检查项目；我们必须很快完成，因为我们只剩下半个小时的时间了。我们需要思考下一步要做的事情，尽力不去想这样的事实：即将进行的机动操作以前只进行过一次。飞船里静得出奇，没有玩笑，没有评论，没人说一句话。环绕月球 61 小时 30 分钟后，我们甚至都没有再看一眼窗外的陨石坑，这是我们生命中最紧张的时刻。一切都取决于火箭发动机的这次点火。在这极其安静的 30 分钟里，我闭上眼睛，在胸前画了个十字，开始默默地祈祷——感谢上帝给了我前往月球的机会，"请把我们带回家吧！"

火箭发动机按计划准时点火，我们被压在座位上，一秒一秒地数着无尽的时间。要是火箭提前关机，一切玩完。2 分 44 秒后，"查理·布朗"飞出月球轨道。跨地球轨道切入进行得很完美，我们被轨道力学的大手抓住，开始了落回地球的漫长路程；

我们的速度惊人，而且越来越快。

在随后的 3 个小时里，我们看着月球慢慢地变化——从大得一眼看不过来到只有篮球那么大，而地球则相应地变得越来越大。飞行任务控制中心对我们说："你们已走在平坦的高尔夫球道上，从现在开始将一路下坡。"紧张的气氛消失了，我们一阵欢呼。

为了庆祝一下，我们做了一件让后续任务宇航员们感激不尽的事情——成为第一批在太空成功刮掉胡子的乘组。在以前的飞行中，我们被禁止使用刀片式刮胡刀刮胡子，因为医生们担心，要是宇航员划破了自己，在零重力环境下有可能流血不止而死。另一个担心，是胡子可能会漂进娇贵的飞船设备里，造成未知的毁坏。总是有人喜欢杞人忧天。他们曾经提出用一种小型电动刮胡刀，说是可以吸走刮掉的胡子，但结果发现根本不能用，于是就放弃了。这样，飞行时间较长的宇航员返回地球时，总是胡子拉碴，看上去很邋遢。一直担任开拓者角色的"阿波罗"10 号乘组，小心翼翼地抹上浓稠的刮胡膏，用安全的刮胡刀刮掉胡子，再用湿布擦掉沾满胡子的刮胡膏，这种方法非常好用。然后，我们刷了牙，这也是与"双子星座"时期不一样的地方；那时候，我们偷偷地带上几包登泰牌口香糖，来保持口腔的清新。我们感觉焕然一新，当我们再次拿出摄像机进行直播时，画面里显示的是三个脸上干干净净、看上去非常开心的宇航员。磁带录音机里，迪恩·马丁正在唱《回到休斯敦》。

55 小时的回程非常顺利，只做了一次小小的中途修正。我们周一就能回到家，达到的速度有可能会使飞船漂离大气层，而不是穿过大气层。离开月球时我们还有多余的燃料，接近地球时我们被加速到每小时 25 000 多英里，使我们三个成为飞行速度最快的地球人。

　　我们的再入走廊很窄，只有正负半度，这就像一个高尔夫球手在月球的静海开球，然后在加利福尼亚州的圆石滩一杆进洞。我们得相信拿着计算尺完成这一计算的那些人，因为它不像在模拟器上，你有第二次机会，现在这个时候，我们不可能把行程再飞一遍。要么成功，要么失败，没有其他选项。

　　服务舱被抛掉后，飞船露出了热防护罩，我们把飞船的平钝端朝向大气层，开始了像过山车一样的降落。可怜的汤姆和约翰被他们的仪器设备所绑架，而我这位没有了登月舱的登月舱驾驶员则无所事事，坐在旁边等待奇迹的发生。

　　经过 8 天的失重，重力终于把我们迎接到属于我们自己的世界里。随着我们冲进厚厚的大气层，重力不断增加。0.5 倍重力……2 倍重力……4 倍重力……6 倍重力……7 倍重力……

　　火球形成了，我琢磨着它会不会像我在"双子星座"飞船上看到的绿色、蓝色和红色那么壮观。我无法猜到眼前会展现出什么样的画卷。飞船不同的形状和我们极高的速度都大大改变了返程的现状，一团白色和蓝紫色的火焰像手套一样在我们周围划过。火焰越来越亮，像新娘婚纱的拖尾飘向我们后面，绵延一百码，然后变成一千码，再变成数英里，我们一直剧烈地颠簸着。

闪动的白色火焰吞噬着"查理·布朗"的外侧。随后，另一个小火球在火焰拖尾中形成（像个金色的小太阳），稳稳地停留在飞船后面由火焰构成的尾流中，飞船被紫色的烈焰所包裹。在整个南太平洋，人们看到我们的飞船像明亮的流星一样划过天空。

大约在 10 万英尺高度，我们冲出了火球，看到太平洋上出现了第一缕微弱的橘红色曙光。当我们到达 24 000 英尺的高度时，减速伞被释放出来，用以降低我们的降落速度。主降落伞在 10 000 英尺的高度上打开，3 个大气球充满了空气，轻轻摇摆着把我们放入美属萨摩亚的帕果帕果东部大约 400 英里、近乎平静的大洋里。从附近"普林斯顿"号航母上起飞的第一架直升机，底部喷着"你好，'查理·布朗'！""阿波罗"10 号飞船总共飞行了 8 天零 3 分 23 秒。

在随后的几年里，很多人都问我，"阿波罗"10 号没有首次尝试登月是不是令我很失望。我们都离月球表面那么近了，怎么就不实际迈出第一步呢？

我当时愿意做出尝试吗？我当然愿意。然而，我们都相信我们任务的重要性，因为我们知道"阿波罗"11 号要想取得成功，就需要我们所能收集的所有信息。我们的乘组掌握了专门的知识和技术，但没有适用的装备，因为"史努比"太重，而且我们起飞前，关于登月还有很多未知的东西。

说实话，我乘坐世上最大的"土星"5 号火箭进入地球轨道，然后飞离地球 25 万英里，看到了难以置信的景观，绕飞月球 3 天，降落到离月球表面不到 47 000 英尺的高度，再飞回自己的星球，在一个火球里以极高的速度再入大气层，最后溅落在太平洋，我怎么还会失望呢？

尽管如此，我还是有了一个新的想法——我要重返月球。

在直升机上，我们换上了崭新的 NASA 浅蓝色工作服，每人还给了一顶绣金的棒球帽，这样，当我们踏上甲板时，看上去就会像胡子刮得干干净净、服装整洁的标准宇航员，更好地在电视摄像机面前展现我们的形象。实际上，由于一个多星期没有洗澡，而且还穿着骚臭的长内衣裤，我们身上并不清新。航母上的官兵们给了我们极其热烈的欢迎，我们一边充满自信地向他们挥手，一边沿着红蓝相间的地毯慢慢走向一个巨大的蛋糕。经过几天的失重飞行，我们走路晃动得很厉害，在起伏的甲板上每走一步都是一次小小的冒险。

随着任务的结束，我可以分享登月飞行任务带给全球观众的兴奋和快乐。航母官兵的欢呼声就是一种令人振奋的回报——我们通过飞船的电视摄像机把他们带向了月球。第一批在月球着陆的乘组返回地球时，他们立即被隔离起来，我对他们遭受的禁闭感到遗憾，因为他们错过了他们飞行的最重要方面之一——看看观众们的笑脸，感受一下他们激动的心情，这些观众一直看着他们登上了月球。

我们在"普林斯顿"号航母上只待了 4 个小时，其间接到了尼克松总统打来的祝贺电话，他邀请我们去白宫参加庆祝会。我们执行了他上任以来的第一次月球飞行，这也许是他的新政府将会运作顺畅的一个征兆，他想最大限度地利用航天计划的宣传效果。后来的事实证明，他确实需要这样的宣传效果。

我狼吞虎咽地吃完一周来的第一顿热饭——双面煎蛋和菲力牛排，然后我们乘坐直升机飞往大约 1 小时航程的帕果帕果，大约有 5 000 人在那里挥舞着旗帜迎接我们。我发现兴奋的人们并不限于军队，普通大众也同样受到感染。外部世界欣喜若狂。我一下子意识到，"阿波罗"10 号的远航对所有这些人来说特别有意义。

芭芭拉在埃灵顿空军基地参加了一个弥撒，然后和芭芭拉·扬一起参观了飞行任务控制中心。作为体贴、勇敢的宇航员夫人，她俩和费伊·斯塔福德在漫长的飞行任务期间，都表现得非常出色。此时，我妻子知道媒体都在想什么，也知道媒体想从她这里得到什么。芭芭拉感觉自己就像舞台上担任更大角色的演员，能够以优雅和特有的风格说出自己的台词。

在整个飞行任务期间，她一直占据着新闻的头条位置，记者们再次爱上了她和特蕾西。我们的女儿穿着带泥的牛仔靴和短裤，一边尽情地玩耍，一边透露说她们幼儿园里有一个大黄蜂窝。

一位朋友劝芭芭拉给记者们开个玩笑（她说的任何话他们都会写出来），于是她决定表现得更有诗意一些。她对记者们说："引用卡里·纪伯伦的一句话就能说明一切。'当你到达山顶时，你再开始攀登。因为这一天你才明白万物的隐藏目的。'"这可不是他们期望的宇航员夫人的语录。为什么不说"自豪""高兴"之类的话？看到记者们惊讶的面孔，她忍不住哈哈笑起来。最后，她还是说出了记者们和这个国家想要的。她说："我感到无比自豪。这是一次非常奇妙的远航。"

但费伊曾经提醒过芭芭拉，这次飞行比第一次更加艰难。一开始，兴奋变成焦虑，再变成现实，芭芭拉发现自己独自一人待在住满客人、下水管道堵塞的大房子里。等到深夜，别人都休息以后，她独自在黑夜里收听内部通话系统传来的消息，手里的一杯鸡尾酒，帮她度过这紧张的时光。

在与休斯敦进行无线电通话时，我说绕飞月球是小菜一碟。对此，芭芭拉反驳说："对我来说绝对不是小菜一碟。"她这种私下的评论其实非常犀利。她妈妈和瑞伊·弗隆会握着她的手。戴夫·斯科特和拉斯蒂·施韦卡特也会回答她的技术问题。其他宇航员的妻子们都会提供帮助，但她必须独自走过山谷。我是她的丈夫，不是她们的丈夫，她无法不紧张。她后来对我说："我知道很多东西都有可能出错，我不知道还能不能再见到你。"

当我们在月球表面上空失去控制、疯狂转动的时候，她那已经高度紧张的神经几乎要崩溃了。她转向戴夫·斯科特，恳切地问道："他们在干嘛？他们会一直坠到底吗？"当然，戴夫只知道"史努比"正在进行的活动绝对不在飞行任务计划之中，好在这一插曲很快就过去了。到我们完成跨地球轨道切入、摆脱月球束缚并踏上回家之路的时候，芭芭拉眼睛周围的愁纹已加深了不少。

　　她在媒体面前扮演着被赋予的角色，但后来在写给好朋友的信中说，她在承受这种磨难期间可能喝了过多的烈性酒。飞船溅落时，巴布达巷打开了很多瓶香槟酒，芭芭拉为飞行任务的成功带头干了一两杯，而她的妈妈杰基·阿奇利对此并不赞同："我觉得她干杯干得太多了。"在飞船回收过程中，芭芭拉的眼睛一刻也没有离开电视机。当我在航母上给她打电话时，我听到她的声音在颤抖。

　　在距离休斯敦很远的地方——我的祖籍捷克斯洛伐克的维约斯卡·纳德·基苏库，一间小屋里挤满了开心的斯洛伐克人，一台小电视机闪动着画面。其中的一位叫伊姆里奇·塞尔南，和我一样是安德鲁·塞尔南的曾孙之一，我父亲就是以安德鲁·塞尔南起名的。伊姆里奇举起酒杯，对大家说："他们已经回到了我们的星球，让我们为宇航员们干杯！"他随后小声说："现在，这里会有越来越多的人声称是尤金·塞尔南的亲戚。"

　　我们从帕果帕果起飞，12 小时后到达洛杉矶郊外的诺顿空军基地，加油后继续飞往埃灵顿空军基地，于星期二早上 11 点落地。迪克在那里迎接，还有沃利·希拉、唐·艾西尔、杰克·施密特等一大群宇航员，军乐队充满激情地演奏《在得克萨斯州的内心深处》。数百位民众聚集在基地围栏外面。

　　我第一个钻出飞机，顾不上使用大型 C-141 飞机已经放下的阶梯，一下子跳到跑道上，为的是早几秒钟冲到我的家人面前。

穿着一身白衣服的特蕾西向我跑过来，我把她紧紧地抱在怀里，她则紧紧地搂住我的脖子，随后芭芭拉来到我的身边。我也把她搂住，我们成了挂满泪水的家人孤岛。我把从萨摩亚带来的花环挂在她俩的脖子上。回家的感觉真好！明天将开始进行为期11天的密集汇报会，但今天的剩余时间属于我，我要陪伴我的两个姑娘。

在那个温暖、星光灿烂的夜晚，我们走进了后院。我6岁的女儿依然朝气十足，我把她抱起来，用手指向月亮。我该怎么向她解释我已经完成的这件事？她毕竟不是小娃娃了，9月份就该上一年级了。我要是用简单的语言，她也许能够听明白，因为我要让她记住这一时刻。

我对她说："小傻瓜，斯塔福德先生和爸爸驾驶着'史努比'靠近了月球。你知道，它在天上非常远的地方，远得快到上帝住的地方了。你爸爸比以前的任何人——任何人——都更接近月球。"

她想了一会儿，用小指撩起一缕头发（可能想起了我以前让她失望的那些时光），回答说："爸爸，既然你现在去过了月球，那你什么时候带我去你曾经答应过的野营？"

我感觉就像她用石头在我头上猛敲了一下。我一直想给我的小姑娘留下深刻的印象，而她却想提醒我还有比听她老爸谈论登月更重要的事情。我的小女儿一下子把我拉回了地球，满世界的欢呼声几乎变得不值一提。她需要一位爸爸，而不是一位宇航员。天啊，生活中有些事情比登月重要得多，也珍贵得多，我抱在身上的就是其中之一。

我脸上挂满了对自己的怒气。看月球看得时间长了我竟然看不见自己的家人了？"很快，小傻瓜，很快。我们很快就去野营！"我一边说，一边把妻子也搂在怀里。我心想：这是我必须兑现的一个承诺。

从埃灵顿开车回家的路上，芭芭拉轻声地笑着说："你在那边的时候很粗野吧？"

"你说什么？"我没有明白她的意思。

"你知不知道你对着通信系统说了'混蛋'？"

"不知道。我说了吗？"我有点摸不着头脑，"什么时候？"

她于是给我讲了在数百万人收听的情况下，我对着打开的话筒骂人的事。她说："你说得既响亮又清晰。"我俩都哈哈地笑起来。

"嗯，你说我骂人了，我想我可能骂了。有一阵子情况变得有点吓人。"

她向后靠在座位上，闭上了眼睛。她说："我当时不知道发生了什么情况。事情发生得很快，也没人向我解释。"我从她的声音中听出了压抑已久的紧张和不安。

在穿过熟悉的街道回家的路上，我再次想起了登月舱窗外不停翻滚的月球。"当时情况危急，亲爱的。'史努比'失控了。"一回想起那个惊魂时刻我就起鸡皮疙瘩。"说实话，我都快吓死了。"

芭芭拉看着我，一脸吃惊的样子，根本不相信她竟真切地听到我说，我那时也害怕了。我对她笑了笑，又补充了一句："但不要告诉别人！"

我当时也没想到，在非常紧张的时刻，我的一句脏话后来竟引来批评的狂潮。

当年"双子星座"9号取消发射时，汤姆的一句"唉，臭狗屎"被NASA的公共关系官员过滤为"唉，真糟糕"。此事已过去了三年，情况也发生了很大变化。在"阿波罗"10号的飞行中，我们都是正常说话，对话里也会夹杂一些比较粗俗的日常用语。

事实上，当有一位宇航员第一次响亮地说出"我靠"的时候，休斯敦负责实时记录宇航员说话的年轻女打字员，竟一下子跳起来，好像触了电一样。NASA的官员让她打成"讨厌"。我们宇航员对既要完成危险的飞行任务又要注意所说的每一个词语的要求感到厌烦，所以，我们很高兴看到这种改变。这是我们重新回到真实世界的又一个标志。

有些问题问得过于天真——当飞行任务控制中心问我们加了氯的饮用水是否有异味时，生气的汤姆回答道："是的，小美臀！"当我们三个人都变得轻松自在、说话随便的时候，事情真的变得非常有趣。等到我大声说出"混蛋"，紧接着又说出"发生了他妈的啥情况"的时候，记录员已经处理掉了很多的"妈的""靠""臭狗屎"，她终于知道太空里的宇航员们有时候也会非常生气。我们知道的词语比那些年轻的打字员多多了。

当飞行任务控制中心说到，乘组在萨摩亚会受到跳舞姑娘的迎接时，汤姆问是不是"露胸那种"。在太空的最后一天向地面做身体状况报告时，我说我们三人都处于开心、健康、饥饿和性饥渴状态。飞船通信员乔·恩格尔回答说："除了第四项，我们都有解决办法。"显然，"阿波罗"10号乘组的对话仅适合成年观众，其他宇航员开玩笑说，我们事后制作的纪录片应标记为"少儿不宜"。

到星期六，我们在过去一周所做的一切都消失在有人对我们语言的不满之中。一家报纸的头版头条是这样写的：宇航员毁掉了榜样形象，气氛变得阴郁。文章说，我们挣脱了说话必须极其谨慎的枷锁；官方对此并没有表达不满；其他宇航员们说，该是让我们做普通人的时候了。

唉，做什么事都不容易。迈阿密圣经学院的院长、大牧师拉里·波伦博士最为烦恼，他认为我们把"厕所墙上才能看到的语言"带到了月球。这位愤愤不平的大牧师博士给尼克松总统和NASA发电报，要求我们公开道歉，并就我们使用"亵渎、粗俗和不敬的语言"进行自我悔过。数千人站出来为我们说话，认为在类似的情况下，任何正常人很可能说得比这还难听，甚至连这位大牧师博士也不例外。在人们寄来的大量邮件中，百分之九十九的人都支持我们。

面对压力，NASA屈服了，我被认定为罪魁祸首。约翰没有被这场争议所触及，"嘟囔虫"汤姆说出的脏话全球的观众根本听不清楚。但我说的脏话却一清二楚，所以我被要求公开道歉，以便重新树立宇航员的形象。对此，我表示同意，但条件是以自己的方式道歉。于是，我在记者会上说："对那些受到冒犯的人，对不起；对那些表示理解的人，谢谢你。"

大牧师拉里·波伦博士说，他原谅我们，但对我来说，原谅不原谅都无所谓。我一直没能原谅那个自以为是、吹毛求疵的家伙。

下面的景象好像不太对劲儿。汤姆·斯塔福德曾是"阿波罗"7号的后备指令长，三次任务之后成为"阿波罗"10号的指令长。尼尔·阿姆斯特朗曾是"阿波罗"8号的后备指令长，如今成为"阿波罗"11号的指令长。皮特·康拉德曾是"阿波罗"9号的后备指令长，如今成为"阿波罗"12号的指令长。戈登·库珀曾是"阿波罗"10号的后备指令长，如今艾伦·谢泼德却被任命为"阿波罗"13号的指令长。

三次任务后轮换的惯例被抛弃了。大哥艾伦又回来了，库珀这位随和的飞行员（也是"首批七杰"之一）受到打压。对此，他甚为不满，于是决定离开。

几乎一回到地球，我就启动了我的新计划。甚至在庆祝我们成功的欢呼声依然震耳欲聋的时候，航天计划中的很多重要活动就已经开始进行了。经过几次长时间的严肃讨论，芭芭拉终于同意了我的想法，但她很可能认为那是一个轻率、孤注一掷的计划。

事情发展得太快了，我们刚刚溅落，一条横幅就挂在了飞行任务控制中心：距离发射还有 51 天。很快就会有人在月球上行走，但这并不意味着其他的事情就会停下来。

我们从月球返回后，后面又规划了 10 次飞行任务。迪克把他的宇航员们安排到以后的乘组中，并毫不犹豫地把他的哥们儿艾伦·谢泼德放到最快可以安排的飞行任务——"阿波罗"13 号中担任指令长。不管怎么说，谢泼德依然是这个领域里最好的飞行员之一，要说有谁赢得了"阿波罗"的飞行机会，那一定是艾伦·谢泼德。

并不是所有人都这样认为。自从他乘火箭升空、完成简短的亚轨道飞行以来，毕竟已经过去了 8 年。不仅时间很长，技术也更新换代了。他从未当过"阿波罗"计划的后备指令长，甚至连指令舱或登月舱的后备驾驶员都没有当过，在航天计划的内部和外部，都有人公开表达不满，认为到时候他很可能还没有准备好。多年前乘"墨丘利"飞船一个人飞行并快速上下是一回事，而乘坐"土星"5 号火箭并带领一个执行复杂登月任务的"阿波罗"团队则是完全不同的另一回事。我们都知道艾伦非常棒，但他真的那么棒吗？在宇航员办公室里，一般的看法是，他应该和其他人一样先排队。

迪克和总部达成了妥协意见，并说服艾伦后推一次任务，以便获取更多的训练时间。吉姆·洛弗尔本来被安排为"阿波罗"14 号的指令长，迪克让吉姆的任务前移一次，与他的乘组肯·马汀利和弗雷德·海斯一起执飞"阿波罗"13 号。

这样就把艾伦向后移到有空位的"阿波罗"14号，从而多出了4个月的准备时间。他的指令舱驾驶员斯特·鲁萨和登月舱驾驶员埃德·米切尔都没有上过天，于是乘组立刻获得了"三个新手"这一绰号，这对艾伦的自尊是个并不婉转的刺激（他已经践踏我们的自尊很多年了）。

迪克和艾伦通过剥夺戈登执飞"阿波罗"13号的机会，对三次任务后轮换的惯例显然造成了不好的影响，而我一直思考的问题是，汤姆·斯塔福德、约翰·扬和吉恩·塞尔南的下一步要做什么？汤姆肯定要走另外一条路——在航天计划中获得一个新岗位，或者竞选俄克拉何马州的国会参议员。于是，就目前的情况来看，约翰和我很可能成为洛弗尔执飞的"阿波罗"13号新乘组的后备乘组，约翰为后备指令长，而我会再次成为登月舱的后备驾驶员，这极有可能轮换为"阿波罗"16号的主乘组，那时，我们就可以在月球上行走了。

很不错的想法，很有价值的工作，这将是任何宇航员职业的巅峰。这是我们来这里工作的意义所在。但这并不是我想要的。我并不想作为一个登月舱驾驶员重返月球。对我来说，仅仅在月球上行走是不够的！

我一直认为，命运是个人的选择——你经过思考做出决定，考虑它的不利因素，接受错误决定带来的风险，然后全力以赴向前推进。我的目标（支撑我完成所有工作的动力）是担任指令长。假如我还在传统的海军服役，我会竞选担任自己舰队的舰长，现在，我有信心和经验来带领自己的登月团队。

迪克给了我再次与约翰一起工作的机会，当他听到我给出的意想不到的回答时，吃惊地睁大了眼睛。我说："迪克，我不是反对和约翰一起登月，但我觉得我有资格执飞自己的登月任务。"

他一边琢磨着刚刚听到的内容，一边咳嗽着眨巴眼睛。这位从不做出任何承诺的人刚刚给了我几乎没有悬念的机会——参加"阿波罗"16 号的飞行任务，而我却说了"不，谢谢！"他满脸疑惑地说："吉恩，你知不知道你拒绝了登月的机会？"他的声音粗哑得像大颗粒的砂纸。

"是的，长官，迪克。我非常渴望登月，但我希望以指令长的角色去登月。"虽然我对这次会面做了准备，但我的心还是紧张得怦怦直跳。

"教父"迪克把双手放在背后，倾身向前，像教官一样盯着我的脸。"吉恩，你知道，经费将被削减。后面的飞行任务可能不会很多，我手上有很多人都做好了飞行准备。你要是不和约翰搭档，我不知道你还有没有飞行机会。先做 13 号的后备。"他比我矮很多，但在我承受压力的情况下，他看上去好像一下子高大起来。你千万不要小看迪克·斯莱顿。此时，我俩针锋相对，要说有什么不同的话，我像一个对父母说"不"的孩子一样仰视着他。

"迪克，我理解。我只能赌一把了。"我把所有的牌都亮在桌面上了——对我来说，掌管自己的团队比登月更重要。我的宇航员生涯岌岌可危，我知道这次谈话之后它很可能会完全终结。这是我人生中最大的一次冒险。在很多宇航员竞争"阿波罗"剩余舱位的情况下，这绝对是一次赌注。我很容易就被给出一张走向销声匿迹的单程票。

迪克和我默默地对视了一会儿，似乎在等着我改变主意。然后，他突然转身，疑惑地摇着头，跺着脚走了，他也许认为我是世界上最大的笨蛋之一。他知道得比我多，多年后他写道，他那时候觉得我担任指令长的机会"不是很大"。

我们会谈后没几天，他就公布了"阿波罗"13号的后备乘组：约翰是指令长，杰克·斯威格特是指令舱的驾驶员，查理·杜克取代我成为登月舱的驾驶员。在"阿波罗"16号任务中，约翰和查理登上了月球。

我呢？暂时无事可做。迪克同意了我的要求，这也让我开始琢磨自己做出的到底是个什么样的决定。

22　冰冷的指令长

　　巴兹·奥尔德林急得快要发疯了，到处活动要使自己成为第一个在月球上行走的人。一天，他像一只愤怒的白鹤一样冲进我在载人航天中心的办公室，手里拿着一沓图表和统计数据，向我证明他认为是显而易见的事情——他这位登月舱驾驶员而不是指令长尼尔·阿姆斯特朗，应该第一个走下"阿波罗"11号的梯子。我和尼尔共用一间办公室，那天他训练去了，我发现巴兹的观点既奇怪又令人反感。自从知道"阿波罗"11号将首次尝试登月以后，巴兹就一直用这种奇特的手段，想让自己挤进人类发展史，每次都会遭到白眼和低声的辱骂。我怎么也想不明白，尼尔竟然可以忍受这种愚蠢的行为这么长时间，而不让他停止这种丑行。

　　在"阿波罗"10号从月球返回、专家们审查完计算机数据两个星期之后，NASA宣布"阿波罗"11号将于1969年7月16日发射升空。尼尔、麦克和巴兹将完成一次具有历史意义的飞行。

　　随着他们的训练进入最后阶段，迪克已经开始展望未来，考虑如何把这三位宇航员纳入未来的飞行计划中，结果并不意外地发现，只有一个人可以继续使用。有一点不难理解：尼尔会躲避与他的历史性脚印伴随而来的赞誉和名声。不管他还是别的任何人以后做什么，再也无法超越这一功绩了。剩下还有谁呢？

迪克同样也不愿意再给巴兹·奥尔德林安排飞行任务，巴兹的生活变得很艰难，成为第二个踏上月球地面的人这件事一直困扰着他。大多数人都会认为这是一种巨大的荣耀，而巴兹却认为这是一种失败，因为他将会是第二人，永远是第二人。尼尔·阿姆斯特朗和谁登上月球来着？这会使他越来越抑郁。

然而，麦克·柯林斯则完全不同。麦克做完颈椎手术后已完全恢复，他已成为航天计划中的领军人物，是拥有极高资历的试飞员，曾经是"双子星座"飞行任务的宇航员，现在正作为"阿波罗"11号的指令舱驾驶员进行训练。迪克非常想让麦克在未来的任务中担任指令长。

他们两人在肯尼迪航天中心参加完发射前飞行准备状态评审会以后，驾驶一架 T-38 返回时，迪克问麦克从月球回来后是否愿意轮换为艾伦·谢泼德执飞的"阿波罗"14号的后备指令长，然后成为"阿波罗"17号的指令长。麦克通过这架小飞机的内部通话系统礼貌地拒绝了。迪克的这种安排意味着另外两三年连续的艰苦训练，而麦克决定把更多的时间花在家庭，并为自己的才能寻找新的出路。我那时不知道麦克是我走向指令长之路的第一个障碍，我几年后才听说了这次重要的谈话。我那时要是知道麦克是第一人选，当迪克让我担任约翰·扬乘组的登月舱驾驶员时，我有可能会重新评估获得胜算的可能性。

宇航员人才库虽然比较庞大，但有丰富经验的并不多。有些年龄较大的（像沃利·希拉和戈登·库珀）正准备离开航天计划，内部提拔也减少了个别宇航员。汤姆·斯塔福德尝试了一下美国国会参议员的竞选，最后却坐到了艾伦·谢泼德的位置上，成为宇航员办公室的主任，这意味着我有了一个位置较高的兄弟。吉姆·麦克迪维特被提升为"阿波罗计划办公室"的主管，而像皮特·康拉德、戴夫·斯科特和迪克·戈登这些上过天的宇航员正全力为即将到来的飞行进行训练。

　　除了麦克，我认为还有一位能力很强，足以较早获取指令长职位的人选：比尔·安德斯。他和博尔曼、洛弗尔搭乘"阿波罗"8号飞船，一起完成了著名的圣诞前夜的飞行任务。那次飞行之后，博尔曼已经退休，"摇摇欲坠"洛弗尔将担任"阿波罗"13号的指令长，极其聪慧的比尔将作为指令舱驾驶员与他再次合作。这将使他成为后续飞行任务指令长的后备人选。

　　比尔和我不一样，他并不关心当不当指令长。老实说，他是一位真正的宇航员，他的目标是在月球上行走。对他来说，接受安排给他的指令舱驾驶员职位，意味着在"阿波罗"13号的飞行期间，他只是再次环绕月球多飞几圈而已，而指令长洛弗尔和取代他成为登月舱驾驶员的弗雷德·海斯则会登上月球。比尔觉得他在"阿波罗"8号任务中绕飞月球的次数已经够多了。由于没人真正知道"阿波罗"13号之后还会有多少飞行任务，比尔认为他轮换为指令长并最终登上月球的机会非常渺茫。于是，和我放弃登月舱后备驾驶员，麦克拒绝担任未来的指令长一样，比尔也没有接受"阿波罗"13 号指令舱驾驶员的职位。这令迪克非常困惑，他突然需要适应一群有经验的宇航员竟然拒绝他提供的月球之旅这一现状。

迪克让比尔·安德斯到华盛顿的国家航天委员会临时帮忙，他不情愿地同意了，因为两人达成的默契是，他将继续保留宇航员的飞行状态，迪克考虑给他一个登月的机会。然而，他一旦从肯尼迪角的香蕉河来到华盛顿的波托马克河，就对登月的梦想不再执着，华盛顿也让他充分发挥才能，使他进入不同的职业发展道路。他最后做了福特总统驻挪威的大使，后来又成为通用动力公司的首席执行官。这样，另一个潜在竞争对手兼好朋友也退出了登月计划。

随着这种不断减员和乘组安排，我感觉凭借自己的资历和经验，当指令长的机会在不断增加。迪克却什么也不说。

几年前，比尔·安德斯告诉我说，他接受去华盛顿帮忙的工作后不久，在一次去华盛顿的航班上，他和国家科学基金会的主任坐在了一起。那时候，这位主任有很大的权力，具有影响给 NASA 拨款的能力。飞行期间他们聊到了航天计划，比尔不经意地说了一句："我不明白你们为什么不把一位地质学家送上月球。"他的邻座一下子瞪大了眼睛，好像突然发现了人生的意义。我们很快将会看到这段不长的对话所产生的影响。

汤姆·斯塔福德、约翰·扬和我回到地球之后名声大震。除了迈阿密那位《圣经》说教者，好像国内的每个人都想和我们握手，向我们说"欢迎回来，你们做得非常棒"。

从抵达埃灵顿空军基地那一刻起，我们就被各种热烈的祝贺声所包围。孩子们逃学就是为了看我们一眼，休斯敦的工人们放下他们的工作，加入像洪流一样的人群。人们的兴奋情绪极具感染力，埃灵顿空军基地只是一个开头而已。

6月初，我们开始了旋风般的全国巡游。在加利福尼亚州，汤姆、约翰和我与电视名人密切交流，还由于在太空进行引人注目的彩色电视直播而获得艾美奖金奖。那年最热门的电视剧之一是 *Mayberry*，*R. F. D*，其中安迪·格里菲斯的儿子——奥佩的扮演者，是一个名叫罗恩·霍华德的小孩儿。25年后，我们的轨迹再次交会——罗恩长大后成为一名电影导演，执导了非常棒的电影《阿波罗13号》。

罗纳德·里根州长宣布，整个这一周加利福尼亚州都属于我们。我们向查尔斯·舒尔茨表达了谢意，他让我们把"查理·布朗"和"史努比"带到了月球。旧金山用抛洒彩条的游行活动来向我们致意。奥克兰、萨克拉门托、圣迭戈和洛杉矶也都举行了游行活动，晚宴和招待会排满了每个晚上，我也有机会看望了在航空喷气总公司做夏季实习生和在蒙特雷学习时的老朋友。芭芭拉和特蕾西去迪士尼乐园玩得很开心，高飞狗和米老鼠招待了她们。

我们受到纽约市长约翰·林赛的热情款待，然后在肯尼迪角参加了一个美好的返乡庆祝活动，佛罗里达州州长宣布当天为全州的"查理·布朗日"。飞行任务控制中心在"双子星座"计划期间就搬到了休斯敦,自那时起,宇航员们完成飞行任务后就不再返回肯尼迪角去表达他们的敬意。但我们获准象征性地回到出发点,以完成我们50万英里的月球往返之旅。人们的热情让我们几乎难以承受。学生们涌出教室,在沿泰特斯维尔和可可比奇的人行道上,聚集的人群里三层外三层。有很多的私人招待会,我们也利用这次机会向把我们送往月球的 NASA 和承制商团队表达谢意。出于某种原因,我感到非常愿意与他们分享我们的喜悦,没想到,我的这种做法几年后会获得高额回报。面对聚集在空阔的飞行器装配大楼中的大约一万名工人,我说道:"我们这次飞行的最大回报就是能够回来见你们……你们不是我们团队的成员,我们是你们团队的成员。"在访问一所学校时,我听说一位 12 岁的小男孩生病了,无法前来看宇航员,我就带着 NASA 的医生去他家里看他,并给他做了检查。他并无大碍,回校后令同学们非常羡慕。在一次午餐会上,我和一位 7 岁女孩聊的天与周围的官员们一样多。这种啦啦队活动不仅使孩子们感觉自己也是登月计划的参与者,也使我在后来获得了一些所需的帮助。

再说伊利诺伊州。贝尔伍德曾经为我的"双子星座"飞行举行过一流的庆祝活动,这一次,人们再次看到汤姆和我在林荫大街上乘车巡游。到处都是国旗和孩子们、"史努比"漫画和挥手致意的邻居们、欢呼声和喝彩声。然后,贝尔伍德把我们交给了戴利市长,我们的到来轰动了芝加哥。河里的消防船向天空喷出水幕,大约 10 万人观看了在卢普区举办的彩条抛洒游行,紧接着是在帕克酒店举办的小范围招待会。我再次被人们的致意惊呆了。戴利市长让我切一个大蛋糕，当我用一把大刀猛地切下去的时候，我才发现蛋糕是塑料的。这是唯一一件不好玩的事。

我们回到休斯敦待了几天，然后于6个月内第三次前往华盛顿和白宫，这一次是专门为我们举办的小范围正装晚宴。尼克松总统夫妇在北门廊等我们，当我们乘坐豪华轿车到达时，总统急切地迎上来。"阿波罗"10号的宇航员对尼克松总统的意义，就如同约翰·格伦对肯尼迪总统的意义一样，利用他们广受欢迎的形象，可以充分表明他是一项成功事业的领导者。当我们握手的时候，我心想我们又有了一位坚定的支持者。

副总统阿格纽夫妇在二楼的黄色椭圆厅等着我们。芭芭拉的几缕头发染成了淡色，穿着柠檬色连衣裙，当我走近最喜欢的楼梯扶手时，她瞪了我一眼。

在国宴厅，另外23位华盛顿的"A级"贵宾和我们一起参加了晚宴，我们用杜鲁门总统时代的瓷器，享用了烤里脊牛排。晚宴在学院奖获得者、作曲家亨利·曼西尼弹奏的《月亮河》小夜曲中结束。

我们巡游的最后一站是俄克拉何马州。如果说贝尔伍德想尽了各种手段来庆祝我在太空飞行中取得的成就，你就不难想象韦瑟福德会怎样变着花样来表达对汤姆·斯塔福德的敬意；汤姆这是第三次荣归故里。他们几乎想利用这个机会把整个州的地契都给他。今天，在俄克拉何马州，纪念托马斯·斯塔福德将军的雕像比纪念威尔·罗杰斯和飞行员先驱威利·波斯特的两者之和还多。

几乎走遍了整个美国之后，NASA 把我们塞进一架飞机，送到芬兰访问 5 天。芬兰会是什么情况？也和美国一样。仅在赫尔辛基的一次活动中，就有大约 20 万人挤在街上，为的就是看我们一眼。到处都是对太空探索的狂热关注。

我们这次对白宫的访问带有某种讽刺意味。就在我们去的两个月前，尼克松总统向国会提交了 NASA 下一年 38.3 亿美元的预算，这比高峰时期（1965 年）的预算减少了大约 25%。这就是我们的坚定支持者？国会更是把它削减到了 36.9 亿美元。10年里总费用高达 780 亿美元的人类登陆火星计划和泰德·阿格纽领导的航天任务组的其他项目，从未走出"好想法，但我们负担不起"的阶段。

即使在"阿波罗"计划最辉煌的时候——"阿波罗"11 号升空之前，由于经费削减，肯尼迪角大约有 5 000 个工作岗位被裁掉，布里瓦德县的房地产价值在缩水，一些小企业和汽车旅馆开始关门，位于可可比奇新的四层"阿波罗"计划办公楼空无一人。一位工程师的妻子想到不久前的繁荣时期，非常担忧地说："现在我们有些人感到非常恐慌。"但那些好时光也许有一天会回来。不管怎样，首次登月还没有完成，很多的飞行任务——一直排到了"阿波罗"20 号——依然还在计划之中。此后还有"太空实验室"计划，谁知道还有没有别的呢？也许人们对太空探索那种不可抗拒的激情还会回来，同时也会把那些流向其他联邦项目的大量经费带回来，就像佛罗里达州的海滩既有退潮也有涨潮一样。

我们还在太空的时候，美国的空降部队就对越南一处名叫"汉堡高地"的无用之地进行了绞肉机式的进攻。美国军人阵亡的人数超过了朝鲜战争，美国陆军在美莱村的大屠杀被曝光。威廉·威斯特摩兰将军宣称，目前的局势比任何时候都好。

整个国家不仅在越南问题上截然对立，在文化上也是一样。在百老汇，一部称为《毛发》的摇滚音乐剧展现的是裸体和性。在大学校园里，学生们霸占了教务长的办公室。在大街上，长头发的嬉皮士们呼吁公开造反。

新任副总统泰德·阿格纽属于比较保守的领导人，他对那些带有煽动性的蠢话和杂音发出了警告。当副总统走向话筒的时候，谁也拿不准他要说什么；他恰如其分地抨击那些"标榜为知识分子、失去活力、顽固不化而又自命不凡的无耻之徒"，以及那些"吹毛求疵、否定一切的富豪与政要们"。这些表述让他在民意调查中人气飙升，很快使他成为继大牧师比利·格雷厄姆和尼克松总统之后，第三位全美国最知名的人物。

1969 年 7 月 20 日（星期日）——人类登陆月球的这一天，是我们这个时代（也许是我们这个世纪）最值得记忆的时刻。

四天前，尼尔、巴兹和麦克顺利从地球升空。随着"阿波罗"11 号高速穿越太空，全世界的热切期待越来越高涨。由于有了全球通信系统，这成为历史上收视率最高的事件。当月球着陆器"鹰"脱离指令舱"哥伦比亚"，两艘飞船一前一后快速进入月球轨道并飞向月球背面时，全球的观众一下子紧张起来。当他们重新出现时，难以置信的事情即将发生，尽管那天驾驶飞船的两个人认为他们实际登月的机会不会超过50%。

我在飞行任务控制中心，当"阿波罗"11号失去无线电通信联系时，我和所有其他人一样一边看着屏幕，一边紧张得直冒汗。飞行指挥官吉恩·克兰兹的白衣团队非常紧张，他们紧紧地盯着带有静电噪声的电视监视器。克兰兹把控制中心的门给锁上了，远处的玻璃墙后面有一个房间，里面坐满了NASA的高官、贵宾和其他宇航员。在控制中心里，一根针掉在地上都能听见。

然后，"阿波罗"11号飞船从月球背后飞出来，控制中心前面巨大的月球地图上面，有两个雷达光点在移动。无线电信号再次被捕获，遥测数据开始跳动，我们一下子忙乱起来。"鹰"慢慢下降，开始了最后阶段的飞行。汤姆和我曾经执行过几乎一样的飞行任务，比这里的任何其他人都更了解月球的静海，所以我俩向飞行控制人员讲解尼尔和巴兹正在面临的具体问题。

登月进行得并不顺利。随着着陆器落过距月球表面50 000英尺的高度，与"鹰"的无线电通信变得时好时坏，未曾预料的报警开始闪动，计算机由于超负荷工作而给出了令人怀疑的数据。但控制中心的奇才们给克兰兹提供了可以尝试着陆所需的数据。于是，他们继续降落。

几乎快到地面的时候，我们看到月球着陆器突然开始来回侧飞——尼尔试图在一片布满大石头的场地上寻找一块平地，随后又得躲避一个像橄榄球场那么大的陨石坑。这种意外的机动飞行消耗了不少宝贵的燃料，飞船通信员查理·杜克告诉他们说，数据显示着陆器的燃料快消耗完了。离月球表面还有危险的 60 英尺，在发出中止命令前剩下的燃料只够机动飞行 1 分钟。

我们知道这次飞行任务必须成功，一次重大故障或坠毁都有可能使月球探索计划戛然而止。燃料只够飞行 30 秒了，他们还悬在离地面 10 英尺的高度上，尼尔小心翼翼地调整着控制器，以抵消不大的向后漂移。巴兹猛然看到触地指示灯闪动起来，表明着陆器下面拖着的长导线碰到了地面，赶紧报告了这一信号，尼尔立刻按下了"发动机关闭"开关。飞船轻轻一震，就安全着陆了，计算机的报警声还在响个不停，此时，燃料只够飞行 15 秒。通信系统响起了尼尔嘶哑的声音："休斯敦，这是月球的静海基地。'鹰'已经着陆了。"

飞行任务控制中心顿时爆发出欢呼声和掌声，我们使劲相互拍着后背，好像我们刚刚赢了一场超级杯并中了彩票。查理·杜克开心地回应道："明白，静海基地。我们记下你们的话。你俩把我们一帮人脸都吓白了。我们总算可以喘口气了。"

在这个重大时刻，大厅里没有一点"嘿，我真希望上去的是我"的意思。把"鹰"和它的乘员送上月球是我们每个人的宏大目标，我们只有高兴，没有嫉妒。在这个特别的飞行任务中，我们每个人都绑定在同一条船上。当飞行任务控制中心那三块特别引人注目的大屏幕上，出现身穿宇航服的朋友尼尔·阿姆斯特朗钻出登月舱的粗糙影像时，我感觉这是我一生中最自豪的时刻。"我下到了梯子的底部。我现在就迈下登月舱。"他一边说，一边付诸行动。"对一个人来说，这是一小步；对人类来说，这是一次巨大的飞跃。"

我们实现了登月，整个世界都惊叹不已。

几个月后，迪克把我叫到他在一号楼的办公室。"吉恩，你赌赢了。我准备给你一次机会，让你当'阿波罗'14号的后备指令长。"他没有说（我也没有期望他做出承诺）这一安排同时也意味着我有了执飞"阿波罗"17号的入场券，但这无疑是沿着正确的方向迈出的一步。我要是没有得到这项工作，就意味着已经出局。现在，我至少还有机会。

这里的好消息是我要执掌一个乘组，尽管现在只是一个后备指令长；而坏消息是我要协助的是一位冰冷的指令长——艾伦·谢泼德上校。

迪克和我很快确定把两位新手拉入乘组。指令舱驾驶员是我在蒙特雷的老战友——越战老兵罗恩·埃文斯。我们选的登月舱驾驶员是乔·恩格尔，他是一位很有风度的人，甚至在入选航天计划之前，他就因为驾驶X-15飞过50英里的高度而获得空军颁发的宇航员徽章。我非常喜欢和尊重这两位，决心把我们的乘组打造成最好的乘组。

我现在最大的问题是如何与艾伦·谢泼德打交道。他对那些认为他还无法执飞"阿波罗"14号的宇航员很粗暴，尽管我不属于这群人，但他并不知道。艾伦的名声是他自己赢取的，我首要的任务是打破我们之间的障碍。不管怎么说，我需要赢得他的尊重和信任，因为我当上宇航员以来，甚至有了两次成功的飞行之后，一直在回避他。他一直是我的上司，我和他的交流通常离不开"是，长官"和"不，长官"。我对他确实不太熟悉，但我觉得他应该是同意了迪克让谁做他的后备指令长的安排，如果他不想让我站在身边，我肯定不会获得这项工作。

于是，我征求迪克的意见。不管怎么说，他比航天计划里的其他任何人都更了解艾伦。我得到的答复却是"教父"一句不耐烦的抱怨："你去他办公室，告诉他你和他一样优秀就行了。"迪克的铁律是，哪个乘组都可以执飞任何任务；迪克在我身上下了赌注，我最好不要展示任何的不自信。我撩了撩额头上的头发，从他面前溜走了。

我接受了他的建议，大踏步地来到艾伦的办公室。他的女秘书总是在自己的桌子上放一个小方块，方块的一面画着笑脸，另一面画着哭丧脸，并把代表老板当前心情的一面对着办公室的门，用来警告来访客人等待他们的可能会是什么状况。今天展示的是哭丧脸。我心里一沉。

艾伦靠在椅子上，两手交叉放在胸前，目光冷漠得就像一条准备吞食老鼠的蛇。他听到我将担任他的后备指令长这一消息之后并没有从椅子上跳起来，也没有表示欢迎。

"艾伦，祝贺你！"我热情地脱口说道。他只是点了点头。见鬼，谁知道接下来能聊点什么，肯定不会轻松。我为什么要祝贺他？他早就得到这份工作了。

我想找到一个突破口。"艾伦，我的乘组会全力以赴帮助你的乘组做好飞行准备。"他点点头，冷漠的目光闪动了一下，表明对我的不自在感到好笑。去他的吧！

我停了一下，然后滔滔不绝地说起来。"我想向你保证，需要的时候，我们随时可以上天，而且我现在就可以向你承诺，如果你到时候还没有准备好，我可以随时替你上天。"我心里对自己说，别停下来，因为再也没有第二次机会了。不管怎么说，我正处于鼎盛时期，他只能把我赶出他的办公室一次，不可能有第二次。"我不是要把你的工作做得和你一样好，而是比你更好。"

我现在似乎插足过多。有时候我说话不太过脑子，告诉美国第一位太空人我会做得比他更好，很可能不是我做过的最聪明的事。很显然，谢泼德的后备指令长不可能去执飞这次任务。两位指令长可能会一起训练，但"上帝"只有一个，除了死神，谁也无法阻止艾伦·谢泼德进入飞船。

他的凝视变成了怒视，我知道艾伦没有中间状态——他要么喜欢你，要么不喜欢你。有一会儿，我想他会拉出抽屉，拿出一把手枪，当场把我射杀，以警告未来的后备指令长：这就是高傲自大的下场。不知天高地厚的生瓜蛋子，你不是要做得比我更好吗？

相反，艾伦从桌子后面站起身，前倾着身子向我伸出手来。他说："吉恩，我们会合作愉快。"坚冰融化了，钢铁护盾破碎了，我被接纳进入了艾伦最核心的朋友圈。他脸上露出了拳击运动员那种充满自信的笑容；太阳在闪耀，小鸟在鸣唱。

　　我至今依然认为，老奸巨猾的迪克把这项工作交给我是对我的重大考验。我要是赢得了艾伦的尊重，我就会顺理成章地执飞一次登月任务；否则，我只能写下自己的墓志铭了。

23 秘密使命

1969年，婚姻的气泡破裂了，其碎片散落得到处都是，动摇了既看不见又脆弱的一种保障系统，这种保障系统使宇航员和家人避免受到丑陋、真实世界的伤害。很多在公众的密切关注下承受持续紧张关系这么多年的婚姻，不管我们多么希望它们能够继续维持下去，却再也无法维持了。

唐·艾西尔的离婚只是个开头。甚至在他执行"阿波罗"7号任务的时候，他的婚姻就已经不稳定了；当他获准继续担任"阿波罗"10号的后备宇航员时，我们的妻子开始琢磨原来所担心的宇航员离婚的后果是不是不像以前那么严重了。后来，迪克觉得唐已经对工作失去兴趣，这很可能是由离婚和再婚造成的，于是就开除了他；此时，情况才有所缓解。于是，妻子们心想：利剑可能依然悬在头顶，要是宇航员弄丢了妻子，他也会弄丢搭乘火箭的机会。与此同时，大多数女士仍然和唐的第一任妻子保持密切关系，而和他的新婚妻子没有任何联系，这倒不是因为后者是一个坏人，而是因为她代表着不受欢迎的变化。这种情感的伤害和对立撕裂了这个社区紧密的社会结构，而且这种撕裂再也无法修复了。

随着时间的流逝，一直隐藏在宇航员居住区的个人问题曝光后，其破坏性极大。约翰·扬正在与妻子离婚，阿尔·沃登也准备离婚，其他不稳定婚姻的传言像变味的食用油一样传播开来。阿尔被安排执行"阿波罗"15号任务，约翰则执掌"阿波罗"16号任务，迪克并没有开除他们。他们正准备上天。这等同于在拿骚湾、艾尔拉戈和廷伯科夫发生了婚姻地震。那些帮助这些男人实现了梦想的女人们走了，取代她们的是年轻漂亮的姑娘！这种情况会愈演愈烈吗？

芭芭拉和我的婚姻依然很稳固，至少我觉得是这样。在投入到新的工作之前，我们去补休欠了很久的假。我们来到内华达州的一个农场，特蕾西和我经常骑马，而芭芭拉则原地休息或者看书，或者我们一起游泳。然后我们驱车赶到圣迭戈，沿海岸线北上到达蒙特雷，再返回洛杉矶，参加尼克松总统为"阿波罗"11号宇航员们举办的庆祝晚宴。特蕾西开始上一年级以后，我和芭芭拉与汤姆·斯塔福德一家在夏威夷待了一周。在其他宇航员的婚姻走向崩溃的时候，我们都不敢掉以轻心。

值得提及的并不只有离婚。美国完成著名的"阿波罗"11号飞行任务几个月后，苏联的宇航员前来访问；显然，整个世界都在发生变化。这些来访者都曾经是我们在太空领域的敌人，我们要带他们四处转转，和他们成为好朋友，和平常一样正常生活和工作。实际上，我们双方很快就发现，我们并没有头上长角，身后长尾巴，于是我们很快就相处得像平时一样，成为一群无拘无束的飞行员。在随后的几年里，我将和多位苏联同行成为好朋友。

芭芭拉和我负责招待他们5天，其中一位是格奥尔基·别列戈沃伊少将，另一位是平民宇航员康斯坦丁·费奥季蒂斯托夫——1964年被塞进第一个三人飞船"上升"号的科学家（为的是让他对这次飞行的潜在危险闭嘴）。NASA承担接待的费用，我们对他们大加称赞，而对我们在政治信仰上存在的鲜明差异视而不见。据说尼尔·阿姆斯特朗和"阿波罗"11号其他宇航员一起做22国巡游、经停巴基斯坦时，说道："政治让我们感到困惑。"

在圣迭戈，我们带客人去了海洋大世界，然后去观看圣迭戈电光队的橄榄球比赛。当把我们介绍给观众时，将近6万人站起来鼓掌欢呼。当我画图展示场上的情况时，一脸困惑的别列戈沃伊举起双手，把美国橄榄球比赛描绘成"全倒下，全站起，全倒下"。热狗、披萨和一位漂亮的金发翻译是这位少将十几岁儿子的最爱。

别列戈沃伊是个外向、快乐的大块头，与清瘦、懦弱的费奥季蒂斯托夫工程师形成鲜明的对照。他喝伏特加就像一般人喝柠檬汁一样，整个晚上他看到什么都要祝酒，而且越喝越高兴，越喝越可爱；他把我的名字"尤金"发成俄语的声音"欧今"。当我醉倒在桌子底下时，他会不停地喊："欧今，再来一杯！来，欧今，只再来一杯！"

在特莱丁瑞安航空工业公司总裁弗兰克·詹姆森位于拉荷亚

悬崖边气派的豪宅里举办的聚会上，格奥尔基·别列戈沃伊戴上围裙帮我做了一大盘烧烤，外面响起了墨西哥街头乐队吹奏的音乐，此时，他的妻子利季娅撞到了一扇玻璃门上。我们为今后的友谊干了很多杯。"欧今，再来一杯！"在迪士尼乐园，他勇敢地把米老鼠的大耳朵戴在头上。在旧金山的牛宫，他骑上了一头公牛。

作为他们美国之行的工作游，我们把格奥尔基和康斯坦丁带到唐尼市，参观了北美航空工业公司的罗克韦尔工厂，我们的"阿波罗"10号和"阿波罗"11号飞船都临时存放在那里，当观看这两艘到过月球的飞船时，两位宇航员几乎处于顶礼膜拜的状态。今天，"阿波罗"10号飞船放在了伦敦的科学博物馆，而"阿波罗"11号飞船则非常相宜地放在了华盛顿的国家航空航天博物馆。

好莱坞在柯克·道格拉斯的家乡举办了一个大型的聚会，浮华城里的每个明星都想向上过天的男人们展现风采。芭芭拉和她最喜欢的两位电影明星——格伦·福特和沃尔特·马修以及他们的妻子坐在一张桌子上。克林特·伊斯特伍德、戈迪·霍恩、黛娜·肖尔、李·马文和格劳乔·马克思穿梭于人群中，苏联人在没有翻译的情况下与会说多种语言的尤尔·布伦纳和女演员娜塔莉·伍德交谈。

由于美国电影和音乐在当时被苏联禁播，因此我们的苏联客人对绝大部分的明星都一无所知，见了面也认不出来。弗兰克·辛纳屈排着队过来见面，我把他介绍给格奥尔基，苏联客人热情地和这位"老蓝眼"打招呼，然后小声地问我："他是谁?"喜剧演员丹·罗恩立刻以出去喝点东西为借口从队伍中走掉了。他解释说："如果他们连辛纳屈都不知道，那我更没有理由去见他们。"

1969年11月，皮特·康拉德、迪克·戈登和艾伦·比恩完成了"阿波罗"12号的飞行任务。对航天计划内部的人来说，这次任务和以前的任何任务一样具有挑战性。我们登上一次月球并不意味着我们还可以再登一次。现在，我们想看看我们的技术到底有多好，是不是在月球真的能够准确导航。他们完成得非常棒。他们不仅发射期间在"土星"5号火箭上经受住了雷击，而且他们的登月舱"无畏"降落到离目标——月球的风暴洋陨石坑（两年前"勘测者"3号无人飞行器在这里着陆）只有10码的地方。大家都知道皮特和艾伦夸口了。

但善变的公众纷纷对我们失去兴趣。从技术和飞行的角度看，我们觉得是非常惊奇的事情，而美国公众现在却认为是无趣的日常活动。我们已经登上了月球！我们已经击败了苏联人！我们已经看到了从外太空发回的彩色电视画面！各电视公司播放免费节目的时间越来越少，因为在零重力条件下漂动和在月球上弹跳的画面竞争不过肥皂粉、啤酒和牙膏的广告。这种对航天计划关注的不断减少转换为公众支持的下滑，这又促使本来就捉襟见肘的经费进一步减少。

把危险而又艰难的飞行任务做得看上去很容易，于是我们成了自己成功的牺牲品。越来越多的政治家鼓吹把用于月球的经费转向解决地球上的问题，主要是为了向他们所在的社区进行分肥拨款。在克里普尔溪上建一座小桥就有可能使那位国会议员继续留任，那何必花钱去构建太空桥呢？

NASA 认为该是和烦人的科技界做交易的时候了——把一位真正的科学家送上月球，以换取他们的资金和政治支持。"阿波罗" 12 号返回地球后不久，这样的交易就达成了。迪克·戈登作为皮特·康拉德乘组的指令舱驾驶员，表现非常出色，被晋升为 "阿波罗" 15 号的后备指令长，这就使他有机会成为 "阿波罗" 18 号的指令长。如果说有谁应该获得指令长臂章的话，那就只有迪克（我俩刚当上宇航员时，曾一起搭机从蒙特雷飞往休斯敦看房子，那是一次难忘的经历）。新手文斯·布兰德是戈登乘组的指令舱驾驶员。当迪克宣布登月舱驾驶员是杰克·施密特时，载人航天中心的很多宇航员办公室里都传出了不满声。那位地质学家！杰克是每个人都喜欢的科学家，但他让某位飞行员失去了登月的机会。

迪克对科技界的不断施压烦透了，于是觉得做出妥协也许可以获得某些安宁。把杰克放到后备乘组什么也保证不了，此时，他离登月还远着呢。声量很大的科学家们也知道这一点，所以对迪克的安排并不满意。于是，他们开始施加更大的压力，来使他们的代表尽快登月。比尔·安德斯对国家科学基金会的头儿说的一句不经意的话，终于结出了苦果。

1969 年年底，阿格纽副总统邀请 "阿波罗" 10 号的宇航员和他一起出访亚洲，这对我们来说是一个惊喜，对我最好的朋友斯基普·弗隆来说是一个天大的意外。我刚开始为我在"阿波罗"14号中的新工作进行训练，但副总统发出邀请时，你就得去。NASA急需上层的帮助，于是很快就把事情都协调好了，允许我出去一段时间。他们心想：塞尔南和副总统是好朋友！这也许意味着登月计划能获得更多资金！我们都同意芭芭拉和我一起出访一段时间。

圣诞节那天开始的18天出访行程，为我们打开了一个新的世界。在航母上环游太平洋与乘坐空军二号完全不同，作为副总统正式出访代表团的成员，我们得到了比头等舱还好的服务。芭芭拉和我进入了梦幻之地，出访行程包括夏威夷、关岛、马尼拉、吉隆坡、尼泊尔、阿富汗和东京等地；她顺便去了曼谷，我最后到了越南。每到一站，国王与王后、总统与总理以及第一夫人都让我们感到宾至如归。

对我来说，西贡是一个令人悲喜交加而又大开眼界的地方，因为我是作为贵宾而不是海军空中打击飞行员来到这里的。我参加了越南总理阮高祺在总统府为阿格纽副总统举办的午餐会，并在一名陆军上校的陪护下乘敞篷汽车参观了殖民地时期的老城。我很幼稚地问他，在光天化日的大街上为什么带一把0.45口径、子弹上膛的柯尔特式手枪。他回答说："也许会用得上。"我们飞往离西贡大约100英里的一个高射炮基地，和那里的美国军人交流了一个下午；我们乘坐一队休伊直升机往返，这样敌军就不知道哪架飞机上有副总统。在西贡，设有路障的地方士兵都带有武器，从附近新山一空军基地起飞的战机从头顶上空飞过，在很远的地方，能隐约听到炮弹的爆炸声。他们显然在为国家的存亡而战，而我在用亮闪闪的瓷碗喝着燕窝汤，附近湿热的大街上的乞丐们在向美国军人乞讨。我从未参与过这场战争，当我离开时，这一事实一直困扰着我。

在我们飞往马尼拉的路上，我的脑海里一直想着斯基普·弗隆；我想他应该在北边某个地方，作为 F-4 战机中队的队长，正在执行作战任务。"你想见他吗？"副总统突然问道。

"是的，先生。当然想。"我回答道，认为他只是聊天而已。

"好吧。"副总统叫来一位下属，给华盛顿自己的办公室发去了一个日常的问讯。然后，这个讯息从那里发向了五角大楼，后者又立即发给了太平洋航空兵司令部的司令。司令马上又发给了位于火奴鲁鲁的舰队司令部，后者立刻发给"星座"号航母上的航空兵大队司令部，而这艘航母在北越附近海域执行完任务后恰好停泊在苏比克湾。所有这一切花了大约不到一个小时。我对阿格纽副总统的一句不经意的回答，竟沿着指挥链变得越来越重要，最后变成了让太平洋上所有将领们一下子紧张起来的火急文电。

"弗隆中校，弗隆中校，弗隆中校请注意。立即向前门的护卫报到。副总统要求你到他那里去。"当大喇叭里喊出了斯基普·弗隆的名字时，他正在位于库比角的基地商店购买剃须膏，路上所有的行人都停下了脚步。

他感到莫名其妙，快步走向身穿蓝色制服、过来找他的一位上士。他问道："什么副总统啊？"

"美国副总统，长官。上将让你立刻回到航母，我有车等在外面。"

斯基普赶紧付了账，钻进汽车返回了码头。

一名海军陆战队警卫把他直接带到了舰桥，来到一队表情严肃的上司面前。上将等在那里，还有参谋长、舰长和航空兵联队指挥官。火急文电受到高度重视。上将质问道："弗隆，这到底是怎么回事？"

"长官，我也不知道。"我那一脸困惑的战友回答道。这些高级军官们最后认为，斯基普可能不仅仅是他们所知道的一位非常不错的飞行员，他一定涉及某种密级很高的间谍行动，而这一行动他们作为上将和舰长还没有资格知道。副总统阿格纽自己找他！

"下去洗漱一下，带个小提包。一架直升机马上过来接你。"

斯基普快速回到自己的房间，换上干净的军装，打了个随身小包，跑回到甲板上，一架海军陆战队的直升机正等在那里，旋翼转动着。这可不是普通的直升机，而是一架仅供重要人物使用、非常亮眼的白顶直升机。航母上的所有人都目视着这架神秘的直升机快速远去，目的地和任务都不知道。斯基普解开安全带，身体前倾着，以便能够和这位上校驾驶员交谈。

"这是要干嘛去呢，长官？"他问道。

上校连看都没有看他一眼。"我只是副总统的驾驶员，我会把你送到马尼拉的洲际酒店。"谈话就此结束。

直升机平稳地降落在一块宽大的绿草坪上，斯基普被两名特勤局特工接住，一声不吭地带到由海军陆战队战士把守的门口。乘坐电梯默默地来到顶层，另一位便衣特工查看了他的身份卡。那两名不说话的特工带他走过走廊，送进一个房间，关上门走了。

这是一个宽大、豪华的宾馆房间，他仍然不知道这是怎么回事。两天前，他驾机穿梭于越南上空，躲避着高射炮的攻击；现在，在副总统的命令下，他被隔离在马尼拉一座一流的宾馆里，桌子上放着鲜花和新鲜的水果。他看了看外面一眼望不到边的城市，心想，这至少不是一间牢房，因此他并没有被逮捕，但走廊里有警卫。

锃亮的黄铜门把手咔嗒一声响，门慢慢打开，他转过身来。我走进房间，说道："终于见到你了！"

在随后的三天里，作战飞行员斯基普加入了副总统在马尼拉的正式访问代表团，并参加了国事活动、巡游、鸡尾酒会和费迪南德·马科斯总统举办的晚宴，甚至还和第一夫人伊梅尔达跳了舞。参加完在美国大使馆的除夕晚会之后，我们乘坐副总统的豪华轿车回宾馆；午夜到来时，菲律宾人在大街上铺天盖地地燃放爆竹。这引起了特勤局警卫们的一阵慌乱。

童话般的美好时光结束后，我的战友被那架亮眼的直升机送回"星座"号航母，舰上的每位高级军官都等在那里，急切地想知道发生了什么事情。斯基普面无表情地回答道："对不起，上将。我不被允许谈论这事儿。"

斯基普·弗隆的这一使命将成为越南战争最大的秘密之一。

24 哔哔，哔哔

1970 年 4 月，"阿波罗" 13 号飞船噩梦般的飞行几乎酿成美国的一次重大航天灾难——在飞往月球的路上几乎丧失了整个乘组。指令长吉姆·洛弗尔和他的乘组成员弗雷德·海斯、杰克·斯威格特带着人们的乐观情绪离开地球，去执行登月任务。还有什么担心的？"阿波罗" 10 号几乎到达了月球地面，"阿波罗" 11 号实现了首次着陆，"阿波罗" 12 号为整个太空飞行和月球着陆提供了准确性。他们没有任何理由不充满自信，尤其是他们的指令长是"摇摇欲坠"洛弗尔——这是他第四次执掌太空任务。

"阿波罗" 13 号升空之前，我和他们偶尔有过一些联系。就在飞船预定发射的前几天，查理·杜克（取代我成了这次任务的后备登月舱驾驶员）告诉迪克说，他的一个孩子得了麻疹。医疗档案显示，除了指令舱驾驶员肯·马汀利，主乘组的其他人小时候都得过麻疹而且都有免疫力。神经过敏的医生们预测说，马汀利环绕月球飞行的时候有可能会病得很厉害。于是，马汀利（从未得过麻疹）就被后备乘组的杰克·斯威格特所取代。

他们起飞很长时间后——离开地球将近 20 万英里时，一个加热器短路了，产生了大量的电火花，从而引爆了一个氧气罐，

337

这又造成了内部毁坏，并摧毁了服务舱里装有乘组生命保障系统的一侧。他们在外太空开始了与死神的搏斗。爆炸发生前的几个小时还拒绝进行直播的各大电视公司，现在蜂拥转向对"阿波罗"13号意外事故的报道。我后来了解到，发生爆炸的2号氧气罐就是从我们"阿波罗"10号更换下来的氧气罐中的一个，这让我感到惊恐不已。

我们宇航员队伍的所有人都一起行动起来。任何小心眼儿、偏见或个人关系的不和谐，任何与"阿波罗"13号乘组的安全返回没有直接关系的事情，都放在一边，每个人也都把他们的个性扔到一边。我们的三位同事在很远很远的地方处于危难之中，我们都竭尽全力让他们安全回家。

"阿波罗"13号的指令舱是乘组的生活区，里面的氧气快用完了，受损的燃料电池无法产生使飞船运行所需的电能。指令舱正在快速走向崩溃，计算机出现异常，三位宇航员被迫在小小的登月舱"宝瓶座"里寻求生存环境，而登月舱在设计时并没有考虑如此重大的紧急状况。

飞行任务控制中心坐满了专家。建造登月舱的格鲁曼公司的人员和编制计算机程序的奇才们都被紧急叫到现场。登月显然已不可能，于是被取消。现在的目标已变得非常不同，而且绝对更加重要——使待在那艘脆弱飞船里的宇航员们存活下来并返回地球。

乔·恩格尔和我作为后备乘组的成员，一直在为下一次飞行——"阿波罗"14号做训练，于是，我俩立刻全身心地钻进休斯敦那个巨大的登月舱任务模拟器，帮助制订出一套安全返回的程序。在几乎两整天的时间里，乔和我几乎不间断地尝试了每一个可能的飞行场景，结果不是坠毁就是翻滚失控，而且这些结果具有惊人的一致性。我们就一直没有考虑过让登月舱顶着指令舱和服务舱这么大一块死重量去做实际的飞行。在努力尝试的过程中，我们的思绪不停地转向洛弗尔、斯威格特和海斯，他们正在救生筏而不是飞船里飞往月球。

我们在得克萨斯州急切地尝试某些新程序的时候，位于马萨诸塞州的麻省理工学院那些穿着休闲鞋的专家们正在不停地重写计算机程序，来告诉登月舱在扮演未曾预料的新角色时如何工作。成卷的修改过的计算机程序带由飞机从波士顿送往休斯敦，再急忙送到载人航天中心，装入模拟器。乔和我再对来自麻省理工学院的最新想法进行严格的验证。更多的失败，更多的建议，更多的来自全国各地的程序带，更多的紧急电话，试试这个，试试那个。然后再重复一次这个循环。格鲁曼公司的人员蜂拥而至，要弄清楚登月舱到底能最大限度地利用到什么程度。

在持续的艰难尝试之后，好的结果慢慢显现出来："阿波罗" 13号绕飞月球背面的时候，借助万有引力的弹弓效应，开始转头飞向地球。他们克服了一个又一个的紧急情况，幸存了这么长时间，这真是一个奇迹。终于到了最后的时刻，飞行任务控制中心把我们大家一起想出的最佳程序上传给飞船，剩下的只有祈祷了。这一程序要么可行，要么不可行。地面的团队和太空的乘组终于克服了各种可怕的困难，洛弗尔、海斯和斯威格特经受住了磨难，成功返回了地球。

很多年以后，吉姆把这次飞行写成了一本书，导演根据这本书拍出了一部惊心动魄的电影——《阿波罗13号》。忘记那些恐怖电影吧，下次你要是想被电影吓坏，就看这部吧。当我今天回想这次任务的时候，我才意识到，我们差一点就失去他们了。

这次飞行以一种最奇特的方式，构成了美国航天计划的关键时刻。虽然这次事故提醒了我们没有什么事情是绝对有把握的，但对"阿波罗"13号的成功拯救也确实应该把我们的注意力重新集中到能使我们取得成功的积极因素上。我们完成了一件几乎不可能的事，但这一成功也带来了自毁前程的风险，因为它给反对者们提供了足够的弹药，从而对未来的太空探索产生不利影响。肯尼迪总统曾经说："我们选择登月，不是因为它很容易，而是因为它很困难。"现在，对在太空失去乘组的恐惧，取代了最初启动该计划时的勇敢，而与灾难擦肩而过也使NASA的高层失去了大部分的骨干力量。

在太空丧失乘组的画面像幽灵一样在他们眼前漂动，于是他们得出结论：不让宇航员死在登月路上的最好办法，是根本就不把他们送出去。洛弗尔的乘组返回后不到两个月，原计划中的最后一次登月任务——"阿波罗"20号，被取消了，而且来自华盛顿的最新预算表明，它不会是最后一个被取消的任务。

随着太空竞赛的结束，月球被征服，我们成了联邦资金不再优先考虑的选项，那些悲观主义者希望把精力和资金集中于其他一些更安全的航天目标——那些费用不这么高、也不这么危险的项目。也许是某种简便、新颖、能沿仔细设计的地球轨道飞行、可重复使用的小型飞行器，这样，科学家们（又是科学家们！）就可以对失重的老鼠、牛蛙、海藻和岩鱼做科学实验，而把太空探索留给机器人去做。宇航员宿舍有传言说，"阿波罗"14号可能是最后一次有人登月活动，我也开始琢磨到底还有没有"阿波罗"17号让我去执飞。

就在形势看上去一片黯淡的时候，我收到五角大楼的通知：我被提前晋升为上校。我服役仅仅14年后就获得了这个军衔，而且年龄只有36岁，成为美国海军最年轻的上校——一位四杠军官。我从未想到自己会成为一名上校。

作为谢泼德的后备，我整个1970年都在进行训练，而在休斯敦、华盛顿和肯尼迪角，就谁应该执飞"阿波罗"17号任务（如果有的话）开始了某种政治活动。这事也不是太急，但未来飞行任务的拨款正在被削减，何时让科学家登月这个大问题还没有给出答复，迪克也不可能永远拖下去。

我有一个包括乔和罗恩在内的很好的团队，紧随我们身后的是"阿波罗"15号的后备乘组——迪克·戈登、文思·布兰德和杰克·施密特。这里的主要问题在于，杰克是航天计划中最知名的地质学家之一，如果NASA想满足科技界的要求，那杰克就是不争的人选，迪克也只能给他安排实际的登月飞行。问题是不知道后面还有没有可以安排科学家登月的"阿波罗"18号或"阿波罗"19号飞行任务。尽管这些任务仍然得到资金支持，也在进行飞行准备，但它们的生命迹象非常微弱。9 月，斧头终于落下，又有两个任务被砍掉了。17 号将是"阿波罗"计划的最后一站。

汤姆·斯塔福德是宇航员办公室的主任，这无疑对我非常有利，但新任的"阿波罗"计划科主任吉姆·麦克迪维特则强烈支持迪克·戈登，戈登的老朋友兼飞行搭档、很有影响力的皮特·康拉德也一样。在随后的几个月里，迪克·斯莱顿会听取各方面的意见，我除了埋头于我的新工作外，只能听天由命了。他拖着不做决定，但肯定每天都在思考——是塞尔南的乘组，还是戈登的乘组？所有这些都不是我所能掌控的，我的任务是，远离麻烦，竭尽全力做好在"阿波罗"14 号任务中承担的工作，而且最重要的是，不捅娄子。

罗恩和乔于 1966 年与其他很有天赋的宇航员一起加入了航天计划，他俩都有完美的资历，作为"阿波罗"14 号后备乘组的成员，我觉得没有比这两位堪萨斯人更好的人选了。

罗恩来自堪萨斯州的小镇——圣弗朗西斯，在堪萨斯大学获得电气工程学士学位，后来又在海军研究生院获得航空工程硕士学位，在越南执行过 100 次空战任务。乔来自堪萨斯州的乡下，也毕业于堪萨斯大学。他在空军爬升得很快，并加入了爱德华兹空军基地的飞行精英协会，在成为 NASA 的宇航员之前，曾 16 次驾驶 X-15 进入太空的边缘区。在爱德华兹，他成了上司查克·耶格尔的徒弟和打猎、钓鱼的好友。他俩加入后备乘组时，对我来说一点也不陌生，因为我和罗恩在蒙特雷读研时就认识，乔在加入"阿波罗"10号的保障团队后，我就对他的能力非常敬佩。

我的目标可不仅仅是把大家凝聚成一个后备乘组，因为我一直考虑的是我们三人有可能乘坐"阿波罗"17号一起去登月。作为指令长，我不能只考虑开关和数字；我知道人与人之间的问题比机械故障更难处理，他们工作上的失责也是我的失责。我必须从个性层面了解怎样才能使乔和罗恩充分发挥作用，并赢得他们对我这个指令长的信任。我们之间从未产生过任何问题。他俩立刻全力投入工作，而且从未中断过。在随后的几个月里，我们几乎每天都在密切合作，而且工作之余也花了很多时间在一起，甚至把我们的妻子和孩子也都带入了我们密切的小圈子。

乔是个出类拔萃的飞行员，可能是技术太好了，他宁愿周末与查克·耶格尔出去打猎，也不愿意多花点时间在模拟器上练习。他的飞行能力没有什么可以质疑的，但他在操作登月舱那些怪异系统方面，速度还没有达到我的期望值。因为我是他的指令长，所以觉得对此负有责任，于是完成一整天的工作之后，我们晚上经常聚在汽车旅馆的一个房间里，对他进行额外的单独辅导。随着时间的推移，我觉得他需要在计算机软件上花费更多的时间，但考虑到他在飞行技术上的天赋，我并不认为这是一个很大的问题。要是我们真的驾驶月球着陆器去登月，他会和我在一起，我作为登月舱的老驾驶员，对着陆器的各个系统了如指掌。于是我认为，乔和我可以应对任何紧急情况。

我们从周一到周五都不在家，我错过了特蕾西上二年级时的兴奋，她加入了女童子军，并开始学习教义问答。芭芭拉怅然地指出，这第三次没完没了的艰苦训练变得越来越乏味。想到当年给出的最受欢迎图书榜，我妻子觉得她签约的是《爱情故事》，得到的却是《百年孤独》。

　　我们偶尔也会参加亮眼的聚会，我几次发现，当一次又一次地被介绍为"吉恩的妻子"（几乎作为陪衬）时，她对这样的聚会有点疏远。她后来告诉我说，她觉得我们在这些场合被邀请，只是因为我的工作，不是因为男女主人喜欢或认识我们。实际上，她觉得不少人表现出来的友好关系非常浅薄，把我们的到来当作某种礼物，来赢取其他客人的羡慕，就像炫耀艾格尼丝姑妈从英格兰带来的典雅的橡木橱柜一样。现在回想起来，我不得不承认她说的很对。

　　那时，我可能过于专注工作，专注自我，以致看不到我们生活的压力。对芭芭拉来说，宇航员妻子的角色让她越来越难以忍受，去拉斯维加斯和阿卡普尔科的几次短暂旅行并不能消除她的精神压力。对这位资深的宇航员夫人来说，光环和荣耀变得越来越不重要。"……这位是吉恩的妻子。"我特别注意让每个人都明白，她不仅是我的妻子，而且是我的合作伙伴，我们一直在手拉手地攀登太空飞行的金字塔。在一次晚宴上，我是演讲嘉宾，她也被邀请上台说几句。大家热烈鼓掌的时候，她报以灿烂的微笑。然后有人问："吉恩即将登月，你感觉如何？"

她立刻回答道:"如果你觉得登月很艰难,那就请你待在家里试试。"

我能不能与艾伦·谢泼德合作的担心很快就消失了。艾伦一改过去那种冷漠和霸道,把个人魅力表现得淋漓尽致,完全赢得了我们的好感。他对能够再次上天感到非常高兴,竟然一下子变回了人类。他的领导能力和飞行技能都无懈可击;针对在外太空飞行是个什么状态这个问题,他不怕下放权力或者听取我的意见。毕竟我曾经两次上天,还去过月球,而他只做过一次亚轨道飞行。谢泼德学习起来如饥似渴,对他的飞船了如指掌。他持之以恒地投入到这次飞行任务中。他的乘组成员——斯图·鲁萨和埃德·米切尔都很尊重他,在整个训练期间,他把主乘组和后备乘组的六位宇航员团结得像一群亲兄弟一样。

紧张的工作过去了几个月,艾伦和我合作得越来越愉快,我向他证明了我并不想夺走他的飞行任务,和他一样全力以赴是想看到艾伦·谢泼德在月球上行走。在专家们分析"阿波罗"13号发生故障的原因时,"阿波罗"14号的发射被推迟了,我们于是又获得了更多的训练时间。我们一直在训练,直到把自己打磨得像鲍伊刀一样锋利。

但这并不意味着一切进展都完美无缺,有一个涉及登月舱驾驶员的重要问题,需要在升空前尽快解决。才华横溢的埃德·米切尔是公认的登月舱专家,而乔·恩格尔的技能几乎都能让割草机飞起来,所以,有这样的人物还发愁真是既有讽刺意味,又令人沮丧。问题的部分原因在于，他俩由于技能过高，以致很难集中精力。

一天，就在离发射只有一个月的时候，迪克把艾伦和我叫到一起，把问题摆在了桌面上。埃德·米切尔热衷于进行超感知实验，甚至想把某些实验带到月球上去做，迪克对此无法忍受。埃德就是不愿意放弃这些东西，迪克担心他不能把注意力全部用在飞行任务上。

迪克伸出了右手的两个指头，分开了大约一英寸。他告诉我们说："我倾向于让埃德脱离飞行任务，让乔·恩格尔取代他。你俩觉得怎么样？"埃德最近拒绝接受担任"阿波罗"16号的后备宇航员——一个需要做大量默默无闻工作的职位，因而，与迪克产生了额外的紧张关系。迪克告诉他，给了你登月机会以后，如果你不想轮换到那个重要但没有结果的工作（就没有他可以向往的"阿波罗"19号飞行任务），你可以立刻退出，也不用去参加"阿波罗"14号的任务。迪克认为埃德可能不会把全部精力用于登月计划，他对此感到非常生气。如果你不想帮忙，那你趁早走人。

迪克对埃德·米切尔的不满让我们非常意外，艾伦说超感知的事也困扰着他，但他认为埃德是一位出色的登月舱驾驶员，在其他各方面都满足飞行要求。艾伦不想在这个节骨眼上改变乘组。我对迪克说："我乘组的那位可以胜任工作。"我指的是乔·恩格尔，虽然我确实感到乔并没有像我期望的那样百分之一百一十地投身于工作，但我还是那样说了。于是，我们就在更有天赋的飞行员乔和行为怪异的登月舱天才埃德之间进行权衡。

由于此时改变乘组会对整个飞行任务带来太大的影响，所以，迪克最终还是决定保持现状。由于当时未知但后来出现的一个因素，我没有更努力地推动让乔进入谢泼德的乘组，在随后的很多年里，这一直让我感觉很内疚。由于我们没有做出乘组的改变，因此乔后来永远失去了登月的机会。

艾伦即将执掌下一次飞行任务，这是我们国家的幸事。就像那次大火之后，深受信赖的老将沃利·希拉被征召上阵，来恢复我们对"阿波罗"计划的信心一样，现在，当国家受到"阿波罗"13号意外事故的动摇之时，艾伦也被征召，再次挽救这一信心。让美国第一位乘坐火箭上天的宇航员担任这一角色再恰当不过了。他对自己的能力没有丝毫的怀疑，这种具有感染力的自信不断扩散，使得我们也完全相信他会说到做到。

他甚至不反感我们没有恶意的玩笑——把他的乘组称为"三个新手"。罗恩、乔和我把我们的乘组称为"第一团队"，隐含的意思是我们比他们更强。我总是开玩笑似地警告艾伦别把事情搞砸了，因为"第一团队"就站在旁边，如果老头儿、大胖子和可爱的小红头乘组到时候干不了，他们随时可以扣上安全带，乘坐那枚"土星"5号火箭去登月。

每个飞行任务都有一个个性化的乘组徽章，"阿波罗"14号也一样，只是有一点例外——我们是第一个、也是唯一一个同样拥有任务徽章的后备乘组！这个奇特的主意就是想嘲弄一下艾伦，因为我们的徽章描绘的是，代表"三个新手"、长着灰白胡子的北美草原狼从地球来到月球，结果发现代表"第一团队"的走鹃已经站在月球上，并不停地发出著名的鸣叫声——"哔哔，哔哔！"

我们每次用"哔哔，哔哔"刺激艾伦的时候，他都会立刻回击道："你哔哔个球！"这一次草原狼真的要赢了。

25 水与火

随着 1971 年的到来和"阿波罗"14 号发射日的临近，我的情绪特别高涨。一切都非常顺利，我对带领乘组去登月的赌注也很有信心。尽管距离做出谁将执飞"阿波罗"17 号任务的重大决定还有好几个月，由于我和艾伦·谢泼德合作得很好，我的机会进一步增加了。"第一团队"做得非常棒，我们很开心，显然也能够面对这一挑战。"教父"迪克一向对自己辖域内的事情了如指掌，显然也知道事情的进展情况。

我很有自信地认为，迪克·戈登要想赶上我，还需要再加把劲儿，但他的那张王牌——地质学家，像某种潜伏的恶魔一样，一直在我的脑海里挥之不去。外界持续施压，想让一位科学家参加最后一次的飞行任务，而且从逻辑上讲，迪克应该不会拆散一个乘组。如果让施密特参加，戈登和布兰德很可能和他一起飞。我仍然管不了那么多，我也不会想办法去干预。我最好的做法就是不蹚政治上的浑水，埋头工作，避免任何麻烦。我们即将到达终点线，离发射还有不到一个月的时间了，还能出什么差错？

没想到，1971 年 1 月 23 日（星期六），离"阿波罗"14 号飞船的发射仅剩一周的时候，我差一点因为自己的一次失误而丧命。

我们用于月球着陆训练的机器之一，是一架很小的 H-13 贝尔直升机，就是在电视连续剧《陆军野战医院》里看到的那种作为飞行救护车的小直升机。它只是一个带旋翼的气泡形驾驶舱而已，但它可以悬停、上升、下降和侧飞，是除了位于得克萨斯州埃灵顿空军基地那台操纵杆式火箭推进的登月训练飞行模拟器之外，最接近月球着陆的飞行设备了。"阿波罗"14 号的主乘组和后备乘组都来到了佛罗里达州，在一个晴朗的早上，为了再增加大约一个小时的登月训练时间，我在肯尼迪角钻进一架 H-13，让它老旧的 260 马力的莱康明活塞式发动机预热一会儿，就干净利索地起飞，进入明亮的天空。这里距离游客们晒太阳的沙滩只有几英里。

我沿着可可比奇的大西洋一侧往南飞，越过墨尔本，再沿着印第安河向北飞往我们位于肯尼迪航天中心的垂直进场训练场。由于两个油箱加满了油，直升机飞起来反应有点迟钝，于是我想先烧掉一些燃油再开始工作。这正好让我在天空中闲逛一会儿，利用这多余的燃料做点开心的事。

小船点缀着下面清澈的水面，河中散布着一些明亮的小岛。水面像镜子一样，几乎没有一丝波纹。经过长达数月的艰苦训练和埋头工作，我禁不住想来点儿恶作剧——飞行员们所称的"冒险低飞"。于是我机头朝下从 200 英尺的高度开始俯冲，并在小岛沙滩和小船中间绕飞，而且离水面越来越近。

透明驾驶舱没有装侧门，我在快速飞行的时候，凉爽、清新的风吹进驾驶舱。很多人抬起头来向直升机挥手，他们心想驾驶员很可能是个宇航员，因为除了他们，谁敢开着军用直升机这样胡闹？我是在炫耀自己的驾驶技术吗？当然！谁不想炫耀啊？

我没有意识到下面的危险，飞进了水上飞机驾驶员最讨厌的一种陷阱里。由于没有波纹，因此水面无法用来判断高度，我的眼睛穿过水面直接看向了能够反射光线的河床。我就没有看见水面。但我依然可以控制飞机——至少我是这样认为的，直到滑橇式左起落架扎进印第安河的河水里。

好像有一只黏糊糊的大手伸上来，把直升机一下子拉进水里。由于我放松了一会儿警惕，无时不在的飞行小精怪就惩罚了我。我用左手扭动油门变距杆来加大动力，然后向后拉动控制杆，想让直升机再爬升起来。起落架激起了一股水浪，随后驾驶舱也撞到了水面上，直升机失去了设计的气动外形，一道水浪扑面而来。一瞬间，直升机的速度从 100 节降到了零，我感受到的冲击不亚于在航母上的降落或宇宙飞船的级间分离。我就这样轰然坠落了。

旋翼切入水中，断裂成利齿状的碎片后在水面上翻滚。我身后很大的传动装置脱落后，像个钢球一样滚出 100 码才沉下去。格栅式的尾梁断裂后变成四处飞散的小碎片，有机玻璃驾驶舱的舱盖碎掉了，一个油箱爆炸了，直升机解体后剩余部分和里面的我像块石头一样沉入水中。

就我当时是否昏迷，医生们和我至今仍然存在分歧，但我记得我沉在水底，手紧紧地抓着控制杆，还想让飞机飞起来。幸运的是，直升机没有翻倒，我仍然直直地坐着，安全带依然紧紧地扣着，没有被破碎的残片或腿边扭曲的仪表钢质面板扎伤。一串串的明亮气泡从我眼前升上去，我才意识到我在水下，分不清方向，也拿不准到底是怎么回事。沉重的白色飞行头盔紧紧地扣在我的下巴底下，里面充满了空气，试图从我头上拉脱，像行刑手的绳套一样勒着我。我解开卡扣，头盔猛地离开了我的脑袋，冲向水面，好像重力改变了方向，它不是向下而是向上坠落。

我快速做了一下身体检查，感觉没有骨头断裂或内脏破裂那种剧痛，也没有锋利的金属扎进我的肚子，但我知道如果不赶紧行动，我就会被淹死。

此时，我平时的训练派上了用场。我心想：我以前经历过，我知道该怎么做。我想起了在海军服役时的飞行前训练和NASA提供的水下生存演练。那时，我们学了怎样从沉入水下的飞机和飞船中脱身，怎样跟着上升的气泡回到水面上。只是这次不是一架飞机或飞船，而是直升机坠落后剩下的一部分装备，如果那些很大的旋翼叶片仍在头上转动，我直接游上去就会把脑袋削掉。但我没有别的选择，我不能一直这样坐在印第安河的河床上。

我没有意识到环绕我的驾驶舱舱盖已经不在了，我解开安全带，向侧门的部位靠了靠，什么东西也没有，因为这次侧门就没有装，有机玻璃舱盖已经撞掉了。我的飞行服和战靴变得越来越重，我慢慢起身，从空档处迈出直升机。我一蹬河床，游向水面，我的肺快要憋炸了。

我钻出水面时周围一片火海，整个河面似乎都在燃烧。我感受到的最炽热的火焰在我周围肆虐，难以承受的高温烘烤着我的眉毛和脸部。我试图呼吸，但吸入的都是烟火。汹涌的火墙包围着我，时间似乎停滞了。我没有因坠机摔死，没有被淹死，但大火有可能把我搞定。真见鬼，塞尔南，赶紧离开这里！

往哪儿去？哪儿都行！赶紧！我双手扑打着燃烧的水面，把火往后推一推，然后蜷身钻入水中。我只能在水下游几码远，然后再次钻出水面，大火仍然想把我活活烧死。扑打几下再潜入水中，我重复着这一过程，一点一点地离开不断蔓延的大火。我的头上火光闪闪，似乎在说看你还敢不敢上来吸气。

在我逃离大火的过程中，我湿透的飞行服和沉重的靴子都变成了拖锚。我没有被摔死，正在战胜大火，但我自己的服装正试图要我的命。蹬腿和前游越来越艰难，后来变得几乎不可能，我不知道为什么那天竟鬼使神差地没有穿一件充气式救生衣。我在离开大火的地方钻出水面，但它的热量依然很强大，好像我把头伸到了打开门的烤箱前面。我吸入的不是特别期待的凉爽、清新的空气，而是伤人的热气，把我的肺弄得生疼，好像滚烫的毛巾捂在了脸上，要把我活活憋死。

我踩着水，回头看了看事故现场，我几乎就像刚刚逃离了一艘被鱼雷击毁的战舰。大火肆虐着，热浪滚过水面，就像一个热拳打在我的脸上。直升机不见了，我能看到的只有一些碎片和构件，包括一个依然完整的油箱（里面可能还有四分之三的汽油），在欢快地烤着火。我心想：它要是爆炸了怎么办？此时，我已经没有任何选择，而且即将失去体力。我没有任何想法，印第安河看上去像大西洋一样宽阔。水深大约只有 10 英尺，但我只有 6 英尺高。我想脱下靴子减轻重量，但没有脱掉。有一只靴子松脱了，但仍在脚上挂着，使我的踩水变得更加困难。

这次坠机就像一场烟花表演，剧烈的爆炸和升腾起来的烟火球清晰地标示了出事地点。我错过了这场表演，因为我处于爆炸的中心，不是一名观众。驾船人员急速赶来救援，四处搜寻我。不知从哪儿来的一只小渔船，上面有一位女士，她双手抓住我湿透的黄色飞行服，把我从水里拉上来。我瘫倒在甲板上，急促地喘着气。我狼狈不堪，晕头转向，一呼吸肺部就疼痛，她把我送往岸上的时候，我只能含糊不清、有气无力地说一句"谢谢"。我试着说话的时候，竟听不出自己的声音了。由于嗓子被灼伤，我说出来的话非常粗哑、刺耳，听起来就像青蛙叫。

一位布里瓦德县副警长急速把我送到帕特里克空军基地做初步处理。医生们在检查、缝合、敷药、包扎的时候，我给休斯敦的芭芭拉打了个电话。NASA 已经给她打过电话，她现在还在发抖呢，脑海里回想起了查理·巴塞特、克利夫顿·威廉姆斯和其他逝去的朋友。NASA 安慰她说我没事儿，伤得不重，此时我又反复给她说了好几遍。

迪克派一辆轿车把烤伤的我拉回宇航员宿舍，在这 30 英里的路上，我脑海里想象着肯定会很快出来的新闻头条：宇航员坠机。直升机坠河以来，我第一次有时间去思考一个问题：我到底怎么跟别人说这次事故？我有什么借口吗？我飞到他娘的水里去了！飞行员失误！就这么简单。其后果会是什么？我们到达宇航员宿舍时，我还在权衡各种可能性。我拖着湿漉漉、烟熏火燎的身体走进电梯，一点儿宇航员的样子都没有。

我没有停下来去收拾一下自己，径直穿过走廊来到用餐区，寻找迪克。艾伦·谢泼德正坐在那里吃饭，冷峻的目光盯着我湿透的飞行服、绷带和烧焦的头发。我一直在给他开玩笑说，准备执飞"阿波罗"14号任务期间千万别出事儿，现在，我的玩笑竟响亮地打了自己的脸——出事的不是艾伦，而是我。

我用粗哑的声音说道："艾伦，你赢了。飞行任务是你的了。"艾伦对我笑了笑，问我怎么回事，身体怎么样。我当然会说没事儿。我还能怎么办？站在那里大哭？于是，我用我的青蛙腔对他说，我故意上演了一场《蟾蜍先生疯狂大冒险》。"这里的事情太他娘的单调了，我们要想宣传一下'阿波罗'14号，总得有人做点事儿。"

"对。"他一边说，一边吃饭。其他宇航员们也都进来，看看发生了什么情况，此时，我决不能展现任何弱点。

迪克来了，把我带到邻近的简报室，花了些时间来确认我受伤并不严重。我没有给他说任何骗人的鬼话和英勇飞行员的豪言壮语，准备面对处罚。此时，艾伦·谢泼德把头探进来说："吉恩的电话。"

迪克很烦躁地大声说道："现在不接电话，我不管他是谁，告诉他们他会回过去。"

"迪克，是美国副总统的电话。"

电话的另一端果然是泰德·阿格纽，他想知道的和其他人都一样："吉恩，到底是怎么回事？你怎么样？"我向他解释了事故的发生情况，并感谢他的关心，然后就挂掉了。迪克开始谈正事儿，他需要向新闻媒体、NASA 的高层和美国公众说明情况，并随即给我提供了一个摆脱困境的简便方法。他没有言明的事实是，他也需要考虑这件事对选取"阿波罗"17 号乘组的影响。

"你告诉我，发动机是什么时候停车的？"他目不转睛地看着我，声音也充满力量。我唯一需要做的就是同意这种说法，就说发动机不工作了，是飞机的问题，不是我的问题，这样我就没有任何责任了。他已经把一个无过失证明放在银盘子里端了上来，我只需把它捡起来。但我不能那样做，尤其不能明明知道真相却还那么做。"迪克，发动机没有停车，我只是把那个鬼东西飞进了水里。"

他的表情依然没有变化，那张皱纹密布的脸上连一条皱纹也没有增加。"吉恩，你没有听明白我的意思。发动机到底是什么时候出现异常的？"迪克和我都知道是我的错，也知道问题的后果，但他不想让我受到别人的攻击。在他看来，这次坠机既是我的责任，也是他的责任，因为他总是对我的能力充满信心。

"迪克，就像我说的，发动机没有停车，我就是失误了。"

迪克·斯莱顿耸了耸肩，摇了摇头，说："那好吧，如果你想这样。"

我粗哑地说："真实情况就是这样。"当时的对话就是这样，就这么简单。

"你收拾一下，看医生去吧。"他离开了简报室，去写情况报告和会见记者。其他宇航员围拢过来，开玩笑说我想通过坠机来结识小船上的那位女士。我告诉他们说，没有一个女士值得我去那么做。人都有两面性。他们都希望我在这次事故中大难不死，但他们也知道我飞进了水里。坠机就是坠机，他们一旦知道我并无大碍时，好家伙，就开始攻击我：塞尔南这次真的搞砸了！还记得他那次的太空行走吗？我命令自己对此要一笑了之。不能示弱！别去触碰绷带或烧伤部位，甚至连小声的"哎呦"都不要发出。永远、永远不要展示一丝的不自信。

终于只剩下自己了，我走进浴室，脱下湿透的飞行服和靴子，扔成一堆，站在流量很大的凉水下面，把手掌和前额贴在凉爽的瓷砖墙面上，让水浇在我的背上和脖子上。这里的讽刺意味让我难以置信：我一路飞到了月球，回到地球后竟栽在了一架直升机上。

告诉迪克事情的真相，我是不是葬送了执掌"阿波罗"17号的机会？这就好像我被放在玻璃笼子里展示了很多年一样，在一个不允许出错的计划里，这意味着你丧失所有的机会；现在，全世界都将知道我捅了大娄子。如果你想执掌一次登月任务，你必须每次都能做出正确的决定，做负责任的事、正确的事，没有例外，而我却又一次做出了非常愚蠢的事。我非常清楚地回想起了多年前在加利福尼亚州沙漠非常恐怖的那一天：我赢得了"撞桩协会"会员的资格，这个协会只吸收那些依然活着的低飞驾驶员。我要是一只猫的话，我现在至少已经活到了第5命或第6命。

我在直升机坠毁中大难不死，但在担任登月飞行指令长方面，我感觉自己很可能死定了。在肯尼迪角，有关这次事故的传言散布得非常快，就像印第安河上坠机后的火势一样。

　　我"双子星座"9号和"阿波罗"10号的飞行搭档汤姆·斯塔福德从休斯敦打来电话，我当时正躺在床上，累得一塌糊涂。汤姆知道这次事故有可能会让戈登和地质学家一跃获取"阿波罗"17号的飞行机会，他快速向我分析了当前的局势。"你这个蠢货，你这弄的是哪一出？我在这里正想办法让你执掌17号任务，你可能全给搞砸了。"作为一个语速较慢的俄克拉何马人，汤姆·斯塔福德确实有驾驭语言的能力。我刚刚设法逃离了死神，他却因为我惹他不高兴而让我感到内疚。

　　我不知道我的竞争对手迪克·戈登此时是怎么想的，他一直拥有地质学家这个优势，而且没有直升机坠毁纪录。多年后我们一起喝啤酒的时候，迪克笑着告诉我说："吉恩，你发生坠机的时候，我觉得我有很好的机会。"

　　淋浴之后，我再次给芭芭拉打电话长谈。她比我恢复得更快，但依然心有余悸，因为我们都知道直升机事故所产生的后果。

　　"我把机会给弄丢了。"我用微弱、粗哑的声音说道。我说话时嗓子还是疼，但我还是想说话。我随时准备跳上一架 T-38 飞回家，只想跟芭芭拉和特蕾西在一起，让压力无时不在、令人讨厌的航天计划见鬼去吧。"我把机会给弄丢了。"我向她坦白道。

　　她柔声地说："没，还没呢。迪克给你说过'阿波罗'17号的事吗?"

"还没有。但他需要很快做出决定,我让他更容易做出选择了。"我感到特别自责,芭芭拉是我唯一能够倾诉内心忧虑的人。"我现在找不到他会选取我的理由。"

她沉默了一会儿,说道:"没事儿,亲爱的。他知道这种事谁都有可能发生。迪克会理解。重要的是你没有什么大碍。"在这种情况下,一位妻子还能说什么呢?

我们终于挂了电话,也没有找到解决问题的办法,因为这个问题并不是我们所能解决的。那天晚上,"飞行员失误"这句令人不安的字眼儿一直在房间里盘旋,就像吸血蝙蝠想把我职业梦想中的命脉吸走一样。睡觉前我一直在编造借口,为我这最近一次不幸必然会产生的结果强打起精神。去他的吧,反正我也去过月球了,丧失"阿波罗"17号任务没什么大不了的。

回想起来,也许我做得最好的一件事就是和迪克说了实话——看着他的眼睛,如实相告。我做了一件蠢事——飞进了水里,但由于我没有试图逃避责任,从而在一定程度上挽回了人们对我的尊重,这样迪克就不会为了保护我而陷入困境。令很多人难以置信的是,不到48小时,我就重返飞行状态,并做好了需要时执飞"阿波罗"14号任务的准备。对迪克来说,直升机坠毁事件已经翻篇,事情已重回正轨。那只是一次事故,我经受了磨难,他现在唯一关心的是艾伦·谢泼德的飞行任务。他让我重返工作岗位,再也没有提起坠机的事儿。

我出事的时间也比较凑巧。坠机发生在星期六,报社和电视台的工作节奏通常比较缓慢。只有《纽约时报》在星期天早上发了个具有一定影响的头条:"阿波罗"后备驾驶员直升机坠机,幸未受伤。

这篇报道来自一家通讯社,并不是对真实情况的深入调查。到星期一,记者们有了其他需要关注的事情。在肯尼迪角,"阿波罗"14号依然是关注的焦点。苏联人把一艘宇宙飞船探测器降落在金星上。在洛杉矶,发疯的查理·曼森和他嬉皮士邪教的三名女性成员被判谋杀女演员莎朗·泰特和其他六人。两天后,我的事故成了旧闻。我给那位把我从河里捞上来的女士写了封感谢信,努力使自己不想太多"阿波罗"17号的事。

现在,我有时会看看放在书房的书架上那个受损的飞行头盔。它下半部分依然呈白色,而且很硬,但顶部焦黑,塑料已熔化成奇怪的形状。我拿起来看的时候,手指会沾上黑炭粉。我坠机那天,它像一个球似地漂浮在大火中,有人把它从印第安河里捞了上来,交给了NASA,他们随后又转交给我。我至今都不敢相信我竟然能够活下来。

26 石头博士

"你好，吉恩。出去看看我们的飞船吧。"这是 1971 年 1 月 30 日的晚上，离"阿波罗"14 号飞船的发射只剩下几个小时了，艾伦兴奋得睡不着觉。伙计，我太了解这种感受了。我们在宇航员宿舍外面跳上一辆车，开往 39-A 发射塔。我们经过检查站，直接把车开到"土星"5 号火箭的下面。明亮的聚光灯照射着这枚巨型火箭。

燃料加注正在进行。火箭被泵入零下 293 华氏度（约零下 145 摄氏度）的液氧和零下 423 华氏度（约零下 217 摄氏度）的液氢之后，薄壁和内部构件开始慢慢变形，并伴随有各种"吱吱呀呀"的声响。火箭上结的霜使它看上去像个巨型的生日蛋糕。我们看的时候，"土星"火箭似乎一下子有了生命，好像在品尝海风和夜空的味道。在它难以约束的强大力量面前，我感到非常渺小和难以置信：这就是即将把谢泼德带向月球的飞船。

他的眼睛沿着橙色塔架和整个火箭慢慢往上看，似乎在数上面的每一颗铆钉，一直看到顶部的指令舱"基蒂霍克"；月球着陆器"心大星"折叠在第三级火箭的凹腔里，像冬天收藏起来的草坪椅。他什么也不说，但一定回想起了在过去的 10 年里，他经历了多少挫折才等到了今天这个时刻，有时候连自己也拿不准能不能等到这一天。

艾伦现在47岁，身高接近6英尺，依然是高傲的战斗机驾驶员，从使他出名的首次上天以来，几乎10年了。他现在留的棕发比那时要长（那时留的是军人的小平头），重173磅（比那时候重了12磅）。他是扶轮社和同济会的成员，露易丝的丈夫，劳拉、朱莉和爱丽丝的父亲（爱丽丝是他的侄女，后被他收养），百万富翁，在休斯敦和特拉维斯湖有大房子，有大量投资，是宇航员的头领，一个传奇人物！

今晚，他用清澈的蓝眼睛打量着这枚"土星"火箭，他知道和即将执行的任务相比，他上次的飞行只相当于昆虫的一跳。之前，他只飞行了15分钟22秒，跨越的距离为302英里，高度只有116英里，几乎还够不到外太空的下沿。这枚火箭比1961年送他上天的原始的"红石"火箭强大得太多了，而且这次旅程将会高远得多、快得多、艰难得多。

谢泼德掌握了运送他们的"阿波罗"系统，斯图·鲁萨和埃德·米切尔也为登陆月球的弗拉-毛罗环形山做好了准备。人们的批评一直很尖刻："阿波罗"14号是《小孩儿的最后一次飞行》，谢泼德执行的是50万英里的自我展现之旅。我认为这是胡说八道，因为经过与他一年半的密切合作，我坚信执掌这次飞行任务的是一位合适的人选。此外，我知道他确实没有别的选择。为了完成自己的使命，这是他必须去做的。一般人也许早就放弃了，而谢泼德为登月所做出的全身心投入重新定义了"追求"一词的含意。

如果说人和机器可以融为一体的话，那只有海军上校艾伦·谢泼德和他的登月飞船。但我依然认为，他也会在这枚火箭面前感到非常渺小。

10年前，他是我们唯一的航天英雄，我是数百万仰望这位英雄的美国人中的一员。当他承担美国首次载人火箭的飞行任务时，我是一位在圣迭戈准备结婚的年轻海军飞行员。但这么多年过去了，比我年长10岁的艾伦，他的飞行时间仍然只有那十几分钟，而我已经乘坐"双子星座"和"阿波罗"飞船上天飞行了两次，做过太空行走，完成了往返8天的月球之旅。这些都使我和他达到了同一高度。对我来说，这是一个特殊的时刻，因为我平等地和艾伦·谢泼德站在了一起。

看着这枚咝咝作响、亮闪闪的"土星"火箭，我心想：它属于艾伦，不知道我还会不会拥有自己的火箭。

每次太空飞行都会有意想不到的事情发生，"阿波罗"14号刚进入地球轨道就遇到了问题——"基蒂霍克"无法与"心大星"正常对接。这使整个飞行任务处于危险之中，因为没有着陆器，你就无法在月球着陆。最后，斯图·鲁萨使劲儿按压对接卡头才使金属锁扣锁定，他们才得以继续他们的行程。在降落月球的最后阶段，谢泼德遇到了有可能中止登月的雷达问题，但走了这么远的路，不管有没有雷达，艾伦都会设法登月。最后，他驾驶"心大星"平稳地降落了。

在一辆两轮拉车的帮助下，他们大大增加了石头的搬运量。

他们的月球之行从一个地区带回了一大堆石头；人们普遍相信，大约500万年前，一颗陨石撞击了月球的这一地区并划出了一条700英里长的峡谷。从那块散布着大石头的荒凉之地，谢泼德和米切尔找到了关于太阳系形成阶段的线索。

米切尔尝试了一下他个人的超感知实验，试着把齐纳卡片上的一些符号在大脑里发给地球上的通灵者，几乎没有什么结果。对此，迪克并没有在意。

随后，令飞行任务控制中心感到惊奇的是，谢泼德把手伸进小车，把他在月球上使用的工具改成了一个6号铁头高尔夫球杆，再拿出两个表面带凹坑的球，打出了太阳系历史上最远的一杆，让地球上那些水平不高的高尔夫球手们开怀大笑，声称打出的两个球飞出了"好几英里"。但我后来看了一张照片，我发誓沙地上那两个白点儿距离登月舱大约只有30英尺。

在往返月球的一路上，甚至在月球表面，只要乘组打开箱子、袋子或者抽屉，都会漂出"第一团队"的任务徽章。罗恩、乔和我作为后备乘组，最后进入了飞船；我们在设置开关，检查仪表的同时，也把我们的"走鹃"任务徽章塞进了每个角落和缝隙，为的是在他们飞往月球的路上，设定一场嘲弄"三个新手"的迷你风暴。在"阿波罗"14号的飞行期间，内部通信系统中重复率最高的内容也许是谢泼德不耐烦的低声叫骂；每当又一个任务徽章突然出现时，他就低声吼道："告诉塞尔南，哔哔他大爷!"

艾伦是"首批七杰"中唯一一位到过月球的宇航员,对我来说,他回到地球的时机非常好。迪克选择"阿波罗"17号乘组的时间不多了,让杰克·施密特参加最后一次飞行任务的外部压力就像烧水壶里的蒸汽一样。宇航员们开始打赌谁会是这次任务的指令长——我还是迪克·戈登,而戈登在其"阿波罗"15号后备乘组中有施密特这张强有力的百搭牌。

谢泼德的任务完成得非常成功,这让我感到特别高兴,因为它体现了我所做的工作——为他的飞行准备提供帮助;为了给迪克·斯莱顿留下深刻的印象,我付出了巨大的努力。在准备"阿波罗"14号任务的训练期间,我与艾伦建立了非常友好的关系,但这什么也保证不了。尽管如此,我还是觉得艾伦很可能站在我这一边,这样,我就有斯塔福德和谢泼德在为我争取,而戈登则受到麦克迪维特、康拉德和戴夫·斯科特的支持。那个夏天,宇航员们对最终选择翘首以待。

这时候,迪克仍然坚决反对让科学家——任何科学家——而不是训练有素的飞行员坐在飞船里,他显然会把乔·恩格尔排在杰克·施密特前面。但他并没有像往常那样,在"阿波罗"14号任务完成之后立即宣布后备乘组将在三次任务后轮换为主乘组。他显然要等迪克·戈登的"阿波罗"15号后备乘组也完成任务之后再说。问题是NASA高层还会不会让迪克·斯莱顿做出最终的决定。

不久以前,迪克和我还是新入职的宇航员,我们一起飞往休斯敦看房子;现在,他家就在我家斜对面,相隔四家。有一次,他的小女儿还帮助特蕾西在她房间的墙上用蜡笔乱涂。实际上，就目前的境况来说，迪克和我除了相互开开玩笑外，对其他任何事情都无能为力。一起喝咖啡时，他会炫耀说："我这有位科学家。"我假装同情地回应道："那太糟糕了。"我要是处于困境，需要另一位宇航员给予支援，我肯定会选择迪克·戈登。但最后一次登月任务只需要一位指令长，所以，两位好朋友也只能为这一生难得的机会进行竞争。这是备受煎熬的时刻。

最后一件重要的登月装备——月球漫游车（被宇航员们亲切地称为"月球车"），在"阿波罗"15 号飞船升空前，及时运抵现场。它是冯·布劳恩预言成真的产物，是一辆能使宇航员离开登月舱去探索远处奥秘的地外四轮车。

月球车被带往月球时，挂在登月舱的外面，就像一架钢琴被挂在了搬家货车的外面一样；从登月舱卸下来后，它就像一家曼哈顿宾馆里的折叠床一样被展开。它是一辆很有前景的沙丘运动车（至少我们这样认为），因为它适用于高低不平的月球表面，而且新一代月球车将来很有可能用在火星上。

月球车的长度有 10 英尺多一点，高度将近 4 英尺，在地球上重 460 磅，但在月球上只有 76 磅。它不可能出现轮胎漏气的情况，因为每个轮子都是由镀锌金属丝编织而成，并带有倒 V 形钛合金胎纹。金属丝网轮胎！月球车由电池提供动力，由每个轮子上四分之一马力的单个马达驱动，最高速度是每小时 8 英里，每个轮子上都有一个小挡板，用于遮挡带起的灰尘。月球车上没有皮革座椅、地图灯和杯子托架，它的附件包括移动电视转播单元、固态计算机和一台导航陀螺仪。

尽管功能和性能都很强，但它也有局限性。你驾驶月球车离开登月舱的距离，不能超过你背包里所剩的氧气使你能够徒步返回登月舱的距离，因为一旦月球车趴窝，路边可没人救援。

在"阿波罗"15号任务期间，戴夫·斯科特和吉姆·欧文对月球车进行了首次试驾，并取得圆满成功。他们不是像以前的任务那样只在着陆点附近活动，而是快速游览了整个哈德利纹沟和哈德利山。

与此同时，位于月球轨道上的阿尔弗莱德·沃尔登，从高处观察了月球表面，并发现了一个高低不平的地区，那里有一些从未见过的最黑暗的物质。沃尔登知道地球上的科学家肯定会考虑将来对这个被高山包围的神秘地区进行探索，于是，就用高倍数照相机，对月球左上角、靠近宁海（Sea of Serenity）的这个黑暗区域进行了照相和绘图。

"阿波罗"15号可能是最有成效的科学探索之一，但它异乎寻常的成功被乘组极其缺乏判断力的做法蒙上了阴影。他们把一批未经授权使用的信封带到了月球，在月球盖戳注销后卖给了欧洲的一个收藏家。这个事件引起了舆论的一片哗然，让NASA很难堪。作为指令长，才华横溢的戴夫·斯科特只能眼睁睁地看着自己星光灿烂的职业生涯在最不应该的地方触礁了。没人相信竟会发生这样的事情——一沓带邮票的破信封毁掉了这位登月计划中最聪明的宇航员。

这次飞行的结束也意味着迪克·戈登和他的乘组完成了他们后备乘组的任务，准备接受新的任务安排，于是，对涉及竞争最后一次登月飞行任务的人来说，压力进一步加大了。如果这是一场赛跑的话，迪克·戈登和我已经并驾齐驱，而终点线就在前面。迪克·斯莱顿没有多少时间了，需要尽快做出决定。

在我看来，在目前这种情况下，最符合逻辑的做法是完整地保留一个训练有素的乘组。如果NASA坚持让那位科学家去飞，我很可能会让迪克·戈登的整个乘组去执飞"阿波罗"17号任务。对我来说，这是一个不幸的选择，但这是一个合理的决定。

1971年，特蕾西8岁，正处于充满好奇的年龄，她去得克萨斯州山乡地区参加为期一个月的夏令营，这让芭芭拉一连几天都见不到女儿，非常紧张不安。最后，她实在沉不住气了，就把电话打到了夏令营，而一脸困惑的特蕾西解释说，她没有往家里打电话是因为太忙了。我完全理解她的意思。

这样就把芭芭拉留在了位于巴布达巷的空巢，因为我大部分时间都在外面。她的生活中充满了当妈妈的责任——女童子军、音乐课和家长-教师协会的工作，这些都是她的乐趣所在。当特蕾西不在身边时，没有了这些令她开心的活动，她就面临艰难的调整，对此她很不适应。

我们结婚10年了，我几乎一直都在训练，共执行过8项主乘组或后备乘组的任务。这对我们俩都造成了伤害。我的自我价值感得到了满足，我在这个独特的社交世界里做得很成功，我虽然没有多少钱，但拥有更好的东西——金钱无法买到的个人魅力。人们因为能够接近宇航员而兴奋不已，但对我妻子来说，这种个人崇拜和鸡尾酒会非常虚假。一次聚会之后，她怒吼道："这是最能胡说八道的一次聚会，我还得从头陪到尾，我以后再也不去了。"

更糟糕的是，我不断受到邀请去参加全国各地的名人高尔夫锦标赛，而且去有名的地方看看、与有趣的人们见面我也感到很享受。我也找到了去得克萨斯州广阔的乡野打猎的乐趣。尽管年轻的时候我于暑假期间在威斯康星州的森林里学到了很多东西，但打猎不在其中。我发现在野外独处，对等待"阿波罗"17号决定时持续承受的压力来说，是一种很好的暂时缓解，但打高尔夫和打猎都需要牺牲和家人团聚的时间。

由于不知道会不会让我执掌最后一次登月任务，所以我一直花费大量时间在模拟器上进行训练，我决不能让迪克觉得我对这个工作不是太感兴趣。这样，周一到周五我就非常忙碌，但周末我会花几个小时陪特蕾西骑马。然后参加从蒙大拿到迈阿密的打猎和高尔夫锦标赛，而单独陪伴芭芭拉的时间就越来越少了。她给朋友写信说，如果我周一到周五能够回家，那她对我的户外之旅就不会太介意，但"那种情况很少有"。我一直觉得对不起特蕾西，但从未想过也对不起芭芭拉。

在我毫不知情的情况下，迪克·斯莱顿把他的推荐意见发给了位于华盛顿的 NASA 总部：塞尔南、埃文斯和恩格尔将执飞最后一次登月任务。总部立刻否决了这一方案。他们已经做出了自己的决定，并把人选的决定权从迪克手上拿走了。他们非常明确地告诉"教父"说，"阿波罗"17号飞行任务的名单中必须有杰克·施密特博士。这位地质学家要登月了！

迪克努力抗争，但结果可想而知，于是接受现实，做出让步，把乘组名单由塞尔南、埃文斯和恩格尔改为塞尔南、埃文斯和施密特。华盛顿同意了。只要有施密特，其他人他们不管。

10月，芭芭拉和我与罗恩和简·埃文斯一起到墨西哥阿卡普尔科的拉斯布里萨斯短暂度假，当来自休斯敦的电话打到宾馆时，我听到了迪克那粗哑、熟悉的声音："祝贺你，吉恩，'阿波罗'17号是你的了。"我接电话的时候，罗恩也走进来，我给他做了个拇指向上的手势——好消息。

我开始兴高采烈、喋喋不休地表达谢意，此时猛然意识到他并没有告诉我谁是我的乘组成员。罗恩用手指了指自己，挤眉弄眼地向我询问。于是我问道："也有罗恩和乔，是吗？"

"嗯，不完全是。罗恩是你的指令舱驾驶员。"

我快速向罗恩点点头，他把双手举起来，然后一下子把他娇小的妻子抱起来，我则继续和迪克通话。

"那乔呢？"

"我需要和你讨论你的其他成员。"

"为什么？怎么回事？"

他很快打断我的话，说道："你抓紧时间回来，我们再讨论这事儿。"

通话结束后，我们都站在漂亮的宾馆房间里，看着外面洒满暖阳的大海，不知道是该笑还是该哭。我们四个转到酒吧，喝了几杯烈酒和可乐，既兴奋（我们得到了我们想要的）又失望。尽管迪克没有说，但我们仍然可以猜到他很可能被迫对乘组进行了重新安排，让杰克登月，而把乔留在地球。

我对团队被打乱的做法感到非常难以接受。乔作为登月舱的驾驶员，工作一直很努力，我们一连几个月地把时间花在了登月模拟器上，知道每个人个性的细微差异和声音的细微变化。在紧急情况下，我们可以对另一个人的行为做出本能的反应，我很担心面对一个飞行不是其首选职业的人，还有没有同样的默契。我被迫把生命赌在华盛顿强制做出的选择上，这是我最初尝到的政治苦头之一。

我们第二天就离开了墨西哥，我一回到休斯敦就直接赶到迪克的办公室，他确认了我已经想到的情况。我开始据理力争，竭尽所能去说服他把乔重新放回团队：在这个时间点上把别人放入乘组既不公平也不明智；你让一位科学家作为我的副驾驶员，去驾驶月球着陆器在月球表面降落！自"双子星座"计划以来，我们都是由至少两名飞行员驾驶飞船，那是有充分理由的。我的天啊，杰克加入航天计划之前，什么都没有飞过。他在学习驾驶 T-38 小型教练机方面确实做得不错，但乔可是 X-15 的飞行员啊！

迪克让我抱怨了一会儿，对我说的每一句话都点头表示同意。等我冷静下来，累得喘不过气来的时候，他才轻声地说话。

"吉恩，你还没有搞明白。这次杰克将要登月，你有两个选择：同意杰克做你的登月舱驾驶员；或者让位，然后我让迪克·戈登的整个乘组去执行'阿波罗'17号任务。你需要做出要不要登月的决定。"

我冷静了一会儿，思考着这个无法改变的境况。"这么说我们就没法考虑乔了？"

"这次没法考虑。不用为乔担心，他将来会有很多任务。现在的问题是，你准备怎么办？"

我要么让位，要么接受一个无法改变的正式决定。"我们能不能这样——"

迪克一拍桌子把我打断，用尖锐的语言和毫无商量余地的口吻说："别说了，吉恩。不可能。这事已定。赶紧做决定吧。你要是想飞，就和杰克一起飞，不管你乐意还是不乐意。你现在就告诉我，我下面还有事儿要忙。"

没有别的选择，我知道。妈的，这是我多年来一直奋斗的目标，说实话，让我与金发姑娘和三只熊一起登月都行。这本该是一件高兴的事，却让人很不高兴，因为我不得不告诉我的朋友乔·恩格尔，他无法和我一起登月了。乔在面对这一坏消息的时候表现得很有风度，他和别人一样，早就料到了这个结果。随着"阿波罗"计划的登月飞行被削减，杰克已成为"希望之星"早已不是什么秘密，于是乔不情愿地把目光放到了未来。到退休时，乔已成为空军少将，曾担任过航天飞机第二次飞行任务的指令长。时至今日，我还常常琢磨，要是我当初更努力地争取让迪克在"阿波罗"14号任务上用乔替换埃德·米切尔来完成登月，那会是一种什么情况呢？对乔来说，结果会有什么不同吗？

那么，把我们折磨了这么长时间的这个人到底是谁？这位刚刚取代了出色飞行员、被我们叫做"石头博士"的家伙到底是个什么样的人？

没想到，事实证明，杰克不仅是一位地质学天才，而且是一位完全合格的宇航员。他加入我的乘组时，是一个37岁的单身汉。他来自新墨西哥州沙土小镇圣丽塔（他后来成为代表该州的美国国会参议员），他父亲是新墨西哥州的矿产地质学家。他本人毕业于加州理工学院，1964年在哈佛大学获得地质学博士学位（入选科学家宇航员的前一年）。

他还是学生的时候，在挪威的奥斯陆大学学习了一年，并为挪威和美国地质勘探局工作，然后从1961年开始在哈佛大学任教。获得博士学位后，他加入了位于亚利桑那州弗拉格斯塔夫的美国地质勘探局天体地质学中心，成为月球勘探领域的专家，也是利用照相机和望远镜绘制月球地图的公认权威。宇航员们接受月球地质学培训时，杰克是教师之一；甚至在他自己进行飞行和宇航员训练的过程中，仍然担任我们的内部地质学教师。他是获准对从月球带回的岩石进行分析的十几位专家之一。

看起来他与试飞员的特质并不完全相配。迪克·戈登很快给我捎话说，杰克能够胜任登月舱驾驶员的工作，我也知道杰克要是不能承担他那份工作的话，迪克·斯莱顿也决不会让他进入我的乘组。

杰克做事非常投入，生活非常简朴，平时沉默寡言，让人感觉难以交往；但他特别喜欢思考问题，他思考问题的时候，你几乎可以听到他脑子转动的声音。初次见面时，他通常不受人待见，他的沉默寡言和粗鲁无礼让人很难接近。他对这些毫不在乎。不能和谐相处是我们之间的部分问题，杰克就不是我们这种类型的人。

在过去几年丈夫们一起训练期间，芭芭拉与简·埃文斯和玛丽·恩格尔成了好朋友，当我向她们确认了乘组的变化后，女士们非常伤心。她们不仅失去了乔和玛丽，而且换回了一个单身汉。和大大咧咧的克利夫顿·威廉姆斯不同，杰克常常表现出尖酸刻薄的个性，他好像不知道如何与人交往。想到以后的交往之路，女士们叫苦不迭。

简·埃文斯是精力充沛、身材娇小的黑发女人，她说话喜欢直言不讳："我们只得忍受那个讨厌鬼吗？"

但我没有时间忧虑这种社交不愉快的问题，我最重要的任务是把我们三人打造成一个能够飞往月球的团队，而不是确保大家都喜欢杰克。于是我们全力投入了训练。

一种终结感一直笼罩着我们，因为大家都知道"阿波罗"17号将是历史性登月飞行中的最后一次。我们离发射升空还有一年的时间，但绝望的黑潮已经在扑打肯尼迪角的海岸，忧郁的乌云也笼罩着休斯敦，因为当我们升空之后，数千人将失去他们的工作。"阿波罗"计划就要结束了！迪克甚至都无法组建一个后备乘组，好在后来约翰·扬、斯图·鲁萨和查理·杜克自愿组建了志愿后备乘组。

我不仅要让我自己、我的乘组和我的飞船做好登月的准备，而且还被迫为整个航天计划承担起啦啦队队长的职责。那些想到没法还房贷而情绪低落的工人们会出差错，这是不能容忍的。在我们这个行业，失败主义情绪就像致命的病毒一样，我必须找到解决方案。

27 我无法走路

杰克会时不时地冒出一个不着边际的想法，他想在月球的背面着陆。他认为，在过去的两年里，以前的飞行任务都已经把月球的正面探索得差不多了，我们应该利用这最后一次飞行的机会，不然的话，还不知道要等多少年呢。

这种充满不确定性的方案对科学家来说可能非常不错，但它有点儿缺乏操作常识，因为这样的着陆点会使我们与休斯敦完全失去通信联系。杰克建议在月球静止轨道发射一颗卫星，使它一直保持在着陆点上空，来转发与休斯敦之间的通信。他还具体给出了所需的硬件，甚至预估了相关的费用，来证明这个方案是可行的。

时机显然不对，所以我不喜欢这个主意。于是杰克把我放在一边，把他的方案直接捅给了 NASA 的管理高层。由于他把这一想法推销得太走火入魔了，我的电话开始响个不停，某位被惹恼的负责人怒吼道："塞尔南，你赶紧让施密特守点规矩，不要乱来！"

我和杰克认识好多年了，但我们开始一起训练时，感觉并不好，因为我们的相互信任已深深地扎根于我们原来的乘组。他显然更愿意让迪克·戈登当他的指令长，我也更愿意让乔·恩格尔同我坐在登月舱里。但这些都已成为过去，于是我们转向如何使乘组能够更好地工作上来。毕竟和谐相处并不是坏事，因为我们俩都要去登月。

经过最初的几个月之后，我俩之间唯一遗留的重要问题是，石头博士还没有想明白他现在已不再是"阿波罗"计划中的顶级科学家之一，而是一位乘组成员。他一直是以前的飞行任务规划团队里的高级成员，他并不认为把他的想法和抱怨直接捅到高层（不顾现有的指挥链而越过很多人——尤其是越过我）有什么不合适。

经过一段时间的争吵，他终于认识到，尽管 NASA 是一个民用机构，但它的任务管理官员大多来自指挥官说了算的各个军种。我们可以一起讨论不同意见和问题，但老大说了算的老规矩必须遵守。作为指令长，在需要做出至关重要的决定时，我没有时间去辩论。最后我明确告诉他，不管他喜欢还是不喜欢，他需要在我的领导之下开展工作。这事儿到此为止了！不再说了！就这么定了！杰克明白了我的意思，压制了自己那种独立的个性，慢慢由一位叛逆者变成了一位可靠的乘组成员。

我们变成了一个团队，我发现杰克是一位不知疲倦的工作者。他周末不是出去打猎，而是待在家里看操作手册，或者恳求技术人员让他周六在模拟器上训练。他不追求女孩子，而且就我所知，他没有任何其他分散精力的事。我认为，这位严肃、福尔摩斯式的科学家完全应该获得各种机会，去揭开月球上数十亿年来不为人知的奥秘。

1972 年，航天界的内部和外部都在发生结构性的变化。

给我的宇航员职业生涯蒙上阴影的越南战争，终于快要结束了，好像越共和北越即将赢得胜利。在国内，学生、妇女和黑人们变得非常激进，全国各地依然可以听到愤怒的声音。尼克松总统让美元贬值，冻结工资和物价，以压倒性胜利获得连任，并被卷入水门事件。

就在 3 年前、我们执行"阿波罗"10 号任务期间，国内对太空探索的热情还处于最高位。现在，人们觉得月球之旅非常枯燥，当公众转身走开时，政客们也转身走开了。当 NASA 正在为建造航天飞机的资金发愁的时候，联邦资金的削减更是雪上加霜。

然后，航天计划的高层也发生了变动。举世无双的冯·布劳恩离开后去了私营企业，载人航天中心主任鲍勃·吉尔鲁斯随后也很快离开了。接替吉尔鲁斯的是能力很强的克里斯·克拉夫特，他是我们太空探索的推动者之一，是我最敬重的人。他就任新职后不久，就像父亲一样给了我一些建议，这些建议既有警告的成分，也有请求的成分："吉恩，你把战斗机飞行员的大无畏精神放到一边，只需把乘组活着带回来。如果你在那边遇到问题而决定不再登陆月球，我会百分之百地支持你。"

他的建议反映了 NASA 一些管理者的心态，"阿波罗"13 号的阴影在他们心中挥之不去，因而变得越来越保守。他们共同的看法是，我们不需要在"阿波罗"17号任务上再赌一把。我们已经战胜了苏联人，已经有10个人登上了月球，已经带回了石头、照片和故事。太空实验室和一家美苏地球轨道业务合资企业正在规划当中，未来发展的方向是航天飞机。为什么再让三位宇航员去冒险？我们不是已经把在月球上该做的事都做了吗？

我本想对这样的看法不予理睬，但担心那些反对者们获得足够的支持后有可能把"阿波罗"17号任务取消，我决不能让这种情况发生。现在不是缩手缩脚的时候。我们将飞往月球，完成任务后再返回地球。如果这不是他们想要的，那他们找错了地方，因为我们的飞行任务不会以失败而告终。

克里斯的建议在我身上产生了相反的作用。那次会面后我没有变得小心谨慎，而是更加充满激情，决心把这种境况当作另一种挑战，而且我喜欢各种挑战。

我决心让我们的航天旗帜继续高高飘扬，因为"阿波罗"17号将出色地完成一项令所有美国人都引以为豪的历史性任务。我最有用的工具就是新闻媒体，于是我细心地把多年来认识的记者们的联系方式找出来。如果有人想采访，我随时可以发声。想拍照？可以，在哪儿？什么时间？我非常珍惜报纸的版面和广播电视的播出时间，就是想向公众传递这样的信息：这次任务将会非常特别。我说得太多了，简·埃文斯给我起了个非常恰当的绰号——嘴巴。

我越来越反感有人把我们的飞行任务比作狗的尾巴——最后翻过围栏的部位，于是我尽量多地与工程师和生产工人们会面，传播塞尔南的"教义":"'阿波罗'17号不是计划的终结,而是人类历史上一个全新时代的开始。你们这些把这个系统组装起来的人们非常重要!我们处于历史上一个非常特别的时刻,所以,让我们把最后一个做成最好的!"我一直宣讲到嗓子哑了为止,而且很可能让可怜的罗恩和杰克厌烦透了,因为同样的话他们听了一遍又一遍。我的工作不仅是进行登月训练,而且还变成了一场又一场的政治游说活动——为了提升人们的士气和信心,我站在聚会的椅子上或者工厂的桌子上,只要有人愿意听,我就向他们宣讲我的理念。

我想让每个使这个惊人壮举得以实现的人知道,他们正在做的工作对我们来说非常特别,而且我们也想让这次任务对他们来说同样非常特别。"阿波罗"17号并不是对以前任务的简单重复,因为我们要去人类从未见过的地方。我们都是一项重大探索活动的参与者,这项探索活动产生的结果将会非常惊人和影响深远,我们所做工作的意义也许几十年后才能被人们完全理解。

我的任务是让每个人都专心于工作,但这并不是一件容易的事。一位漫画家画了一幅漫画——头戴安全帽的两个工人站在脚手架上,一位手里拿着被解雇的通知书,正准备越身而跳;另一位正在打电话:"我们能不能再让吉恩·塞尔南给史密斯做一次'这不是终结,而是开始'的演讲?"这里有很多史密斯,在过去的几年里,肯尼迪角大约有13 000人失去了工作,一旦我们的飞船升空,另外900人就会收到解雇通知书。实际上,当我们的飞船被拉出位于贝丝佩奇的厂房大门时,格鲁曼公司的很多员工就会失业，飞船升空的时候，会有更多的人被解雇。但当我有一次到访这家公司时，一位部门经理告诉我说："吉恩，我们会全身心地投入到这艘飞船。它将是上天的飞船中最好的一艘。"

这是每位"阿波罗"17号任务参与者的典型反应。工人们对飞船做出了近乎疯狂的全力投入，通过使这次飞行成为异常成功的飞行来证明自己的专业水平。把最后一个做成最好的，这种坚定信念激励着我们每一个人。

为了提升"阿波罗"计划的形象，芭芭拉在这次游说活动中坚定地和我站在一起，她娴熟地应对那些想写家庭故事的记者和摄影师们。她对记者们说："如果我们要结束'阿波罗'计划，那我们就让它辉煌地结束。"她在这里引用了我们家一再重复的一句话。"看到整个计划就要结束，我感到非常难过。"

当记者们问她关于如何面对这次任务潜在的危险这个司空见惯的问题时，她回答道："我从不担心吉恩会不会安全地回来。但我确实对这次任务的每一步都感到紧张不安，因为只有A走对了，B才能开始。我希望这次任务能够圆满完成。"她把"阿波罗"17号任务比作一部好书的最后一章。她琢磨着会不会有人问一个以前没有听到过的问题，结果他们谁也没有问。

我每次在肯尼迪角接受记者采访，芭芭拉也会在拿骚湾面对其他的记者，巴布达巷有时候就像各种媒体的停车场一样。有一次我给家里打电话，她笑着说："亲爱的，我正接受记者采访呢，你能不能一个小时后再打过来？"她忙着接受记者们的采访，竟顾不上接我的电话。经过一周的训练之后，我每个星期五回到家都会把一堆的脏衣服扔到地上，让她在我星期一离家之前洗干净、准备好。我可不希望她把这事儿也告诉记者们。

我们把指令舱命名为"美国"，把登月舱命名为"挑战者"，为的是对等待我们的艰巨任务表示敬意。对于任务徽章，我们把粗略的想法和目标交给了艺术家罗伯特·麦考尔，他帮助我们设计了一个以人类、国家和未来为主题的极好的图案。希腊太阳神"阿波罗"金黄色的头部以当代简画形式的美国白头鹰为背景，鹰翼上的三根红条代表我们的国旗，红条上面的三颗白星代表着我们的乘组，深蓝色的背景上画着月球、土星和一个转动的星系，鹰翼正好触碰到了月球，表示人类刚刚访问过这个天体。"阿波罗"注视着右边的星系，隐喻着未来太空探索的方向，美国鹰将带领人类走向未来。

在过去的 5 个月里，任务规划人员一直在努力为最后一次飞行寻找最具潜力的着陆点。2 月 17 日终于宣布了最后的决定：它就是阿尔·沃登在"阿波罗"15 号飞船上看到的那个幽深、崎岖的山谷；它位于宁海的边缘，离通常的飞行路径太远，连个名字都没有。最后，着陆点用两个名字的组合"金牛座-利特罗山谷"来表示，它代表着以 19 世纪天文学家约翰·冯·利特罗命名的巨大环形山和相邻的金牛座山脉。科学家们希望在这里找到由火山喷出、来到月球表面还不是太久的石头，因此有可能含有来自月核的物质。这种物质有望提供与我们这个行星伴侣的诞生和死亡有关的重要信息。

经过前面几次"阿波罗"飞行任务的探索，大多数地球科学家摒弃了月球是某种屡遭轰击的恒冷天体这个多年的假设。现在，人们相信月球曾经有一个翻腾的热核，它产生了熔岩的海洋；这些熔岩在大约 30 亿年前散掉热量后，硬化成月球地壳。这会使人们进一步探索我们的太阳系是如何形成的。你说"阿波罗"计划有没有探索价值？只要想想我们在认识上所发生的根本性变化就知道它的重大意义了！一个全新的月球理论已经形成——它是一颗含热小行星，富含多种化学元素，甚至有可能含有地下水。

杰克喜欢选定的着陆点，因为它具有纯科学上的吸引力；对我来说，飞入无人涉足的箱形峡谷是一种挑战，也是一位太空飞行员的梦想。像落基山脉一样高大的山脉耸立在着陆点的北侧和南侧，我们东北方向的入口被高大的雕刻山丘把守着。陨石坑、大石头和古代山崩产生的碎石散布在这块平地上。我只有 8 个月的训练时间了，在此期间，我需要完善穿越 25 万英里太空的飞行技能，然后精准地降落在比美国大峡谷还深的峡谷中，拓展登月舱的性能边界，测试我作为飞行员所知道的一切。我太喜欢这个方案了！

我们还有另一个意外。我们晚上无法登月，但降落时，如果太阳升得太高，它强烈的光照会让我们无法看清月球表面。因此，决定"阿波罗"17 号必须在天黑以后升空，这样，几天后我们到达着陆区时，太阳升起的角度正好给地面投下鲜明的阴影，我们需要利用这些阴影来辨别地面上的详细情况。我们的发射升空安排在 1972 年 12 月 6 日的夜间（日落后几个小时），是美国载人太空飞行计划中第一次、也是唯一一次在夜间进行的。这让那些较为保守的管理者们再次担忧起来，他们认为夜间发射太危险，好像白天发射就不危险似的。

我非常明智地让杰克负责为我们在月球上三天的工作准备任务计划，因为我们想充分利用他的专业知识。说实话，我对任务计划不是太在意。我只是想对月球进行探索，一旦进入峡谷，将会有足够多的地质学任务需要我们去完成。他以思想家和探险家为主题来命名着陆区的陨石坑，为的是纪念像莎士比亚、路易斯和克拉克这样的名人。从整体上讲，这样做没有问题，但我想把"挑战者"着陆区里的某些地物打上个人的印记。我需要特别熟悉那几个陨石坑，于是我把它们以家人的名字来命名，但委婉地使用了绰号，免得被人们认为我过于张扬。我把在关键的最后几秒钟里用到的瞄准点命名为"小傻瓜"（指特蕾西）、"芭珍"（指芭芭拉）和"波派"（指我的父亲）。

还有一个重要的大陨石坑，它正好位于满是灰尘的平地中间，我们把它称为"卡米洛特"，这不仅是基于亚瑟王的神话王国，也是为了保存肯尼迪总统的历史印记，十年前他给我们设定了登月的路线图。

与此同时，科学家们正在努力把尽可能多的实验放到"阿波罗"17 号的飞船上，他们知道这是进行月球实地验证的最后机会。我不想介入这种争斗，让他们去考虑什么样的装置我们可以携带。但我一直在提醒他们，我们携带的东西和能够完成的实验都有明确的限度。根据以前痛苦的经历，我知道在地球上能够工作的装置并不意味着它们在太空也能工作。作为指令长，我不能忘记登月这个最重要的目标，要是这个目标没有实现，所有的花哨实验都毫无意义。

在我们的着陆点确定几个月后，约翰·扬在 1972 年的 4 月带领"阿波罗"16 号的乘组成员查理·杜克和肯·马汀利登上了月球，他们成功验证了我们一直坚持的观点：没有人类的亲身探索，无人飞行器收集的信息不一定正确。他们的着陆点之所以选定在一片高地上，是因为根据无人探测器发回的结果，他们可以在这片由古代火山熔岩形成的崎岖地面上，找到非常有价值的材料。当约翰和查理最终到达那里时，发现根本就没有火山，也没有熔岩流动的迹象。之前所有的探测、实验和分析都是错误的。

和往常一样，"阿波罗"16 号遭遇的问题足以把这次任务称为一部悬疑剧，但他们独具匠心的工作方式（包括有时候用脚踢那些怎么弄也无法正常工作的仪器设备）再次使危险的计划看上去很容易，而习以为常的电视观众也觉得很枯燥。我不知道要是登月舱"猎户座"偏离着陆点仅 15 英尺，翻入一个无法逃离的大洞里，观众们会有什么样的反应。

月球的山脉中总是隐藏着各种危险。对我来说，地球上的事情也变得有些复杂。

夏天带来了不好的消息。"阿波罗"15号的信封和邮票丑闻在最不恰当的时机被公开。正当NASA努力说服国会为航天飞机提供资金的时候，他们还得处理这个内部事件，媒体关于宇航员从他们月球之旅中赚钱的报道进一步削弱了人们对航天计划的支持，也让我担任啦啦队队长的工作变得更加困难。

在地球的另一边，恐怖分子袭击了慕尼黑奥运会，杀害了一些以色列运动员，全世界的电视观众都看到了这惊恐的一幕。美国的情报部门很快获得一项情报，一个名为"黑色九月"的残忍组织正在策划更为荒诞的事情：袭击"阿波罗"17号飞船。"超级警察"查理·巴克利（肯尼迪角安全保卫部门的负责人）悄悄地加强了保护措施，但他当时并没有对乘组说什么。NASA总部认为，我们需要考虑的事情太多了，不能再为几个暴徒分心了。

罗恩、杰克和我全力投入到飞行训练中，身体和精神上都感到疲惫不堪。这一天我可能在蒙大拿州的熊牙山脉附近跋涉，研究地质学；第二天，我可能在墨西哥湾里挣扎，练习飞船溅落后翻扣在水中时如何应对。我可能在拉斯维加斯附近驾驶一辆月球车，原子能委员会曾在这里试验过原子弹，在沙漠里留下了很多和月球陨石坑类似的大坑；我可能回到埃灵顿空军基地，驾驶一架称为"月球着陆训练飞行器"的操纵杆式怪异飞机，进行飞行训练；我可能试穿宇航服，试用收集石头样本用的耙子和电钻，练习把一根放射性钚棒放入一个核反应器中（这个核反应器为月球表面的科学实验装置供电），在登月训练模拟器中一待就是几个小时。数百项工作（包括如何完美地把美国国旗插在没有空气的月球上）需要我亲自处理，因为我对飞船的所有系统负有最终确认的责任。一些意想不到的事情总是时不时地冒出来，这令人非常沮丧。

到了夏末，我觉得应该不会再有让我感到意外的事情了。但迪克和查理·巴克利还真是做了一件让我感到意外的事情——一天下午我回到宇航员宿舍时，发现木工正在对一扇新门做最后的处理。轻薄的旧门板被一扇新门板换下来，从外面看，新门板没有什么变化，但背面镶上了一块加厚的钢板。查理说："防弹的。"

迪克和"超级警察"查理认为恐怖主义威胁已经升高到一定程度，需要把"黑色九月"的事情告诉我们。在宇航员宿舍内部，他们解释说会严肃对待这一情况，但会悄悄地进行。恐怖分子想要制造头条新闻，我们不会让他们得逞。迪克说道："吉恩，一切都在掌控之中。"但他没有透露详情。我看了一眼那个带有钢板的新门，希望他说的都是真的。

然后，迪克把话题转到了另一个层面。安全专家得出的结论是，"黑色九月"恐怖组织可能不会对受到严密保护的宇航员或"土星"火箭下手，但有可能会寻找最脆弱的目标——我们的孩子。把孩子们当作人质，恐怖分子就会拥有很大的筹码。当我们把这个消息透露给芭芭拉和简·埃文斯时，她们都感到非常惊恐。

想到我们在月球上的时候，隐匿的恐怖分子会对我们的家人构成威胁，我们却无能为力，罗恩和我感到非常愤怒。我们不知道恐怖分子都是谁，所以也没法拿两把霰弹枪冲出去阻止他们，而且大批训练有素的警察已经在做相应的工作。安全部门负责人希望我们同意让他们的人员每天 24 小时在我们位于休斯敦的房子外面监视，同时让便衣警察送我们的孩子上学。我们同意安排这种监视，但不要在我们的门前。于是，一直到我们从月球回来，没有任何标记的车辆就停在附近，里面坐着默不作声的武装警察，注视着我在巴布达巷里的房子。

但罗恩和我拒绝他们进一步干扰孩子们的正常生活，强迫他们生活在警察的警戒线内。他们都是非常普通的孩子，只是他们的父亲要去月球而已，我们希望他们一直这样生活下去，所以他们会继续乘校车去上学。作为一种妥协，我们的孩子们每天上学的时候，其中一辆没有任何标记的警车会跟在校车的后面，而特蕾西的班级则由穿着得体、彬彬有礼、非常能干的联邦特工照看。好在新闻媒体一直都不知道这事儿。

1972 年 8 月 28 日（星期一），我们的"土星"5 号火箭牢牢地装在那台履带式运输车上，天亮前从飞行器装配大楼拉出来，运到附近一块场地上，上午将在这里举行新闻发布会。火箭正好对着黎明前的半个银月，这枚银月像个天上的观众，等待比赛的开始。

罗恩、杰克和我与记者和摄影师们见了面，然后乘坐电梯一直上到了第三级火箭的高度，运输车则像蜗牛一样开始爬向发射台，技术人员将在那里花费四个月的时间，让火箭做好飞行准备。远远的下面，我能听到运输车巨型履带"嘎吱嘎吱"的滚动声，我仰着脖子往上看，可以看到火箭的顶端被包裹在一个防护罩里。火箭在早晨的阳光下闪闪发亮。我感觉自己像爬进一块金属三明治的小虫子。我的天啊，这家伙可真大啊！我们的训练在不知不觉中一闪而过，现在我一直可以看到 12 月，随着运输车履带的滚动声，发射升空的日期越来越近了。我伸手摸了摸"土星"火箭冰凉的外壳，想确认一下这是不是幻觉。

几个星期后，我们"阿波罗" 17 号的航天医生查克·拉平塔——一位大好人——给我做例行的身体检查时，发现我患有前列腺感染。查克是医疗队伍中的异类，他没有立刻跑出去惊动所有人，也没有报告说我身体不适合飞行，而是悄悄地解决问题。

"我们会在这里把问题解决掉。"他漫不经心、不动声色地说道，一双眼睛从一直戴着的草帽下面直盯盯地看着我。我欣然同意接受秘密治疗，因为我不想让某位管理者觉得我不是货真价实、完全健康的宇航员。于是，我花了好几天的上午，让这位航天医生给我的前列腺做手指按摩；对一个航天英雄来说，按摩的位置非常尴尬。这种经历既令人难堪，又有点儿丧失体面，但我不会让这种问题影响我的登月。

拉平塔的治疗还不止这些。"你听我说，吉恩。从现在到火箭发射，你不要喝咖啡、茶、啤酒、烈酒……但我希望你多性交。"开玩笑是他化解尴尬的方式。

我决定揭穿他的玩笑话，于是说道"你能给我写在纸上吗?"他连眼睛都没有眨一下，拿起处方本，潦草地写下了医生要求"多性交"。

我看了看处方，问道"查克，那我到哪儿去抓药呢?"

真残忍。斯图·鲁萨和查理·杜克在肯尼迪角的模拟器大楼后面一条小路上打死了一条 6 英尺长的响尾蛇，把蛇头砍掉后，他们策划了一个捉弄人的大联盟计划。他们把长长的蛇身（有小臂那么粗）在我的桌子底下盘起来，让长长的响尾从一堆蛇身中间高高地直立起来。然后，他们让我们的秘书告诉我，说我有一个重要电话。

我爬出模拟器，急忙赶回办公室，发现这时候有不少人在附近晃悠。他们把我的椅子几乎放到了办公室的正中间，我一屁股坐进去，把椅子快速挪向办公桌，同时把脚抬起来，好让椅子能够自由旋转。

就在我伸手拿电话的时候，我猛然看见那条蜷在一起、长有鳞片的大家伙，我的心一下子蹿到了嗓子眼儿。我像屁股上装了火箭一样从椅子上跳起来，身子径直地撞到了对面的墙上，吃惊地看着这条吓人的巨蛇。妈的，我从来都没有受到过这么大的惊吓。

整个乘组和保障团队（他们事先都串通好了）笑得直不起腰来。当别人捉弄你的时候，你才知道这种闹剧其实让人很不爽。

随着 10 月的到来，离发射升空只有不到两个月的时间了，我对我们目前的工作很满意。任务计划看上去很不错，所有的硬件质量都是最好的，除了我的前列腺这个官方并不知道的问题，整个乘组也都处于最佳状态。随着日子一天天过去，我觉得什么事情都无法阻止我的登月飞行。没想到这种想法还是过于乐观了。

在肯尼迪角又一场鼓舞士气的垒球比赛中，我打了一个平飞球进入外场，然后使出浑身力气想把一个二垒打变成三垒打，好像这是一件生死攸关的事儿。"啪!"在我绕过二垒的时候，我几乎能够听到腿部某样东西断裂的声音。我感觉就像一把大砍刀深深地砍进了我的小腿肚下面，我惨叫一声，一个跟头摔在地上。在可以看到我的"土星"火箭的距离内，以及我们发射团队大多数人的注视之下，我右腿的一根肌腱断裂了，我躺在那里，脑子里充满对自己的怒气——真该死，我这弄的是什么事啊？

直升机事故之后，我曾发誓在升空之前决不再做任何愚蠢的事情，但现在我却趴在了垒球场上。我完全可以不参加这场该死的比赛，轻松地站在场外做啦啦队。不，那不是"超人"塞尔南。我要是有机会参与，站在旁边观看可不是我的做事风格。当我本应该不惜代价保护自己身体的时候，我不仅参与了比赛，而且显然还想证明我这位指令长一个人也能赢得比赛。我那争强好胜的性格有时候会把我置于自毁模式。我简直就是一头蠢驴。

为了掩盖已经发生的事情，我试图站起来忍痛走下去，假装什么事儿也没有，结果一下子坐在地上。罗恩和杰克把我抬出了球场，我的腿火辣辣地疼，好像要断掉似的。我不能走路！我要是不能走路，他们肯定不会让我上天。我把事情搞砸了。

更糟糕的是，这事儿没法保密，我的腿在升空前剩下的这六个星期可能不足以完全康复。迪克·戈登和我的后备指令长约翰·扬（刚从月球回来）都做好了准备，都有资格取代我。人们的闲话又开始传播了：塞尔南又来了一次！

查克·拉平塔再次对我进行救助，他仍然戴着那顶小草帽，一点儿也不像个英雄。我们只知道伤得不轻，但不知道伤得有多重。他们把我放到查克的车上。在开往医务室的路上，查克列出了几种可能性，每一种都不太好，其实，我真的不想听实话。他说："如果是肌腱断了，我们就需要做手术，吉恩，那你就完了。你需要两三个月的时间才能恢复。要是肌腱没有断，你仍然需要卧床休息，然后再拄一段时间的双拐。不管哪种情况，你都需要休整一段时间。"

X光透视片子出来后，查克把它们放在光板上，皱着眉头看结果。他没有摘下那顶可笑的帽子，脸上的严肃表情是我从来没有见过的，把我给吓坏了。他语气肯定地说："肌腱没有断裂，但拉伤得比较严重，属于过度拉伸。因为没有断裂，所以我们还有机会。我们不需要做手术，但你需要在家静养大约两周。"尽管我希望他只是在吓唬我，但我知道他不是开玩笑。"还有，你必须完全照我说的去做，做事不要太着急。试图加快恢复过程可能会使肌腱完全断裂，那你就再也飞不成'阿波罗'17号了。你看着办吧。"

"你不能让我停飞！我能走！"我沮丧地几乎大叫起来。我的梦想不能因为一次垒球比赛意外而破灭。决不能！我想把体重挪到受伤的腿上，它却一下子瘫软下来，查克只得扶住我，再把我弄回检查床上。查克只要给主管领导们说一句，我就死定了。我几乎可以听到流言制造机的轰鸣声。我知道很多医生都想把这事儿搞大，好让自己的名字出现在媒体上。但查克不会。

他一边把我的腿紧紧地缠起来，一边说："吉恩，你伤得很严重，但我不会对外宣布让你停飞，因为我认为我们可以把它医治好。你和我一起努力，随后几天先慢慢来，我会让你及时得到恢复。至于别人，我会告诉他们你的腿没有什么大问题。"

没有大问题？如果连路都走不成，我怎么能够去登月？从我的角度看，它确实是个很大的问题。

当登月计划的领导们询问时，查克淡化了问题的严重性。"没啥事儿。没有看上去那么严重。做做旋流按摩浴，休息休息，就恢复如初了。"这家伙是一个优秀的医生、出色的说谎者，更是一位好朋友。管理者们只能相信这位航天医生的话，但不管他怎么说，有一件事是一目了然的：我不能走路。

"阿波罗"17号的指令长挂着双拐走来走去，那条腿无法支撑他的体重，而且逢人就说一切都非常非常好。我会说："就是有一点扭伤。几乎没啥感觉，拉平塔医生非要我使用这讨厌的双拐。"

我相信精神胜于物质，决心使自己尽快扔掉拐杖，受伤仅仅四天后，我就冒着肌腱进一步受伤的危险，把拐杖扔到一边，我需要向每个人展示我没事儿。腿疼得钻心，但我咬牙忍着，因为我不能在大庭广众之下一拐一拐地走路，那样形象太不好。而且我知道，如果我的腿不能尽快改善，领导层大笔一挥，我就会从乘组名单中消失。

第一周结束时，拉平塔给那些心疑的管理者们撒谎说："我今天看见他穿着宇航服在训练，他看上去还不错。"他确实看见我穿那件臃肿的宇航服（即使在平时，穿起来都很困难），他也知道我的腿很疼，因为他能看见我脸上的汗水。但我一声不吭。负责穿脱宇航服的技术人员也属于我的团队，他们在外面什么也不会说。

甚至迪克也在观察我，想到发射日期很快就到了，他问查克："他要是在月球上把肌腱给弄断了怎么办？"

查克再次让"教父"放心，他说："别担心，我会把他的腿治愈。他没问题。"我每天晚上都趴在床上，用冰袋来麻木我那疼得发抖的腿，沮丧和压力同时折磨着我，因为很多事情似乎都出了问题——腿、前列腺、"黑色九月"、对我不放心的计划管理者们，作为指令长，有无数的细节需要我去关注。有时候我不得不问自己那个迪克一直问查克的问题：我能行吗？

"吉恩看上去状态不是太好。"那次直升机事故之后迪克曾经帮我渡过难关，他能够听进去的胡说八道也是有限度的。

"他不会有问题。他最近恢复得不错。"这位医生不动声色的表情让迪克也看不出任何破绽。我对查克充满感激之情，于是下定决心全力康复，用事实证明他说得没错。这位航天医生现在每天按摩我的直肠来治疗前列腺感染，按摩我的小腿来治疗肌腱，他对我的这两种病症守口如瓶，全力以赴让我尽快做好飞行准备。时间在飞逝，如果我不能坐进那艘飞船，他的职业生涯很可能和我一样走向终结。我们克服重重困难，终于取得进展。我仍然处于适合飞行的状态，受伤的腿也慢慢地好起来。

发射前的一个月，特蕾西和芭芭拉来到肯尼迪角和我在一起，我尽可能多地带她们看看这里的设施并对登月飞行进行讲解，这样，当我迈入未知的世界时，她们就有了心理准备。芭芭拉以前是空姐，对飞行并不感到恐惧，总是认为那只是我上下班的一种方式。我已经两次进入太空了，以为她已经习惯了这种遥远的飞行任务。后来我才知道，她并没有习惯。

特蕾西9岁了，第一次能够真正理解正在发生的事情。我开着月球车带她转悠，让她爬进各种训练模拟器，耐心地给她解答各种问题。我用手指着月球地图上蜿蜒的金牛座-利特罗山谷地区对她说："这是爸爸准备着陆的地方，这是以你爷爷的名字命名的陨石坑，这一个是以你妈妈的名字命名的，那个陨石坑叫做'小傻瓜'，是以你的名字命名的。"

我给特蕾西展示我的宇航服的时候，她告诉我说，她和妈妈有她们自己的、新的任务服装。她姥姥还给她们制作了与服装相配的灰色羊毛长裙，伊格尔顿夫人（她住进了隔壁查菲家的房子）制作了一个大号的"阿波罗"17号的任务徽章，缝在了她们的服装上。这套服装配上蓝色高领毛衣看上去很完美。这一年，其他人都被卷入一场热衷颜色绚丽、不分男女的服装变革狂潮中，而我的姑娘们看上去非常出众。

11月15日，我们在肯尼迪角开始了为期三周的医学隔离期，活动范围仅限于住处和训练设施，为保持感官敏感性，我们还可以驾驶T-38飞机。为避免感冒或流感影响我们的飞行，只有109人获准与我们接触。简·埃文斯和芭芭拉打了相关的防疫针，可以和我们一起生活到升空前的第四天，但我们的孩子们则不能入内。我只能通过玻璃隔板和特蕾西说话。杰克是个单身汉，过着苦行僧般的生活，而且非常享受这样的生活，业余时间总是把图表和技术手册捧在手里看，一直到最后一刻都是这样。

"阿波罗"17号似乎消除了芭芭拉和我在过去几年所承受的压力，她既乐观又坚定，就像首次升空的宇航员的妻子一样。也许我俩都在通过一个扭曲现实的乐观滤光片看待这次飞行任务，但自从我被任命为指令长以来，我们的一切似乎都恢复正常。"阿波罗"17号毕竟是登月计划的最后一次飞行，当这次任务结束时，我不会再轮换到新的任务，至少很长时间内不会。这样，等我实现了执掌一次飞行任务和登上月球这两个长期追求的目标之后，就终于又有时间陪家人、经营婚姻、一起构建未来了。芭芭拉向朋友倾诉说："我觉得吉恩想一直飞下去，但我们想让他在家待一段时间。"

虽然无法保证，但也许——只是也许——"阿波罗"17号的魔力有可能也会改善我们的个人生活。

28　高塔之巅

　　1972 年 12 月 6 日（星期三）下午，帐篷村和活动房像五彩缤纷的花朵一样沿着美国一号公路和肯尼迪角周围的堤道迅猛绽放，其中的居民们沐浴在佛罗里达州冬天 80 华氏度（约 26.7 摄氏度）的暖阳中。泰特斯维尔的学生们都提前下课了，为的是给家人占据最佳观看点。到太阳落下的时候，大约有 70 万人前来观看"阿波罗"飞船最后一次的壮观发射，有的是从遥远的英国和澳大利亚过来的。

　　各行各界的美国人为了共同的探险活动聚在了一起。一位匹兹堡钢铁工人的孩子们正和一对加利福尼亚州嬉皮士夫妇的狗在海滩上玩耍，孩子们的父母用饮料向"阿波罗" 17 号致敬，然后吃起了从一辆大众面包车的冷藏箱里拿出来的土豆沙拉；大家跟警察们开着玩笑，向经过的豪华轿车挥手。有的在听摇滚乐，有的在哼唱赞歌。250 英里内的所有大巴都被租用了，每个小时都会拉进来更多的观众，使这座临时构建城市的人口迅速膨胀。虽然我们当时并没有意识到，但"阿波罗" 17 号的升空确实是疲惫、撕裂的美国重新走向团结的预兆之一。

　　满脸兴奋的观众洪流与圣诞节的早期购物者摩肩接踵，整个布里瓦德县到处都是收银机结账的声音。像美国商会一类的组织希望这次活动能够指明"阿波罗"计划之后社区的发展方向,旅游业、退休人员服务业和多元化产业将取代那些由于登月计划的结束而消失的工作岗位。

两名中国记者也加入了报道飞船发射的最大的记者团。著名的亚拉巴马州州长乔治·华莱士(在竞选美国总统的过程中被一名枪手打残废)将坐在重要人物看台上,不远处坐着的将是不太知名的佐治亚州州长吉米·卡特。他们都是 42 000 人中的受邀人员,我自己也邀请了 50 多位,不仅包括我妈妈和姐姐,还有名人和朋友,比如斯基普和瑞伊、弗雷德·鲍德温、约翰·韦恩、康妮·史蒂文斯、鲍勃·霍普、唐·里克斯、黛娜·肖尔、约翰尼·卡森、亨利·曼西尼和伊娃·嘉宝。他们不仅受到邀请,而且还都来了,和大家一起观看这一生难逢的夜间发射,这是太空职业棒球大赛最后一局的本垒打,是宇宙职业橄榄球超级杯大赛最后的触地得分。

随着夜晚的降临,富豪们从停泊在海上的豪华游艇上走过来,进入一个绿白相间的大帐篷,开始大嚼烤乳猪和虾,这是时代公司为躲避移行阵雨而在帐篷下面举办的夏威夷美食宴。仅仅两周前,这家出版公司停刊了《生活》杂志,终止了与宇航员们的合作关系;多年来,宇航员们一直看见他们的照片出现在《生活》杂志鲜亮的彩页上,同时也获得了丰厚的回报。

主导这次活动的,是位于 39-A 发射塔上的"土星"5 号火箭,她高傲地矗立在大西洋海岸上由橙色塔架构成的大舞台上;

她被 74 个大型氙气聚光灯照成银白色，在黑夜里像一根闪闪发亮的银针。工人们给她加注着冰冻的燃料，冰片从她的壳体上纷纷滑落下来，她是今晚的主角。观众们时不时地朝她看过来，欣赏着她光滑的线条，同时对她保持警惕，好像她有可能偷偷溜走似的。

这些观众当中至少有一个异类——130 岁的查理·史密斯（依然健在的最老的美国人）。查理自从小时候被骗上一艘奴隶船之后，对任何事情都一直保持警惕。他在漫长的一生中，见过许多奇妙的事情，他把"阿波罗"17 号的远航与那天那个传教士带着查理的钱和执事的妻子私奔的情形相提并论。他非常自信地评论说："谁也不能到月球上去，我、你或者任何人。"但他还是等在这里看发射。

在明亮的灯光、钢鼓音乐和摆满虾与牛排的桌子之外，查理·巴克利的安全保卫团队正在努力开展他们的秘密行动。直升机在上空巡逻，军事巡逻艇穿梭于沼泽之间，便衣警察监视着居民区。在肯尼迪角，安全保卫工作从未像这次这么严密，尽管我们很少看到我们的守护者，他们却注视着我们的一举一动。"黑色九月"组织依然是一个严重的威胁。

几天来，罗恩、杰克和我一直待到清晨才上床，然后白天睡到很晚，为的是把我们的生物钟调整到即将到来的整夜工作模式。我把周三的大部分时间都花在了模拟器上，来进行最后的训练，这主要是出于习惯，因为如果我现在还不知道如何驾驶这些飞行器，我就永远没有机会了。最后一晚的美好时光是与芭芭拉和特蕾西的简短会面，尽管我们被那个讨厌的玻璃板（太空时代的打喷嚏防护罩）给隔开了。

星期二深夜，尼克松总统打来电话，祝我们旅途愉快，但我们的通话很快变成了我从未遇到的最奇怪的单向交流。他祝我们好运，和往常一样开着愉快的玩笑，然后他的和善性情突然消失了，取而代之的是一种沉重的悲观情绪。

总统开始讲述他如何努力工作来与越南实现不失体面的和平，然而美国人民既不领情也不理解，并不认为他在那里做了一件正确的事情，媒体也总是不公正地攻击他。通过给我们打电话，尼克松无意间进入了一个安全的避风港，因为这里很少谈论政治。即将登月的三名宇航员都在想着别的事情，很可能是他能够找到的最不具威胁性的听众，因为我们根本就没有政治意图。他想找人倾诉，那天晚上正好找到了我们。

罗恩、杰克和我每人拿着一部电话，我们的总统喋喋不休地讲了 45 分钟，说他受到了自己努力为之服务的那些公民的迫害和嘲弄，我们三人一脸困惑和惊讶地相互对视着。我们只是不停地说："是，总统先生。"我也不知道如何告诉这位美国总统我为他感到难过。

我清楚地记得，三年前"阿波罗"10 号任务完成之后，爱社交又自信的尼克松总统在白宫前门廊的台阶上迎接我和芭芭拉的情景。这电话里的声音根本就不像是他的，更像是一个毫无士气的陌生人的声音，几乎是在恳求我们理解他的立场，同时又仿佛在寻求我们的祝福。他听上去就像一个疲惫、孤独的老人，在宽大的白宫里过着与世隔绝的空虚生活；他虽说是总统，但更像一名囚徒。

我大约周三的凌晨两点上床睡觉，这一次，我很容易就适应了乘坐"土星"火箭甚至带领自己的乘组执行复杂任务的角色。我感觉对这些事情都做了充分的准备，现在可以把它们放到一边了，就像多年前我们共聚晚餐时，沃纳·冯·布劳恩把登月的问题放到一边一样。登上月球？没问题，我们可以做到。虽然困扰我的问题不是具体的，而是哲学上的，但它却像一个持枪的强盗一样有效地夺走了我的睡眠。

我躺在黑夜里，双手放在脑后的枕头上，知道在今后的很多年里我可能是最后一位在月球上行走的人，因为在我们可以预见的将来，不会有计划中的载人登月任务了，对我来说，这好像是一个非常错误的冰冷现实。因此，在这次史诗般的探险任务完成后，人们希望我说些恰当的话语，而记者们却逼着我说出连我都还不知道的话语。尼尔说出了非常棒的"对一个人来说，这是一小步；对人类来说，这是一次巨大的飞跃"的名句，现在轮到我了。尽管我做过很多即席的公开演讲，但我还是没有任何头绪。再见？感谢人们对登月的记忆？就说月球确实是生干酪的颜色？

第一人与最后一人的问题一直困扰着我。我是愿意当登月第一人，迈出具有历史意义的第一步，仅在上面待几个小时，还是更愿意当最后一人，可以在上面待上几整天，开着月球车到很远的地方去探求月球的秘密，并花时间去品味那些珍贵的时光？哪种经历更丰富？这真是一个谜，一个有争议的问题。我的飞船是"阿波罗"17号。

几天后，杰克和我就会挤在"挑战者"登月舱里，脱离月球轨道，穿过三年前那不让我着陆的47 000英尺，登上月球；想到这些，我倍感欣慰。在这个寂静的清早，我休息得非常好，但正像一首新的流行歌曲所唱的："昨晚，我根本就没睡着。"在这种境况下，谁能睡着呢？

我中午时分起床后，厨师路·哈兹尔已准备好了常规的牛排和鸡蛋。与迪·奥哈拉和卡吉尔神父（他现在把自己也当作一名宇航员，因为他和我们待在一起的时间太长了）参加完个人的弥撒之后，我们一边喝咖啡和闲扯，一边听最后一次的任务简报。和以前那种早上发射的忙乱情况不同，一切都进行得相当悠闲。

我们的发射窗口是晚上的9：53到凌晨的1：31（佛罗里达州时间），这个时间窗口是定死的，但天气情况却无法确定。经过昨天下午暖阳的照耀之后，一股冷空气从西边悄然而至，一团灰云像件脏衣服一样，高高地飘在肯尼迪角上空，似乎要在我们飞行的路径上扩展成一片雷暴。天气预报人员说，我们按时升空的概率高于50％。

波音公司的工人们在最后一刻达成工资纠纷协议之后，返回了工作岗位，这意味着今晚在航天港没有罢工示威的人群。不管怎样我们都要出发。发射室的一台计算机故障迫使大家转向了一套备用系统，并没有严重影响发射的倒计时。我把酸疼的屁股和腿塞进宇航服的时候，查克·拉平塔和我对视着笑起来。当他问我感觉如何的时候，我撒了个小谎，他心里也明白。没什么大不了的。罗恩抽了随后近两周时间里最后一支烟。这种记忆一直萦绕着他，因为后来他登上回收船后最先做的事情之一，就是向一个水兵要了一支烟。

只剩下我们三个人的时候，我提醒杰克和罗恩了解他们即将碰到的情况，因为他们对此毫无概念。我对他们说："起飞后我们会摇晃，听到'嘎吱嘎吱'的声响，也会翻滚。只需坚持住，照平时的训练去做。我希望你们享受这种体验，享受那持续进行的每一秒。这将是你们最难忘的经历之一，我们回来时就不会这样了。"他们不知道如何回应我。我记得汤姆·斯塔福德在向我解释"双子星座"飞船返回大气层的那种兴奋感时，我根本无法理解他在说什么。你只有亲身经历了才能真正理解。这将是我的乘组成员应该接受的人生课，他们必须要亲身经历。

戴上头盔、进入呼吸适应时间前，想到舆论对"阿波罗"15号信封和邮票丑闻的反应，我们开玩笑说感觉口袋里太空了。我们可以携带的私人物品不能超过 12 件，而且绝对不能从这次飞行中赚一分钱。这意味着我们让很多朋友和亲戚失望了，因为他们想让我们带一些无害的小饰物。当一位记者问我把什么带到了月球，我回答说："罗恩和杰克。"

实际上，我的私人物品包里有一面美国国旗、以前航天飞行的任务徽章、当海军飞行员时的金翅膀飞行徽章、我爸爸的一枚特殊戒指，以及特蕾西、芭芭拉、妈妈和姐姐的纪念品。尽管如此，我还是感到有些失望，因为新规定使我无法携带一些标志性小物件，来对好朋友和那些把"土星"火箭送入太空的人们表示感谢。

穿上宇航服、呼吸一定时间的纯氧之后，我们走到外面，芭芭拉和特蕾西等在楼梯旁，我给了她们最后的拥抱。天哪，感觉真好，但她们的出现也让我再次想起了恐怖分子的威胁。某些暴徒可能很想把"土星"火箭打得千疮百孔，这不是我担心的事情，因为我知道附近到处都是查理·巴克利的安全人员。但自从我知道了这种危险的第一天起，家人的安全就一直困扰着我，我担心我在 25 万英里外的月球上的时候，她们会面临威胁。噩梦般的情景已经折磨了我好几个星期。要是我女儿被恐怖分子绑架，他们要求我在全世界的注视下谴责我的国家，我该怎么办？要是在今天，这是一个我不必回答的问题，可在那时，我真的不知道。

在我们专用的面包车从宇航员宿舍开往发射塔的路上，我们第一次瞥见了聚集的人群。我戴着鱼缸似的大头盔，除了来自手提式生命保障箱平稳的氧气"咝咝"声外，什么也听不到，但我能看见人们在欢呼——一种听不到的大合唱。明亮的灯光点缀着夜景，我们沿着熟悉的道路穿过黑夜，经过飞行器装配大楼、记者会会场，再沿着把"土星"火箭运往发射塔的轨迹开过去。一架直升机在空中盘旋，它的聚光灯改善了我们驾驶员的视线，这个时候可不能从一位观众身上碾过去。在很远的地方，天上跳动着不太清晰的闪电。我把头向前倾，用嵌在面罩上的一小块尼龙搭扣挠了一下鼻子；那块尼龙搭扣就是干这个用的。

赶往发射塔的例行动作是我非常熟悉的，但这次几乎为数十万观众赋予了宗教的性质，我被周围显而易见的激情所感动。"阿波罗"计划的最后一次飞行！到达电梯的时候，我完全被这种场景迷住了，笑得合不拢嘴。

我的"土星"5号火箭像一颗363英尺高的宝石，在夜空的映衬下亮闪闪地矗立在舞台中央和聚光灯下。她不再那么神秘，似乎急切地等待着我的到来，她不是那种冷漠的舞蹈皇后，而是20世纪70年代奔放、自信的劲舞女郎。我最后一曲的舞伴是一位自信、快乐而且训练有素的姑娘，她急不可耐地想开始这次不同寻常的任务，为了这次任务，她已经被成千上万人的手精心地打扮过了。我几乎可以听到她的笑声："嘿，吉恩，你去哪儿了？你看那里的人群！赶紧跳上来，宝贝儿！我要带你去月球！"

电梯沿着"土星"火箭的一侧慢慢升上去，喷在它侧面的美国国旗从我眼前闪过，又从我脚下消失，然后，拼写成"美国"的几个黑色字母从下往上一个一个地滑过去。火箭的每一寸都被灯光照亮，带霜的冰块纷纷从壳体上剥落。由于戴着头盔，我什么也听不到，除了自己，也不能和任何人说话，所以，我也没办法把此时与世隔绝的美妙感受分享给别人。这不是"阿波罗"10号的再现，而是一种全新的感受，黑夜更是放大了这种感觉，下面一片一片的灯光向四面八方延伸，包括东边的大西洋里，一船一船的观众在不断起伏的海面上等待着。当电梯在最高处"嘎吱"一声猛然停止时，我似乎可以一直看到迈阿密。

从电梯出来，穿过塔架回转臂上那个开放式过道到白屋（飞船舱门的临时保护设施），是这次任务中最长的 20 英尺路程。我孤单地处于人海之中，周围寂静得我都能听到自己的心跳。我朝脚下看了看，飞旋的冰块落向一眼望不见底的下方，我祈祷着脚下的钢质网格能够支撑我的体重，因为它看上去太薄、太脆弱了。缕缕薄雾从过道的缝隙中冒出来，缠扰着我的靴子。我小心翼翼地快步走过去。

"殡葬师"们等在那里，但缺了一个人。发射塔的"首领"冈瑟不在，他被提拔到更重要的岗位了，我非常想念他。这就打破了传统，让人觉得有些不踏实。谁还会拍拍我的头盔并祝我一切顺利？新任的主管绝对有能力，但没有冈瑟，总是让人感觉不太习惯。

我们钻进飞船，系上安全带，接上氧气软管和电缆，无线电信号立刻传进我们的耳朵。舱门关闭了，白屋也收走了，这里只剩下我们自己。我们真的要出发了。由于平时的训练，我并不感到紧张；当我开始飞行前的检查时，不禁笑出声来。随后的几个小时一晃就过去了。

"还有两分钟，倒计时持续进行。"发射控制中心的报告传过来，佛罗里达州的东海岸安静下来。我看了一眼仪表面板上的时钟，把肩膀和身体紧紧地贴在帆布座椅上。我位于左侧指令长的位置，罗恩位于中间指令舱驾驶员的位置，石头博士则位于右侧登月舱驾驶员的位置。升空期间，一个气动整流罩盖住了飞船，飞船的 5 个窗口只有一个没有被盖住，它就在我的头上方。除了底层雾气反射的一些光线外，窗外什么也看不见。我们正踏在原计划晚上 9:53 的发射点上，发射控制交给了自动时序计算机。我最后扫了一眼各个仪表，都是绿色。准备出发。

有一个小问题。

发射计算机无法给出第三级液氧箱的加压指令，控制人员发出了一个手动优先指令。"1 分钟，倒计时持续进行。"发射控制中心的声音在我们的头盔里响起来。"30 秒……"我深深地吸了一口气，紧张地等待着。出问题了，但我不知道是什么问题，发射控制中心那一本正经的腔调令人很失望。我们还能出发吗？

自动时序系统拒绝了那个手动指令，于是小问题变成真故障，在没有任何警示的情况下，整个发射活动一下子就停止了，这是"阿波罗"登月历史上唯一一次在最后的时刻中止发射。一台毫无生气的计算机决定让我们哪儿也去不了。

发射控制中心的一位官员惊讶地宣布说："我们有一个中止故障。"大西洋沿岸数十万人长长地出了一口气，夜空好像戳破的沙滩球一样瘪了下来。想到我的嘴巴在"阿波罗"10 号中引发的麻烦，我嘴上没有高声大骂"他娘的"，但我心里肯定是骂了。

工程师们与时间展开了疯狂的赛跑，为的是在发射窗口关闭前把问题解决，罗恩、杰克和我被紧紧地绑在离地 300 多英尺高的小座椅上，一动不动地坐着，对惹祸的电子小精灵不停地抱怨。虽然我们处于装满燃料的火箭顶上，但我们并没有任何危险，不过，服务塔还是转了回来，以防万一。我可不喜欢这样。"双子星座"飞船多次取消发射的情景浮现在眼前，但今非昔比。我已不是那个 29 岁的宇航员新手了，我想起了希拉、斯塔福德和谢泼德，虽然心里充满疑虑，但确信今晚不会发射之前，我强迫自己保持沉着冷静的指令长形象。我想到了那成千上万站在黑夜里的人们，为了看这场宏大的发射活动，他们的脚踝被看不见的小虫疯狂地叮咬。我尽量不去想，如果发射取消了，我所有的朋友喝完祝福酒之后会匆忙地离开，也不会再回来了；我最后离开地球的时候，观看发射的只有一群鳄鱼、泥龟和蚊子了。

我们无事可做，时间慢慢地走着；我们躺在那里，琢磨着到底发生了什么故障，会持续多长时间。是地面控制设备的故障，还是火箭本身的故障？问题能找到吗？如果找到了，问题能解决吗？我最不想看到一位"殡葬师"开始打开舱门的情况。杰克似乎处于某种发呆状态，也许想到了自己正坐在等待引爆的巨型炸弹顶上这一情况，但更像在回忆训练期间准备的那数千项内容。我不得不佩服这位石头博士，他和其他宇航员一样做好了准备。处变不惊的作战老兵罗恩·埃文斯（他非常机敏和爱国，我们都称他"美国上校"），根本没把发射延迟当回事儿，竟然睡着了，他那放松的鼾声构成了无线电通话中低沉的背景乐。随着工程师们把低温燃料加满，我的"土星"姑娘不停地低吟。我能感受到她的呼吸，知道她急切地想摆脱束缚。

我平躺着，腿也抬起来，压力不可避免地加在我的肾脏上，后来终于坚持不住、尿在裤子里了。第一位升空的美国宇航员艾伦·谢泼德就尿过裤子，我为啥就不能尿呢？由于艾伦尿到了宇航服里，因此设计人员设计了一种太空时代的集尿袋，既能让宇航员解决自己的问题，也不会引起任何尴尬。我感觉温热的液体通过一个导管流进置于我腹部的集尿袋，那是一种怪异的感觉。我觉得这次小便是成功的，但心里也清楚，要是袋子破裂了，我们恐怕要捡一路的尿滴。我们进入太空后尿液会被冲掉，飞船外面极低的温度会把尿滴变成一团明亮的漂浮晶体。有些宇航员把这种日常排放（被希拉戏称为"尿壶星座"）描述为他们在太空之旅见到的最令人惊叹的景观之一。

两个小时后，发射控制中心的人员找到了绕过那台怪异计算机的方法，倒计时在午夜前 5 分钟重新开始了。他们告诉我这个消息时，我几乎高兴得叫出声来。40 分钟后就要出发了。我们在忙着查看最后的仪表读数时，美国历史上最重要的日期之一——12 月 7 日——到来了。

作家汤姆·沃尔夫受《滚石》杂志派遣来到肯尼迪角，但产生了写一本书的想法，他评论道："这枚火箭装满了称为液氧的高度挥发性燃料，三个人正等待着发动机的点火。他们到底是谁？或者说，他们是什么人？他们为什么愿意做这样的事情？我们特别需要知道的是，现在飞船里载有三个拥有巨人般自我意识的非凡人物……我们对一位宇航员的了解（如果你想理解他的心理的话），重点并不在于他要去太空，而在于他是一位飞行员，而且已经从事这个职业 15 或 20 年。就像爬一座复杂的高塔，有几英里高，宇航员的想法就是在爬向塔顶的过程中，证明自己是被选拔、授任的人员之一，拥有所需的素质，能够越爬越高，甚至有一天（如果上帝允许的话），你也许能够最终加入那少有的几个登顶的人——那些真正有能力让人流泪的精英，真正的精英兄弟会。"

你猜今晚处于高塔之巅的人是谁？

当"土星"火箭的 5 台巨型发动机启动时，下面冒出了一团鲜亮、吓人的橙色火焰，巨大的轰鸣声动摇了周围数英里内的地面和海洋，粗大的白色烟柱在聚光灯下翻滚，瞬间变成冲向低地的风暴云。漫长的 9 秒钟过去了，火箭的动力不断加大，雷鸣般的声响滚过沙丘和沼泽地，让 3 英里外看台上的观众赶紧捂住耳朵和眼睛，一阵阵轰鸣的气浪冲击着他们的身体，他们都能感受到衬衫上的纽扣在挤压他们的胸部。

午夜 0:33，火箭的压紧臂松开了，"土星"动了一下，然后平衡在像原子弹爆炸那么大的耀眼火球上。这是令人叹为观止的场面，在整个太空计划中，没有哪一次能和我们的夜间发射相提并论。我告诉发射控制中心说："时钟已经启动。"飞船通信员回应道："5 台发动机推力正常。"好消息。我们出发了！

这枚巨型火箭马力全开，振动传到高塔之巅，我们开始摇晃起来，火焰变得越来越猛烈，轰鸣声越来越强烈，火箭似乎要失控的样子。但它不会，因为它在我的掌控之下。这枚觉醒的"土星"火箭会响应我的指令，去我要去的地方，完全按照我的要求去做。我有能力驾驭着它飞向天空，或者把它关闭。火箭下面的螺栓被崩掉前，做决定的是别人，但此后，对这枚狂烈的庞然大物，我说了算；我成功地经受住了一次又一次的磨难，这是我和迪克之间那次巨大赌注的回报。不管怎样，在随后的 13 天里，我将对发生的一切负责。

火箭升起来，呼啸着穿过羽绒一样的薄雾，是黑夜里一个美丽的镜头。火箭从第 12 秒开始慢慢滚转，同时把我向上猛推，而超重力则把我向下压在座位上；经过漫长、折磨人的等待，火箭终于脱离了发射塔。它拖着一条半英里长的灼热尾巴，那尾巴非常明亮，照亮了从北卡罗来纳州到古巴的夜空。

云层反射的火光照进我的窗口，给我们的仪表面板染上了一层鲜红色。所有系统都工作得完美无缺，罗恩高喊了一声"哇塞"，而杰克则大叫道："我们上天了！哎呀，我的天哪！"我感到很奇怪。罗恩的反应我并不感到意外，但我们这位安静的、哈佛大学毕业的科学家一定是趁没人注意的时候，把他那健谈的孪生兄弟偷偷送上了"阿波罗"17 号飞船，由此可见这位不苟言笑的地质学家其实还是挺喜欢玩儿的。

在 2 分 40 秒的时候，第一级火箭停止工作，我们被一种从未见过的大火球吞噬着，烈焰的大旋涡戏弄着我对飞船不会烧毁的认知。我们不会被烧毁，这种情况很正常。我们被前后左右地甩来甩去，安全带紧紧地把我们绑在座椅上。

第二级火箭启动时，地面上的人们看见这次的级间分离就像一颗小蓝星爆炸一样，我们一下子穿过了那个可怕的火球，速度越来越快。我向地面报告说："4分钟，我们一切正常。"飞船通信员立刻回答道："收到，吉恩。我们正在查看每个岗位的情况。这里看上去也都正常。你们看来确实不错，吉恩，完全正常。"

逃生塔在一道耀眼的火光中被崩掉了（在白天很难引起注意），像彗星的诞生一样，同时，挡住其他窗口的整流罩也被掀掉了。罗恩和杰克现在可以看见我们周围不断展现的美妙景象。杰克很快就像看马戏团表演的孩子一样叽哇乱叫了。

4分30秒的时候，我向地面报告说："告诉你们，夜晚的发射非常值得一看。"我们冲向布满星星的夜空，9分半钟的时候，第二级火箭被抛掉，然后在升空后仅仅12分钟，就在第三级火箭的推动下进入地球轨道，容易得就像坐进喜爱的安乐椅一样。

在午夜，跟踪一个像太阳一样闪耀的东西并不困难，在下面的佛罗里达州，芭芭拉和特蕾西看着我们从一个被水包围的地方离开了地球。当来自火箭发动机的火光猛然闪耀起来的时候，成群受到惊吓的鱼跃出水面，在空中摆动着银光闪闪的尾巴，再落入水中，在水面激起一片白沫。大地抖动着，虚假的日光把这个地区照得像中午一样，然后又很快消退成黑夜。这哪是一次发射，明明就是一种梦境。

我的姑娘们多日来一直被很多人围拢着、关注着，她们很欢迎这次发射给她们带来的暂时解脱，感觉通过这些喧闹声和火箭的烈焰与那艘呼啸而去的飞船里的丈夫和父亲联系在一起。不管发生什么情况，我们都会在一起。特蕾西说她并不感到害怕，也从未想过我再也不会回来了，但实际上，我们的宇航员小姐在发射过程中一直是一边哭，一边用手紧紧地按着她灰色长裙上那枚"阿波罗"17号的任务徽章。

我们终于从人们的视野中消失了，激动不已的观众开始谈论这次令人惊奇的飞船发射。NASA的发言人朱利安·舍尔充满激情地说："你再活一千年也看不到这样的场景了。"查理·史密斯（正往一千岁的方向努力）对此并不认可："我看见他们飞走了，但这并不能说明任何问题。"升空大约3小时后，我们已经失重地绕地球飞行了两圈，准备踏上我们下一步的行程。

杰克·施密特高兴地向地面人员报告从我们身下闪过的几乎每一片云，他对教科书上的理论和现实生活之间的不同感到非常惊讶。看见一道彩虹他就兴奋不已，我真想知道他到月球上会变成什么样子。休斯敦发出了"继续下一步"——再次启动第三级火箭的命令，火箭的启动只是把我们轻轻地压在了座椅上。火箭发动机工作的时间比平时稍长，为的是把发射延迟所耽误的时间赶回来；等它停止工作时，我们已经脱离地球轨道，飞往月球。

下一站：卡米洛特。

29　降落在月球

　　罗恩让指令舱"美国"与第三级火箭脱离，并与登月舱"挑战者"完成对接，然后我们开始了前往月球 86 小时的惯性飞行。第三级火箭现在已没有任何用途，飞行任务控制中心先让它机动飞行到安全的地方，然后最后一次启动了它那巨大的发动机，火箭高速飞往月球，它会在我们到达之前，像一颗陨石一样撞向月球。

　　杰克一直看着窗外，喋喋不休地报告着看到的美妙景色。早上 5 点钟（休斯敦时间），他告诉几乎空无一人的飞行任务控制中心说："嘿，那是南极，上面全是雪！我从未想到会有今天这样的体验。你每次回头，都会看到不一样的东西，而且你很纳闷这是怎么回事。"在随后的两天里，随着地球慢慢变小，像个蓝色的陀螺一样慢慢转动，他会对地球的天气变化模式做出连续报告。"你就是一颗天气预报真人卫星。"一位飞船通信员开玩笑地说，并鼓励他持续报告。他毕竟是进入一直属于飞行员领地的第一位科学家。由于两天内无法看到月球，杰克准备与几位同事一起，观测从澳大利亚到桑给巴尔岛的天气变化模式，这是以前从未做过的。

我们吃力地脱下笨重的宇航服，这意味着在把它们折叠平展并放到一边之前，本来就拥挤的指令舱里好像又增加了三个人。我看了一眼窗外，报告说："休斯敦，我知道我们并不是第一次观察到，但'阿波罗'17号确认地球是圆的。"

整个任务系统运行得非常顺畅，我们在检查数据、确认各个系统都工作正常的时候，只有几个报警灯的琥珀色闪烁需要我们注意一下。我们打开食物包装袋，我吃了半个三明治，喝了点水；罗恩尝试了一下土豆汤，那汤从塑料袋里渗出来，像一滴一滴的胶水一样悬在空中，他把它们弄进嘴里。起飞几乎正好9个小时后，我们开始了第一次休息；虽然我们已经连续22个小时没有合眼了，但由于太兴奋，我们根本没法睡踏实。

在佛罗里达州，芭芭拉在午夜发射之后一直没睡，直到我们冲出地球轨道，平稳地飞往月球的时候，她才睡了几个小时，然后天刚亮就开始收拾行装。周四上午，她和特蕾西、简·埃文斯以及她的两个孩子（杰米和乔恩）乘坐NASA的"湾流"公务机，从帕特里克空军基地返回休斯敦。我妻子出发前把她最要紧的计划告诉了记者们："我准备拔掉电话线，洗个澡，然后上床睡觉。"

我醒来时正位于太平洋上空，发现地球正在快速变小，南北美洲整个长长的海岸线在我们脚下慢慢滚动。我们早餐吃了香肠馅饼、粗燕麦粥和可可粉，然后天气预报员杰克立刻又回到了窗口。加利福尼亚州南部天气良好，但一场狂烈的风暴已逼近美国西北部。杰克终于意识到，他不仅看到了云的不同形态和大陆的不同板块，他的科研世界也突然出现了一道裂缝。"当我们离开地球的时候，才发现那个蓝色的球体看上去是多么脆弱，而且你离她越远，这种感觉就会越强烈。"

由于我们的飞行路径出奇得准确，原计划中的一次路径修正也就相应地取消了。我们以难以置信的速度飞离地球，除了越来越强烈的期待，事情变得有些枯燥。尽管一路上完成了一系列实验，但最重要的时刻是罗恩弄丢了他的钝头手术剪刀。飞船通信员戈登·富勒顿嘲弄道："剪刀，剪刀，谁拿了我的剪刀？"吃货罗恩非常沮丧，着急地在驾驶舱里寻找着，因为剪刀是打开食物包装袋的唯一工具。

在巴布达巷，一个用胶合板制作的笑意盈盈的圣诞老人立在了草坪上，邻居们布置了红色、白色和蓝色的圣诞彩灯，看起来像一面美国国旗，一袋邮件等着忙碌的特雷西去打开。芭芭拉和特蕾西回到家时，另一群记者正等在那里。芭芭拉告诉他们说："从我们加入登月计划的那一天起，吉恩的目标就是到达月球。他正在实现这一目标。这是我们面临的挑战，而且我们已经成功应对了这次挑战。我感到非常自豪。"她脸上表现出了一贯的乐观情绪。

多年以后芭芭拉才会放松下来，她给一位朋友写信说："每当他执行太空任务时，我都会被一遍又一遍地问感觉怎么样；如果我对你说我并不害怕，那我就是没有说实话。"对她来说，这一次的压力比任何时候都大。由于这次任务的时间、复杂性和重要性都不同以往，她很快感到像是被囚禁在自己家里一样。

在不公开的通信系统中，我委婉地要求迪克·斯莱顿让安全人员悉心关注我在拿骚湾的家。他说："不用担心，吉恩。在这方面一切正常。"然后我被告知特蕾西也在听电话，我在 10 万英里外提醒我的女儿不要忘了喂马。飞船通信员对我说，芭芭拉建议让一个声音好听的小女生给我说晚安和爱我。实际上，她做的并不太离谱。当我打开那天晚上的飞行计划时，我看见里面夹了一张《花花公子》杂志的中心插页——非常好看的 1972 年 12 月份的美国小姐。这是我们的后备乘组干的好事。

当我睡满 8 个小时再次醒来时，已是 12 月 8 日（地球时间星期五）的下午了。我们依然很累，主要是挤在狭小的飞船里，除了慢慢悠悠地做那些似乎永无止境的实验，收听石头博士的天气预报频道外，我们几乎无事可做。

两秒钟的中途修正给我们的飞行速度每小时增加了 7 英里，然后杰克和我通过狭窄的联系通道进入登月舱，花了将近两个半小时对它进行内部检查，为我们即将到来的三天月面活动进行系统准备。

我们在穿越空虚的外太空时，感觉时间过得非常慢。我们有很多的时间可以消磨，别人可能觉得这样很惬意，但无事可做却让我们感到很疲惫。

我们的速度持续下降，因为我们的地球试图把我们拉回去；当我们再次开始休息时，飞船的速度只有每小时 3 000 英里，对太空飞行来说，这基本上属于静止状态。飞船通信员警告说，我们晚上休息期间可能会体验到一种跳跃感，因为我们即将脱离地球的吸引力，就像经过想象中的减速带一样。月球很快就会把我们吸引过去。

我们肯定是被睡意征服了，因为飞行任务控制中心尝试了10次才把我们给弄醒。他们一次又一次地启动仪表控制台上的警报音响，都没有得到任何响应，然后把罗恩母校——堪萨斯大学的校队战歌《我是堪萨斯人》高声播放了三遍，仍然没有产生效果。后来，我终于注意到了仪表面板上报警灯的闪烁，叫道："哎呀！我们睡着了！"

再次值班的飞船通信员戈登·富勒顿回答道："你这是今年最含蓄的说法。"我们睡过了一个小时。我解释说："罗恩本来应该值班，但他说他参加完一个大型聚会后困得坚持不住就睡着了。"实际情况是，罗恩躺下睡觉的时候，不小心踢掉了和他相连的音响系统。这并不是什么大事，只是在剪刀丢失事件之外，又给我们增加了一些谈资而已，因而成为这一天最有趣的事情。在前往月球的路上会发生一些有趣的事，但不是很多。要是带上一些填字游戏就好了。

今天是12月9日（星期六），我们处于月球的引力之下，离月球只有大约38000英里，而且越来越近。杰克和我漂进登月舱"挑战者"，给它做最后的检查，发现它已准备就绪。由于我们接近月球的角度所限，我从它三角形的窗口往外看，仍然看不见月球；我们轻盈地航行在明亮阳光的海洋里。我在"阿波罗"10号上有过这样的体验，在熟悉的领域中就感觉比较自在。但我也有几丝紧张不安的情绪，因为我知道前面有什么。我们离得很近了。尽管还看不到，但现在月球应该已经很大了，就潜伏在附近，就像一只大灰熊趴在小木屋的门外一样。

这时，太阳光不见了，我们被笼罩在月球的阴影里。阳光消失以后，我们的飞船——这个始终把安全放在首位的登月计划的奇妙产物——开始显得非常脆弱。我记得"挑战者"金箔外壳的厚度只有两千分之一英寸，和一张纸的厚度差不多。"大灰熊"越来越近了，我能感受到它的存在。在大约一个小时的时间里，我们穿行在黑曜岩般的阴影里，周围一片寂静。

突然，"阿波罗"17号起飞3天零12小时6分钟31秒的时候，我们冲出阴影，重新进入明亮的阳光里；月球出现了，虽然离它大约还有10 000英里，但它已经充满了我们的视野，我不禁大叫道："天哪，月球真大！我们正在往下落！"太阳就在地平线以上，光线特别晃眼，月球挡住了其他所有东西。"我想说的是，你们真应该来这里，那是一种令人震撼的宏大景象。"

从我们的位置看月球和从地球上看它（距离太远）完全不一样。现在，它特别巨大，是一个自成一体的世界；它迫使我问自己看到的到底是什么。这样的景象只存在于科幻世界里，因为连模拟器都无法真实表现这一景象。我们降落得越来越快，随着我们的不断接近，月球变得越来越大。我隐隐有些眩晕感，好像正沿着一口竖井往下落，可能很快就会坠毁在某个陨石坑里。我告诉飞船通信员戈登·富勒顿："我准备拉下窗口的遮光板。"戈登笑着说道："害怕了吧？"他说得太对了。

我以为我为我们的到来做好了准备，也知道会出现什么情况，因为我以前来过这里，但实际情况并不是这样。时空的动态变化展现得太快了，大脑还没有来得及对一种感受做出反应，你就得去理解另一种更难以应付的感受，就像一整副扑克牌纷纷落向地面时，你试图看清每一张牌一样。

石头博士被这颗他一生都在研究的小行星的巨大体积惊呆了。他做梦都没有想到会有这样的景观，一时间竟丧失了说话的能力。太阳照亮了高高的山顶和巨型陨石坑的边缘，地面的详细情况展现出来，它们沐浴在金色的光照里，或者隐藏在深黑的阴影里。

我们现在离月球只有 2 600 英里，而且正在快速接近，试图穿进月球上空仅 60 英里处那个看不见的轨道针眼儿。我眼睛对着单筒望远镜向外看，哇噻！我能看见一些陨石坑的底部。高高的山脊像海浪一样滚过地平线。"我感觉有人在看我们的飞船做机动飞行和飞越月球表面。"我一边说，一边对月球的壮观惊叹不已。

杰克吃惊得说不出话来，我也惊奇地看着这颗独特的天体不断展现的详细地貌，但罗恩对此并不怎么着迷。他一会儿看看月球，一会儿环视一下飞船的驾驶舱。他说："你们要是把所有的剪刀都拿走，我就没法吃饭了。"他的优先事项很明确，吃饭比看景更重要。

12 月 10 日下午 3:36（休斯敦时间），我们转到月球的背后，与地球失去了联系。在"阿波罗"8 号完成人类第一次环月球飞行几乎整整四年后，"阿波罗"17号乘组成为第8个也是最后一个从环月球轨道上观看月球的乘组。

第一次进入月球背面11分钟后，我们启动了指令舱的火箭发动机，进行6分半钟的制动飞行，把我们的速度大约降低每小时2000英里，从而让月球的引力把我们牢牢地捕获到一个60英里×195英里的椭圆形轨道。这一操作进行得很顺利，但只有杰克、罗恩和我知道，因为我们处于静默区。在我们转到月球正面之前，地球上飞行任务控制中心的人还需要再紧张地等待22分钟。我报告说："一切正常，休斯敦。你们可以放松点了，'美国'做好了迎接挑战的准备。"

4小时后，我们再次启动发动机，降低到一个距离月球表面大约68英里的轨道上，这是我乘坐"阿波罗"10号来过的区域。我报告说："我们又回到了以前来过的地方。"出于某种原因，当我绕飞月球的时候，我说话的句法一下子就乱套了。杰克和我进入登月舱做最后的检查，并报告说"挑战者"做好了分离的准备。

罗恩还没有找到他的剪刀，但杰克找回了他的舌头。因为我们现在处于月球轨道，他开始滔滔不绝地谈论起来，说话的信息含量就像尼亚加拉大瀑布一样。他早把地球的云团和低压前锋忘得一干二净了。他现在看向了另一侧——月球，快速讲起了科学小故事，开始描述埃拉托色尼（哥白尼坑喷出物中间的低反射率区域）、像伦霍尔德和兰斯伯格这样的中部最高的环形山、光照图案的非线性特征、马利厄斯丘陵、风暴洋和界海不规则的走向。他不是简短地说几句，而是一口气讲一大段，差点让休斯敦那些可怜的听录打字员疯掉。我们只是进入了月球轨道，什么事都还没干呢。

我们抛掉了世界上最大的镜头盖——指令舱侧面用于保护设备舱中科学仪器和摄像机的重达 170 磅的一块罩板。这样就露出了两台摄像机和三台价值高达数百万美元的仪表设备；当杰克和我离开以后，罗恩就会在月球轨道上操作这些设备。他收集的数据和图像将提供新的测量结果，绘制他经过区域的热量图，向月球地面发射无线电波来检测超过半英里深的土壤构成，为的是寻找水、永久冻土或冰。当然，月球上的水会极大地简化在那里维持一个太空栖息地的工作。

飞船通信员给我们通报了地球上的新闻。罗恩和我极其关心我们家人的情况，飞行任务控制中心深情地转达了令人欣慰的话语——我们的家人依然正常。他们也有杰克家人的消息，告诉石头博士说他妈妈对儿子的表现"极度满意"。"这的确像我妈说的。"他说完就把这个话题放到了一边，个人的感情不能干扰他的科学研究，他随后说道："我刚才非常清楚地看到了哥白尼坑——一个直径达 80 千米的大坑。"

《华盛顿邮报》在头版刊登了特蕾西和芭芭拉的一张照片，她俩坐在地板上一边看电视，一边收听内部通话系统，她俩中间放着一面小国旗。为了进入月球轨道，我们需要进行制动；我们第一次转到月球背面期间，她们一边与朋友闲聊，一边紧张地等待我们重新出现。当我们报告一切正常时，芭芭拉竖起了大拇指，叫道："太好了!"特蕾西仰脸问道："发动机点火正常吗?"她妈妈回答说正常。特蕾西满意地点点头，然后兴奋地说："我要去查一查月球地图上的那个地方，看看今晚能不能看到爸爸。"

飞船通信员告知大家说，现在是休息时间，在此期间，飞船将绕飞月球将近 4 圈，并提醒我们明天将是忙碌的一天。

我们在阿罗·古斯里演唱的《新奥尔良之城》中醒来。杰克和我有不同的目的地。我们在 12 月 11 日上午 8:50（得克萨斯州时间）进入"挑战者"，穿上宇航服并扣紧，连上头盔，戴上手套。登月所需的很多东西塞满了飞船的驾驶舱，"挑战者"的外面挂着折叠的月球车和装不进驾驶舱的其他大件。飞船里面看上去像费伯·麦吉的壁橱，外面像贝弗利山人的卡车。

一切准备就绪之后，我们在上午 11:21 与指令舱进行了分离。罗恩报告道："休斯敦，这里是'美国'。我们分离了，'挑战者'看上去很漂亮。"

我报告说："检查完毕。我们正在欣赏'美国'这个大美人。"

远离家乡的两个小飞船在中午 12:41 一前一后转到月球背面，然后罗恩驾驶指令舱进入一条更高的轨道，我们则飞向另一个方向，把我们的轨道又降低了 8 英里。火箭在我们的脚下轰鸣着，我记得 NASA 的官员们说过，这次飞行将接近我们飞行能力的极限。没问题。我唯一需要做的，就是在从未有人到过的一个地方进行精准着陆。

在得克萨斯州，芭芭拉和特蕾西去埃灵顿参加了早上的弥撒。罗恩的妻子简和他们的两个孩子（杰米和乔恩）也去了教堂，登陆月球的时间快到的时候，他们来到我家。在去月球的漫长飞行期间，两家人都没有黏在电视上，只是通过NASA的定时更新来了解太空的情况。这是和早期太空飞行相比的一个重大变化，那时，妻子和孩子们都仔细收听来自太空的每一个字句，当然，那时的飞行也没有像现在这样长达几天几夜。

重要时刻就要到来了。芭芭拉看见我们的客厅里坐满了想通过电视分享这一重大事件的朋友们，当"挑战者"开始落向月球的时候，有25个人在客厅里大嚼玉米面包和豆子。芭芭拉和特蕾西坐在地板上，手指交叉为我们祝福，仔细收听我们在内部通话系统中的话语，密切跟踪在地板上展开的按分钟做出的飞行计划。我妈妈坐在电视机旁边，屏幕上反射着附近角落里圣诞树上的彩色灯光。登上过月球的戴夫·斯科特和艾伦·比恩随时准备解答大家的问题。

芭芭拉穿了一件深色的高领毛衣，外面是一件带有任务徽章的长裙，尽管心中的压力越来越大，睡眠也不足，她还是微笑着面对摄影师们。自"双子星座"9号任务以来，她发生了很大变化；那时，NASA的官员们把她推向前院的草坪，去面对那些饥饿难耐的记者们。那些官员们从不告诉她们如果她们不愿意可以不接受采访，就像当初他们也不会帮助妻子们适应在休斯敦的生活一样。他们只想让她们做那些有预期效果的事情，而且不能有任何抱怨。到现在的"阿波罗"17号，芭芭拉早过了新手适应期，对房子里外发生的事情有了更多的掌控。尽管如此，来的人还是太多了。确实太多了。

我们的着陆点位于月球的东北角，当"挑战者"从月球的背面冒出来时，我只有大约 15 分钟的时间，来让飞行任务控制中心检查登月舱系统并给出允许我们启动发动机的指令。杰克和我急忙对照着检查项目清单开展工作，那十几分钟过得很快。休斯敦确认一切正常后，给我们做了简短的倒计时，我正好在给定的时刻启动了降落发动机。我们开始从月球轨道向下降落，当我们落过"阿波罗"10 号那 47 000 英尺的最低高度时，我几乎就没有注意到，因为我的眼睛一直盯着仪器设备，我想关注飞船的每一个细微变化。为了使我们的速度降下来，火箭发动机喷射的方向指向我们飞行的方向，与月球表面平行；在驾驶舱里，我们是脚朝前，脸朝下。

我向外看了一眼，立刻认出了在"挑战者"下面滚动的这片巨大而又起伏不平的区域。由于地球上的模拟器配备了接近着陆点的计算机增强照片，我对这个地方的了解比对自己的手掌了解得还清楚。当我们快速飞向那块把静海和宁海分隔开的崎岖高地时，一点儿也没有感到意外。我叫出了经过的一个个地标，为的是确认我们正沿着正确的路径飞向通往金牛座-利特罗山谷那个狭窄的入口。

飞船着陆的时候，它的四条细腿先触地，我们则面向前方，可以看见着陆点；为了对飞船的着陆进行对准，我让飞船滚转了半圈，现在我们的背部朝下，面部朝上，但仍然与地面平行。在随后的一小会儿里，窗外只能看见阳光照耀下的黑色太空。

大约在 12 000 英尺，这种状态发生了改变，我开始让飞船直立起来，并沿着窗口的下沿往外看。波派陨石坑就在那边，那里正是我们准备让飞船着陆的地方。"嘿，戈登，这里太壮观了。""挑战者"降落得越来越低，地平线变平了，我可以看见南森坑，我可以看见斯卡普陡坡，我可以看见劳拉坑。

我们在快速落向这个并不友善的星球时，我看见了一个令人心旷神怡的物体。在发动机 12 分钟的启动进行到一半时，我对同样两眼盯着仪表设备的杰克说："我们允许向窗外看两次，一次是现在，一次是我们直立起来的时候。"外面有一种非常壮美的景观，我不想让他错过。

他抬头看了看。"除了地球我啥也看不到。"

"我要你看的就是地球。"

"好吧。外面有个古老的地球。"他的两眼又回到了仪表上。有时候我无法理解杰克，但我还能向一个科学家期待什么呢？

在 7 000 英尺，我平顺地让飞船直立起来，这样，火箭的喷射几乎与地面垂直，并把我们的速度降低，我们就像乘坐一架高速电梯。这一操作也使我们直立起来，让我更容易掌握平衡。现在，地球正好悬在"挑战者"窗口的中央，就像圣诞节的一件彩色装饰品。

在那个地球上，大多数山脉都是斜长坡地的一部分，你很少有机会站在海平面的高度看一座 8 500 英尺高的大山。即使在落基山脉，你在爬山之前实际上已经站在了 1 英里的高度上。在月球上，情况可不是这样。

我意识到我们正在进入未知的土地，古代的地图绘制者会在这样的地方写上"此界之外为恐怖之地"，此时，对探险的渴望让我兴奋不已。我们落向飞机喷洒农药的高度，越过圆顶形的雕刻山丘（有的山丘超过 1 英里高），快速进入一道山谷的东入口，这道山谷比美国的大峡谷还深，里面散布着陨石坑，周围都是比我们现在的飞行高度还高的大山。"嘿！来吧，宝贝……我们进来了！宝贝！"

北山体陡直地矗立在我们的右侧，南山体则位于左侧，周围堆积着年代久远的塌方形成的碎石，构成破碎和风化石头的巨型岩架，而家庭山则位于 3 英里外山谷尽头的封堵位置。林肯陡坡——月球表面一处比地球上任何悬崖都高出 8 倍以上的断层，像一队石头步兵蹲在家庭山前面，地质学家希望我们能够在这里发现来自月球 50 英里深处的石头。这里的奇迹等待着我们去发现。我们轻盈地飞过一个个的陨石坑时，快速看了一下仪表，发现我们还有不少的燃料，这得归功于在模拟器中进行的长时间训练。看到外面的景象，我感到的是熟悉，而不是恐惧。

我用控制台上的一个小开关对飞船垂直降落的速度进行精密调整，下降速度的变化只有每秒一英尺，我们同时也关注着一个仪表（称为"H 点"）上的高度变化。距离相近、以三角形布局的陨石坑——冰霜、鲁道夫和小傻瓜——已经很近了，那边是芭珍坑，而且从一开始我就一直在关注波派坑。熟悉的名字和记忆既给了我安慰，也拉近了我们之间的距离。

杰克在读取来自计算机和雷达的数据，在我头盔的耳机里，他的声音很清脆。"2 500 英尺，倾角 52 度，H 点数据正常。2 000 英尺，H 点数据正常，燃料正常。1 500 英尺，倾角 54 度，吉恩。接近 1 000，接近 1 000 英尺，倾角 57 度。好，你落过了 1 000 英尺，我检查过了，雷达高度和主导航制导系统高度是一致的。你落过了 800 英尺，H 点数值有点儿大。"

我死死地盯着窗外的标记点。随着我们越来越低地落向地面，我完全知道我在哪里，登月舱已成为我身体的一部分，它对我的想法和手指对控制器的操作做出了灵敏的反应。"嘿，我不需要那些数据了。我知道怎么做。"我集中精力观察不断逼近的标志点就已经很不容易了，根本顾不上再听更多的数据，而且这些数据并不能告诉我整体情况。我会根据外面看到的东西来决定是慢下来、左右移动，还是保持稳定的下降速度。我知道怎么做。我知道怎么做。找到一个降落的地方并不像预想的那么容易。前面猛然出现了一块像一座房子那么大的石头（这是事先不知道的）。我刚越过它，就又出现了一个从未被发现的深洞。碰上哪一个都会使这次任务毁于一旦。

杰克继续报告："你以每秒 31 英尺的速度落过 500 英尺……以每秒 25 英尺的速度落过 400 英尺。速度有点儿快，吉恩。"杰克是个专心致志的登月舱驾驶员，只顾着看仪表，从未看一眼着陆过程。火箭发动机持续轰鸣着，持续的振动感觉就像有大的车轮在脚下滚动。

"好的。"我调整了下降速度，瞄准了最后的目标，越过福尔摩斯坑的边缘，飞向一个大坑的凸起的边缘。"它在那儿，休斯敦！卡米洛特在那儿！"左窗口外面是三叉戟坑，右窗口外面是路易斯坑和克拉克坑。我不能越过卡米洛特坑，因为它周围是一片低地（我们称为"薄饼平地"），大块的石头像尖刀一样竖在那里。这是最后的机会。我用指尖轻轻触动那个小小的开关，"挑战者"立刻做出响应，向着陆区飞去，就像被磁铁吸过去一样。

这是最激动人心的时刻——任何飞行员的终极梦想，因为我驾驶的不是一架普通的飞机，而是一艘比飞机复杂得多的飞船，而且这是飞船唯一的一次飞行。之前只有 5 人执行过这样的任务。我们从没有驾驶登月舱进行过起飞和降落训练，利用模拟器和直升机只能体验其中的部分特性。所有常用的参照系都消失了，在薄薄的窗口之外，奇异的阳光更加强烈，物体的阴影又长又深暗，这种没有颜色的世界绝对令人生畏。降落到一个外部星球的表面让我掉进了"迷幻之境"，我真正进入了一个完全不同的维度，驾驶飞船越过奇怪的地形，而且不允许出现任何差错，还要承受全球观众的重压。

杰克报告道："高度 300 英尺，每秒 15 英尺。速度有点儿快。H 点数值有点儿大。"

下面深暗的山谷与明亮的山峦形成鲜明的对照。当我们落入离地面大约 200 英尺的"死人区"时，地球吸引着我的注意力，它占据着我的窗口，好像画在上面一样。落过这一高度，如果降落发动机不管什么原因而停止工作，物理学定律和时间就会发挥作用，我或者计算机都来不及做出反应，紧急中止按钮也毫无用处，我们就会在地面坠毁。

"每秒 9 英尺，高度 200 英尺。降落速度是每秒 5 英尺。降落速度是每秒 5 英尺。降落速度是每秒 10 英尺。关闭 H 点仪表。燃料正常。110 英尺。注意，很快就会出现灰尘。再往前一点儿，吉恩。"

我在像轿车那么大的石头阵里寻找空地，担心登月舱强大的发动机会吹起一团黑色的灰尘，挡住我的视线。然而，吹起的灰尘很少，我可以看清着陆点。我们离山谷地面已经非常近了，周围的山峦看上去特别高大！我们右侧陡峭的北山体，其高度是埃菲尔铁塔的 8.5 倍，而左边粗糙的南山体，其高度大约是帝国大厦的 7 倍。

专心致志的杰克继续报读数据。"让飞船向前一点儿。高度 90 英尺。加一点儿前向速度。高度 80 英尺，每秒 3 英尺。有一点儿灰尘。我们的高度是 60 英尺，下降速度大约是每秒两英尺。一点点灰尘。一点点灰尘。高度 40 英尺，每秒 3 英尺。"

快到了。我一边稳定住着陆器，一边做最后的降落，炭灰色的灰尘在窗口周围升腾起来，模糊了我的视线。"做好触地准备。"

杰克说话变得急促起来。"准备触地。高度 25 英尺，每秒两英尺。燃料正常。高度 20 英尺，每秒两英尺。高度 10 英尺……"

9 英尺长的导线传感器拖在着陆器支脚圆盘的下面，有一个擦碰到了地面，蓝色的灯光在我的控制台上闪烁起来，我关闭了火箭发动机。我们悬着心落下了最后的几英尺，飞船"咚"的一声落在地面上，颠了一下就稍微倾斜着停在一个低洼处。我们距离数月前在地球上选定的目标点只有 200 英尺。

此时是 1972 年 12 月 11 日下午 1:54（休斯敦时间），我们从佛罗里达州起飞后已经过去了 4 天零 14 小时 22 分 11 秒。完成了我职业生涯中最平顺的着陆之一以后，我平静了一小会儿，长长地出了一口气。

自从我们与指令舱"美国"脱离后，两个半小时的持续操作和高度紧张耗尽了我的感知能力，现在，所有的东西都戛然而止。周围瞬间一片寂静。杰克也和我一样被惊呆了，一句话也不说；没有轰鸣的火箭，没有振动，没有噪声。没有鸟鸣，没有犬吠，没有一丝风声或一生中任何熟悉的声响。我被一种完全、通透的宁静所包围，这种宁静我至今都无法理解。我头盔里唯一的声响是我粗重的喘气声，甚至这一微弱的扰动听起来也是对这种宁静的极大破坏，因而有一会儿我把呼吸也停止了。此时，周围的一切似乎都消失了。

我打破了这种美妙的宁静，高兴地报告说："休斯敦，'挑战者'着陆了！"同时把紧握的手从推进器控制钮上松开了。"是的，我们到了。告诉'美国'，就说'挑战者'已经抵达金牛座-利特罗山谷。"

在南山体之上，地球静止在西南方向黑色的太空中，她是我默默的守护星。

30 山谷探险

梦想真的实现了。在月球着陆 4 小时后，我背上带有生命保障系统的背包，后退着钻出了那个小小的舱门，跪在外面那个不大的平台上，然后小心翼翼地走下"挑战者"的梯子，一次一个梯级，最后站在盘形支脚上。我第一次仔细看了看广袤的太空，周围闪耀着明亮的阳光，从这边的地平线到那边的地平线，太空依然是漆黑一片，这与我的逻辑思维发生冲突——这怎么可能呢？

没有恐惧，也没有担心，内心涌动着极大的满足感和成就感。我 10 号半的靴子停在离这块几乎神话般的土地只有几英寸的高度上，人类对它仔细观察了无数年，我们给它赋予了各种意义——从宗教图腾和浪漫的象征，到狼人制造者和收获的时钟。在我人生的每一个夜晚，它一直挂在那里，耐心地等待着我的到来。

我把左脚踩下去，薄脆的表层塌陷下去。一次软接触，就这样完成了。一个塞尔南的脚印留在了月球上。

我实现了自己的梦想。谁也无法把这一时刻抹掉。我对休斯敦说："当我踏上金牛座-利特罗山谷的地面时，我想把'阿波罗'17号的第一批脚印献给这次任务的所有参与者。哇噻！真是难以置信。"

天哪，我站在了从未有人来过的地方。稳稳地支撑我的地面不是地球上的地面，而是一个不同天体的地面，它在明亮的阳光下闪耀着，好像镶嵌着数百万个微小的钻石。月球上空刚刚升起的太阳给"挑战者"投下了长长的影子。

我慢慢地转了一圈，想看看周围的一切，却被这静谧、庄严的孤寂惊得不知所措。没有松鼠的脚印来表明生命的存在，没有一叶绿草来点缀这单调、荒凉的美，没有一片云，没有小溪或小河的丝毫痕迹。但我感到很舒适，好像自己就属于这里一样。我站在这个被群山环抱，看上去一成不变的美丽山谷里，感觉两侧耸立的山体并不可怕。它们好像也在等待有人来它们的山谷走一走的这一天。我并不担心接下来会发生什么情况，未知的危险会不会就潜伏在附近，也不担心到时候我们怎么离开这里。我们既然能够到达这里，也就肯定能够回到家。在随后的三天里，我要让生活过得最充实，充分享受这个奇异、美妙世界的每一刻时光。

我站在宇宙中这个荒凉世界的阳光下，抬头看见深蓝色的地球沉浸在无垠的黑色里，此时，我知道科学遇到了对手。

我望向四周，想找到自己的方位。山上滚落的巨大石头在地上划出了深沟。我们曾经越过的雕刻山丘看上去像百岁老人的皱纹。一处石头山体的塌方滚入了山谷，四周都是大大小小的陨石坑，我最熟悉的那个触手可及。我向地面人员报告说："我觉着我就在小傻瓜坑面前。"我飞行了 25 万英里，然后降落在以我女儿名字命名的月球陨石坑旁边，这种感觉非常奇妙。

为了在这个低重力的奇特新世界里不摔跤，我跳跃着走路。学习如何走路就像在一大池果冻上面保持平衡一样，我最后找到了像兔子跳那样走路时转移体重的方法。我在自我陶醉的时候，杰克也像蚯蚓一样扭动着身体退到了那个平台上；他看了一眼下面，嘟囔道："嘿，谁把我的月球地面给踩脏了？"他快速走下梯子，从飞船的盘形支脚迈向地质学家的乐园。

和我一样，他走路也不稳。在三天的飞行中，我们从地球重力变成了零重力，现在，我们处于六分之一地球重力的环境中，之前只有 10 个人有过这样的体验。我们像浴缸里的玩具鸭子一样摇摇晃晃地走路，每走一步都会踢起灰尘，不一会儿就气喘吁吁了，纯白色的宇航服上沾满了黏乎乎细小的月球灰尘。我对杰克说："天哪，这里真漂亮。"他回答道："这里的土壤看上去像某种颜色很浅的多孔斑岩，气孔含量大约是 10% 或 15%。"这意味着地面上的亮点就是微小的玻璃斑块在反射阳光。两个性格迥异的人一起登上了月球。

我们的第一项工作是把月球车卸下来，它挂在登月舱的外面，就像一架钢琴绑在了卡车上。我们取下各种绳索和铰链，把它放了下来，它就像由折叠轮、座椅、扶手、控制台、脚踏板、挡灰板、电池盖和很多其他零件构成的智力拼图，我感觉在为特蕾西组装一辆圣诞自行车。杰克做出了特别有技术性的观察：

"可以肯定地说，这块地面不是昨天形成的。"我一路把他带到这里，就是为了听他告诉我这些吗？

细小的灰尘顽固地贴在我们的宇航服、头盔面罩、手套和工具上，好像被磁力吸住一样。"嘿，我好像来这里已经一个星期了。"我一边说，一边拍打这些灰尘，但一点儿用也没有。杰克去捡一块石头，结果失去平衡，摔了个屁股蹲儿。他吃力地爬起来时，身上又多了一层灰尘，还把我们仅有的一把剪刀给弄丢了。我们给罗恩留下了一把（他的那一把仍然没有找到），现在，我们的这把也消失在月球的土壤里。要是我们无法打开食物的塑料包装袋，生活有可能会变得非常有趣。所有其他的紧急情况我们都考虑到了，但谁也没有想到我们会饿死在月球上。

我装好了月球车，侧身跳到驾驶员座位上（就像十几岁的少年跳进敞篷吉普车一样），打开电池开关，试了一下方向盘，检查了前进和后退控制器，把它启动起来。关键时刻到来了，因为如果月球车开不起来，我们就得步行，那我们探索这道山谷的机会就会大大减少。每个轮子上的电动马达"嗡嗡"地响起来，我加大动力，绕着登月舱试了一圈。"感谢上帝，休斯敦。'挑战者'带来的这个小宝贝儿跑起来了！"带有金属丝网轮胎的敞篷月球车看上去很酷。

出于重量考虑，我们的飞船外面没有像前几次飞行任务那样安装电视摄像机，但我们在月球车上安装了一台，身在休斯敦的埃德·芬德尔（被称为"视频上尉"）对它进行遥控，成了我们的远程摄像师。现在，我们可以把我们两个人的山谷分享给全世界。

杰克在拿取另一块石头的时候又摔倒了。"我还没有学会捡石头，这对一个地质学家来说是一件很尴尬的事。"他不好意思地说。粗大的手套给我们带来了额外的问题，紧握那些几乎没有感觉的东西把我们的手弄得生疼。休斯敦提醒说我们已经比预定计划晚了 7 分钟，于是我们赶紧把月球石头拾取装备放到月球车上，继续执行今天的任务。

地球不断地把我的目光从荒凉的月球表面吸引开，而现实就像一种幻觉。我已经把地球看了很多次，但还是被这次旅程中最壮观的景象给迷住了。我站在月球，望向宇宙中唯一已知存在生命的地方，在我思考这一难得机会的时候，"阿波罗"10 号的记忆一下子涌上心头。真是太完美了。

我想再次提醒石头博士他现在处于另一个世界。"嘿，杰克，停一下。你应该花 30 秒看一下南山体上空的地球。"

"什么？地球？"

"你往那边看一眼。"

"看一次就行了，每次不都一样？"这就是他那怪异的幽默感，但我对他这种无动于衷的反应几乎感到厌恶，因为我觉得任何人都应该对这种景观惊叹不已。杰克继续做他的土壤观察，不过他还是朗诵了一句诗："啊，不要把我埋在孤寂的草原——郊狼长嚎、大风呼啸的地方。"他也许不愿意公开赞叹我们的星球，但还是把这种感受向愿意倾听的人清晰地唱了出来。然后，他找到了那把剪刀。我们得救了。

离开大本营之前我们最后一项任务是竖立一面国旗。我敲入一个细细的金属杆，调整好了能让红、白、蓝三色国旗伸展开的小横杆。这面国旗曾由"阿波罗"11号飞船带到月球并带回来，之后一直挂在飞行任务控制中心。现在，它永远竖立在金牛座-利特罗山谷中，真是对那些把我们送到这里的人们最好的答谢。我对那些看我把国旗展开的地面人员说："我确信，这是我一生中最自豪的时刻之一。"

杰克和我出发去把历次登月任务中最复杂的科学仪器阵列竖立起来。其核心是阿波罗月面探索成套设备，由一台小型核反应堆供电。它是一套布置起来很花时间的复杂系统，我们赶紧行动，以免侵占其他项目的时间。在从月球车卸装备的时候，我那砸石头的锤子（它的手柄从我的宇航服口袋里伸了出来）钩掉了什么东西。"挡灰板碎了。糟糕！"我叫道，尽量不让自己爆粗口。我在月球上进行一项高科技核实验的过程中，一不小心就成了挡灰板的破坏者。此时，薄薄的塑料挡灰板碎掉一块似乎问题不大，我用唯一可找到的东西——一块老式强力胶带把它给固定住。

我俩都快速投入工作，但进展比预想的要艰难得多，我们一点儿一点儿地消耗着分配给组装月球车和阿波罗月面探索成套设备的4个小时。超过这个时间，留给我们向南去埃默里坑（我们第一个真正的地质考察点）的90分钟就无法保证了。

我拿起专门为月球钻探工作研制的电池驱动电钻（今天所用

无电源线工具的始祖），钻入岩石土壤，提取地下样本，并安装地热测量装置。我必须紧紧地抓住它，把整个身体都压上去，才偶尔取得一点儿进展。一开始的几英寸钻起来很容易，然后钻头就"当当"地打在石头上又被弹了回来。我的心跳升到每分钟150次，抓着手柄的手生疼生疼，灰尘被旋成黏糊糊的一片。我需要钻出三个8英尺深的孔，用于安装热传感器。没想到，金牛座-利特罗山谷里坚硬的岩石死死地卡住3英尺长、像蜡烛那样粗的钻头，钻身把我旋转得像喝醉的水手一样。这项工作异常艰难，既耗费氧气也耗费时间。我向那些在遥远的地方收听的科学家们嘟囔道："加油，宝贝。我准备把它弄出来。"为了把电钻拔出来，我用了一个三脚架和杠杆，就像操作汽车的千斤顶一样。

我在使劲儿钻石头的时候，杰克在全力安装引力波探测器——一套用于探测发生内部地震时月球如何振荡的娇贵设备。这玩意儿必须绝对水平才能工作，我们在佛罗里达州训练的时候进行得很顺利，但在这里几乎无法实现。杰克几乎要疯掉了。地球上的科学家们傲慢地暗示说，月球上的这位科学家没有正确安装他们那昂贵的设备，这让我听得直想笑。最后，他们极不耐烦地告诉了杰克一种有效的修理方法——用我们的一种工具使劲儿敲一敲。结果还是不行。我们一次又一次地开着月球车往返于这个设备的所在地，尝试各种费时的修理方法，最后，设备的发明者还是不得不放弃这种努力。

来自休斯敦的指导意见又快又密集，地质学家和科学家们聚集的地方与飞行任务控制中心只隔着两个房间。我们对这些人非常熟悉，因为他们给我们做过培训，并仔细绘制了我们在月球表面所做工作的详细图形。然而，一旦我们到达月球，开始遇到问题或发现新情况时，他们就开始奋力保护自己的领地，而把以前形成的一致意见扔到一边。随着争吵变得越来越激烈，此时负责为我们过滤他们各种决定的吉姆·洛弗尔与其说是一名宇航员，倒不如说是一名驯兽师。

杰克有些烦躁。完成其他科学家的指令就会减少他自己那些地质学项目的时间。"真担心会发生这种情况。还有那么多石头等着我去拾取呢。"他抱怨道，晃晃悠悠地走到我工作的地方，我的进展依然非常缓慢。他踩到杠杆上，想帮我把那个讨厌的钻头拔出来，结果失去了平衡，头朝下翻入一个小坑里。地面人员哄笑起来，但我被吓得不轻，非常担心他撕裂宇航服，从而毁掉这次任务。

最后，飞行任务控制中心告诉我们一个不好的消息，我们比计划节点拖后了 40 分钟，第一天的地质学任务需要调整。我们不去南边 1.5 英里外的埃默里坑了，而是去半路上斯蒂诺坑附近的巨石区。杰克不是很高兴，但还是抑制不住来到月球的极度兴奋，再次唱起歌来："一天我在月球散步……"

我的加入变成了二重唱："在快乐、快乐的十二月……"我停下来说："不是，应该是五月。"

"五月。"

"是五月。"

他继续唱道："我突然大吃一惊，看见一对美丽的大眼睛。"

他随后就忘词儿了，变成了声音越来越小的瞎哼哼。我们一直都非常忙碌，但开玩笑是释放压力的极好方式。任何时候把两个小男孩儿放进这么大的沙坑里，他们都会玩得很开心。这是一生中最无忧无虑的嬉闹时间，但工作在召唤。

我们再次坐上月球车，我把速度加到最大，但几乎立刻就把速度降下来，轧着登月舱周围起伏的平原上那层薄薄的深色灰尘硬壳慢慢爬行。路上散布着大大小小的陨石坑，而大石头则不时地让我绕行。所有这些危险物都处于半埋状态，让本来很普通的旅行变成了一种冒险。

此外，强力胶带粘不牢，那块破碎的挡灰板又掉了，前面掀起的灰尘像雹暴一样打在我们身上，我好像通过一层瀑布一样的灰尘往外看，而且我朝前开的时候正好对着太阳，所以，我几乎看不到我们在往哪里走。我侧碰到几个大石头上，金属丝网轮胎上留下了明显的几处凹痕。这个山谷后来被确认为历次登月任务中灰尘最多的地方，这给我们带来了特殊的问题。我俩的身上特别脏，娇贵的设备上落了好几层灰尘，使它们面临趴窝的危险。我们曾希望在斯蒂诺坑收集一些典型样品，等我们到达这个区域时，时间和地形都在和我们对着干，我们都没有走到这个坑的边缘。经过灰尘的再次抽打，我们慢慢回到卡米洛特，继续操弄那个笨重的阿波罗月面探索成套设备。

我需要把那个讨厌的挡灰板修好，但25万英里以内没有一个维修店。

结束一天的工作、回到"挑战者"时，我们已经在月球表面待了 7 小时 12 分钟，身上很脏，也很疲惫。我们工作得极其努力，将近 24 小时没有睡觉了。整个工具箱里最受欢迎的工具竟然是挂在梯子旁边的一把大号油漆刷，我们相互用它把身上弄干净才爬进登月舱。

"挑战者"的角色发生了变化。它不再仅仅是我们从太空飞往月球的工具，现在它成了我们的家，我们在卡米洛特的小城堡，我们在这个新世界里唯一的避难所。祝福格鲁曼公司的男士和女士们。

我们开始给飞船加压，它就像油桶被突然充满了高压空气一样。压力使薄薄的舱门"噗"的一声鼓起来，让人觉得这艘飞船是多么脆弱。

脱下手套是一个痛苦的过程，看到我的指节和手背上都起了红肿的水泡，我一点儿也不感到吃惊。我感觉手指都断掉了，我把它们弯曲了一下，看看还能不能用。手套很厚，有很多层，给穿好的宇航服充压后，手套硬得像断臂上的石膏一样。我们每次拿东西时，都要用力克服它的僵硬，我们的指节和皮肤就会与坚硬的内层发生摩擦。

然后，我们相互帮助，吃力地脱下笨重的宇航服，它们又占去小小飞船里相当一部分空间。宇航服里都是汗水，为了使它们干燥，我们把头盔和手套都连到空的宇航服上，然后接上氧气在里面循环。这就像给两个大充气娃娃充气，我们在月球上的双人帐篷好像一下子又挤进了两个人。生命保障系统背包挂在飞船的内壁上，这样就无法把宇航服折叠着挂起来，于是就把它们放在驾驶舱中间像垃圾桶一样的上升发动机护罩上，并尽量把它们压平。

我们脱得只剩下湿漉漉的内衣裤，快速地吃了晚餐，通过内部通话系统向地面人员做了简报，把玩几块堆放在箱子里的石头。我们收集的 20 块样本中，有几块太大，装不进他们提供的袋子里，我拿在手上翻来覆去地仔细查看。真奇妙。冷却的熔岩已在月球表面待了至少 30 亿年，它们被真空中的辐射冲刷了无数个世纪，变成了另一个星球的石头，然而，它们看上去又是那样普通，就像我们在格陵兰做地质学实地调查时看到的很多石头一样。它们呈晶体状，有很多细小的孔（可能是古时候气体跑掉时留下的），表面有一些带有火药味的黑色灰尘，稍微一碰或一晃就掉落了。真是既普通，又特别。我的指甲里很快就塞满了黑色的灰尘（好像我刚刚在花园里挖过土一样），因为我真是爱不释手。

杰克有点儿不太高兴，觉得我们在第一个探索时段完成了很少值得一提的地质学任务，因为我们把太多的时间都花在了实验布置上。如果出于某种原因我们现在就得离开月球，准备了这么多年才收集到 20 来块粗糙的玄武岩——只是从金牛座-利特罗山谷表层捡起的一些样品而已，根本没有揭开这个山谷真正的秘密。我完全同意。我们就像两个机器人，是别人的延长臂和自我价值的体现；他们拉动我们身上的系绳时，我们只是顺从地做出响应，而不是在做真正意义上的探索，而探索才是我们来这里的真正目的。这些石头好像也想嘲弄一下杰克，上面的灰尘让他打起了喷嚏。我向飞行任务控制中心描述了挡灰板的情况，希望他们能够想出一个可能的修复方法。我们必须找到解决办法。

得克萨斯州的天气有些冷，高温只有 44 华氏度（约 6.7 摄氏度），蒙蒙细雨落在我家门外的记者身上。圣诞节的装饰物在潮湿的空气中闪着亮光。当我下午 6 点（休斯敦时间）过后不久踏上月球表面时，客厅里爆发出了欢呼声和掌声。当电视上出现我驾驶月球车绕行登月舱的画面时，我妻子和女儿还确实看到了我，看到我在她们天空中的一弯新月上开月球车呢。大家用冷鸭酒表达他们的祝福。

芭芭拉对站在木质圣诞老人前面的一群记者说："我们终于把他送上了月球。今天收听他们着陆真是太棒了。这是我生命中最高兴的一天。"他们问她这第三次的等待是不是更容易承受了。她回答说："紧张不安还是有的。既紧张又兴奋。对此你无能为力。"她说关键时刻你肯定会担心的，而且随着时间的推移，这种担心会越来越强烈。特蕾西站在她的身边，不停地抚摸"阿波罗"17 号的任务徽章，好像它是神奇的护身符。

芭芭拉再次成为那位提供强有力家庭保障的妻子，她知道自己在这次登月壮举中的角色，每次走到房子外面，她都得面对各种媒体，回到房子里，她又要给一大群朋友尽女主人的义务。所有的朋友都认为他们是来帮助她度过艰难时光的，但实际上，他们在给她增加压力。几个星期以来，不管是在公开还是私下场合，她一直都处于被展览的状态；在我待在月球和返回地球途中，她承受着照顾好每个人的重压，并让自己展现出一种超级自信的形象，为的是让整个世界相信一切都很顺利。十年来一直都是这种状态，她实在受不了了。最后她让瑞伊·弗隆暂时帮她照看一下这个家。她小声对她最好的朋友说："我想一个人待一会儿。"

去哪儿呢？外面站满了记者、摄影师和祝福者，房子几乎处于被包围状态。20多人在房子里晃荡，讨论在月球上发生的奇妙事情，收听内部通话系统。芭芭拉悄悄躲进卧室，走进卫生间，锁上门，打开音乐，进入热水浴，想自己清净一会儿。在热气腾腾的喷淋之下，她那一本正经的外在表现消失了，压力再也承受不了了，她的自信终于崩溃了。

芭芭拉挺过了我在"双子星座"9号中太空行走的失败，"阿波罗"10号中靠近月球的飞船翻滚，但她非常清楚罗杰死在肯尼迪角之后，玛莎·查菲承受的痛苦；在"双子星座"计划期间，查理的死使珍妮·巴塞特深受打击；当吉姆差一点儿没有从"阿波罗"13号任务中回来时，玛丽莲·洛弗尔经历的煎熬；得知我的直升机坠毁时，她自己受到的惊吓。这些年来，她抚慰过太多的宇航员遗孀。不管芭芭拉在公共场合说什么，她心里非常清楚，每次飞行任务都有不小的风险，尤其是这一次，不让她害怕对她来说太不公平。就算我死在月球上，她依然会忍着悲痛，做一个坚强、完美的宇航员夫人——"我们都为他感到自豪！"

十年来积累的压力像彻底绝望的炸雷一样滚压下来，我的妻子再也承受不住了。芭芭拉慢慢蜷起身体，一边拍打着浴室的墙壁，一边在这个仔细选定、别人听不到的地方大哭起来。压力再大，女人的心上也不会长老茧。30分钟后，她平静、优雅地回到客厅。

杰克和我把我们的吊床挂成X形，他的靠近我们飞行时站着的地板，我的位于发动机钟形罩的上面。我的脚顶在一块仪表面板上，小心翼翼地避免踢到任何开关，我的脸对着通风管道，宇航服顶在我的后背上。妈的，飞船太小了。这让我想起了我在罗诺克巡洋舰上的情况。

我们极其疲惫，拉下窗口上的玻璃纤维遮光板来塑造一个夜晚的环境。我本来应该很快入睡，但实际上只能算是打盹儿而已，飞船生存环境系统那甜蜜的"嗡嗡"声让我们难以入睡，还有杰克在另一个吊床上那稳定的呼吸声和偶尔的喷嚏声。外面有一种怪异的宁静。没有轻柔的风声或欢快的雨声，没有蟋蟀或青蛙的叫声，甚至连空气都没有。我在月球上每待一个小时，那种绝对虚无的感觉就会更加强烈。我起身拉开最近的遮光板，想看看外面有没有任何变化。纹丝不动的国旗在阳光下依然亮闪闪的，大大的地球依然挂在漆黑的太空中。不，这里的事情本来就是这样。我重新拉下遮光板，按摩了一会儿酸疼的腿，还是无法入睡。

真是浪费时间！我躺在吊床上，异常清醒，思绪非常活跃。我精神上和身体上都已疲惫不堪，但感觉我不应该穿着内衣裤在这里虚度时光，而一门之隔的整个月球都需要我们去探索。我们只剩下大约 60 个小时了，时间发生了扭曲。我们走到外面时，时间飞逝，但在飞船里面，时钟似乎停止了，我们的休息时间过得极其缓慢。后来，我们终于睡着了。

8 小时后，飞行任务控制中心用瓦格纳劲爆的《女武神的骑行》把我们弄醒了。此时的时间是 12 月 12 日凌晨 0:48（得克萨斯州时间）。我们睡觉的时候，工程师们在约翰·扬位于休斯敦的自助车库里找到了一种更换挡灰板的方法。他们把四张地质图折叠成 15×20 英寸的长方形（只有小孩儿们万圣节戴的面具那么薄），用胶带粘住边缘，再用应急照明组件包里的螺旋夹固定到挡灰板原来的位置上。约翰给我说了这个很花时间的程序，而且装上以后很管用。等我们驾驶月球车穿过薄饼平地时，我们已经比这次 7 小时外出活动的计划时间晚了 84 分钟。

几位地质学家认为，从现在开始我仅仅当好石头博士的司机就可以了，而应该把有些领导权交给杰克。这是不可能的。我会给杰克很大的自由度，因为我完全信任他，但这里有很多潜在的危险，我的职责是确保各项任务尽可能顺利地完成。收集石头很重要，但我们还有比这更重要的事情要做。

我俩在观念上也存在根本上的差异。石头博士是飞行任务控制中心和科学实验室的产物，而我是一位飞行员。杰克认为，如果我们陷入困境，控制室里的人员会搭救我们。我从很多吓人的在航母上驾机降落的过程中知道，坐在控制台后面的人员会想办法帮你，但问题是他们并不驾驶飞船。我是坐在控制器旁边的人，对团队的安全返回负有最终的责任。

此外，就像杰克已成为不错的飞行员一样，我也变成了非常不错的月球地质学家，他扎进砾石堆的时候，我也会查看石林。结果，我们成了特别好的团队——他精确分析详情，我则提供整体概貌。

我们沿着一个陡坡开行，躲避着陨石坑和石头，到达了第一站——位于南山体脚下的"墙洞"，电视摄像头拍下了颠簸、起伏的地形。在六分之一地球重力的环境中，感觉月球车随时都会翻车，于是我每次都让杰克坐在下坡一侧。我们花了一个小时的时间，考察很久以前从 8 500 英尺高的山体上滚下来的大石头，这样，我们不用爬上山顶就能获取高山上的材料。实际上，我们太想开发这座地质学金矿了，于是休斯敦最大限度地延长了我们在这里的时间，即使这样，离开这块很有潜力的区域时我们还是有些沮丧。

在一个好的场地停留更长的时间还是转移到一个可能更好的地方，这种两难境况一直困扰着每一次的月球探索任务，坐在飞行任务控制中心后面会议室里的科学家们，就到底应该如何选择争论得不亦乐乎。做了几次便携式重力仪实验和表面电气特性实验之后，我们开往下一站——向北几百码处一个小坑的边上，这个小坑位于背风陡坡的脚下。我开车冲下山坡的速度非常快，创下了月球车的速度纪录——将近每小时 11 英里！

我们仍然比计划时间拖后很多，所以我们压力很大，想争分夺秒地完成尽可能多的项目。有的实验增加了时间，有的减少了时间，杰克和我跑来跑去像两头脏兮兮的大象，钻探、耧耙、收取石头和样品，总想让每个人都高兴，结果把我们自己弄得非常疲惫。电视摄像头的一个支架松掉了，我们开行的时候，杰克还得紧紧地扶着它，这使他的胳膊更加酸疼，工作也受到影响。

今天结束之前我们需要开行 12 英里，到访肖蒂坑、劳拉坑和卡米洛特坑。杰克在收集样品的时候，身体旋转着摔了一个引人注目的跟头，飞船通信员鲍勃·帕克对他说，休斯敦芭蕾舞团希望他能够加盟。太多的实验要做再次影响了杰克自己的地质学探索计划，这让他非常沮丧，但他确实也有了一个重大发现。

我在离肖蒂坑不远的地方照相时，他朝下看了一眼他靴子踢开的土壤，叫了一声："嘿！"他弯腰又仔细看了一下，因为地面上的土壤让他感到难以置信。在荒凉、暗淡的月球上，他却踩出了一片彩色的土壤。"这里有橙色的土壤！"

我以为他吸氧太多了，心想：天哪，我的科学家在这里待得时间太长了，石头看得太多了。月球上就没有橙色土壤！这里就没有颜色！"别动它，我过去看看。"

他用脚尖划了一下，高声说道："到处都是！橙色的！"

我停下手中的事情，双脚跳跃着赶过去。

"我是用脚蹚出来的。"杰克已经在思考这一发现的重大意义。

我对看到的景象感到不可思议。"嘿，确实是！我在这里就能看见。是橙色！"我们的金色头盔面罩是合上的，也许面罩的反射影响了我们的视觉感知。"我把面罩打开试试。"和面罩无关。"还是橙色……他没有说胡话。确实是橙色。"

飞行任务控制中心后面的会议室里几乎炸开了锅。这是意外的财宝，就像西班牙征服者发现了雨林黄金一样。既然我们发现了这种土壤，那接下来我们到底应该怎么处理它们？

我去拿更多的包装袋，杰克则开始挖掘这块土地，视频上尉用彩色摄像头聚焦这片土壤。想到时间的紧迫，我俩不再说话，全力投入工作，就像两个前来挣钱的挖掘工人。我们在装袋、打标记的时候，位于休斯敦的人们则激烈争论下一步应该做什么，因为他们被强烈的好奇心所淹没。

一开始，我们以为这多彩的土壤（从亮橙色到深红色都有，看上去像氧化的沙漠土壤）有可能预示着水的存在或地质学上新近的火山爆发活动。直径为 110 米的肖蒂坑真的会是古老的火山口吗？如果这多彩的土壤能够证明这一点，那么，月球这台内燃机就不是像几乎所有人都认为的那样，在 37 亿年前就关闭了。这会让几乎所有已知的进化论翻车。

遗憾！当科学家们做最后的分析时，发现这些土壤是由微型彩色玻璃球构成的，并不是来自火山喷发，它们产生的年代和月球上其他的古老石头差不多。这些材料很可能在很久以前来自深达 300 千米的地下，在一种被称为"火泉喷发"的巨大气压下，从月球表面的裂隙中喷出，就像摇动一瓶可乐后喷出泡沫一样。高压气体把熔岩喷出数千英尺高，熔岩在冷却过程中变成了玻璃珠，其颜色是由包含的成分决定的。

这种理论继续解释说，玻璃珠在月球表面待了数千年，后来被一些真正的火山熔岩覆盖，使它们免遭持续降落的陨石雨的轰击。再后来，一颗巨大的陨石撞击了月球，砸出了被我们称作"肖蒂"的陨石坑，同时也翻出了彩色土壤，这些土壤又在月球表面等待了数千年，直到杰克和我摇摇晃晃来到这里时才被发现。

虽然橙色土壤并不能证明存在新近的火山喷发活动，因而也无法改变月球演变的时间表，但它确实含有来自月球深层的化学元素。当与"阿波罗"15 号发现的绿色玻璃珠进行比较之后，科学家们发现它们含有钛、溴、银、锌、镉和其他并不是由陨石带来的"不稳定"元素。通过这些发现，我们获得了月球内部构成的相关信息，这些信息是我们无法用其他手段获取的，科学家们利用这些信息可以进一步揭开月球的秘密。

在随后的多年里，专家们会说橙色土壤是整个"阿波罗"计划中最意外的发现之一。

第二天结束时，我们的胳膊重得像铅块，手都磨烂了，还流着血，我们只有一点护手霜用来缓解一下。我们吃点东西、躺下后，迪克在内部通话系统中告诉我，家里一切都好。他说："我给芭芭拉打了电话，她说一切正常。""黑色九月"的事只字未提。

我可以暂时把恐怖袭击的可能性放到一边，这让我松了一口气，而当晚另外一件事一直萦绕在我的心头。在今后很长一段时间，我将是最后一位在月球上行走的人，一直没有准备用什么话来纪念这一时刻。记者们一直纠缠我，问我离开月球时准备说什么，我也一直回避这个问题，因为我确实不知道。我没有令人振奋的话语来激励那些最终会追随我们的人。我拿出插在袖套里的检查清单备忘本，翻到空白页，写下了一些想法，希望那一时刻到来时，脑海里能够冒出很有意义的话语。我怎样才能用几个词语来概括登月计划的意义——我们作为一个国家和人类，摆脱地球的束缚并对我们的月球进行探索所取得的伟大成就？我说什么才具有持久的意义？说实话，我不知道，只能祈祷我内心深处的某些东西到时候能够冒出来，准确表达我的这些感受。当最后一位真难。

第三天——12月13日（星期三），飞行任务控制中心用门户乐队的《把我的激情点燃》把我们叫醒，之后不久，我们就开始了对月球的最后考察。和普通的上班族一样，我们也吃早饭、穿衣服、开车上路，只是我们的食物、衣服和汽车与普通人有很大差异。我们拖着异常疲惫的身躯再次出发，去做7个小时的环路考察——先去北山体的陡坡，再去雕刻山丘的山脚下和范塞尔格陨石坑，用火辣辣的手和酸疼的胳膊不停地凿啊、砸啊。我每走一步，腿上曾被拉伤的肌腱就疼得难受。

我们的第一站是一块断裂的大石头，它有三层楼那么高，在一次史前的山体崩塌中滚落下来，落地时摔成了几大块。杰克终于如鱼得水，对这块巨石进行了确定性的实地研究，以完整勾画出它源于火山的历史，我则气喘吁吁地爬上山坡，给他拍了一套工作时的全景照片。在随后的几年里，我常常被问道，让一位科学家登上月球是不是一个正确的决定。我觉得这是毋庸置疑的，这不仅是因为杰克作为乘组成员，完成了自己的职责，而且还因为乔·恩格尔和我都没有专业地质学家那种百科全书式的知识，不可能互补得这么完美。这并没有指责乔或我的意思，只是陈述一个事实而已。杰克·施密特属于月球，而且他完全证明了自己的价值。

在休斯敦，特蕾西出尽了风头。《今日节目》主持人吉姆·哈茨（也是我的一位老朋友）对芭芭拉软磨硬泡，要她同意让我们扎着马尾辫的女儿上全国性的电视节目。特蕾西穿着高领毛衣和带有我们任务徽章的长裙，看着我们在月球上工作的电视画面，而全国的观众都在看着她。她平静地解释着任务徽章所代表的含义，非常自信地说着她爸爸此时正在做的事情。"他们看上去很开心。"她说道，并从宇航服和头盔上的红条认出了我。当吉姆问她我们能不能在月球上发现水的时候，特蕾西咯咯地笑着说："要是他们发现了水，那他们肯定走错了地方。"

吉姆问特蕾西我会带给她什么礼物时，人们觉得她的表现特别可爱。"我不能告诉你。"吉姆还坚持让她说出来，特蕾西依然拒绝，说这是一个秘密。吉姆感觉这里面有精彩的故事，于是不停地哄诱她，她终于招架不住了。她告诉数百万的观众说："他会给我发回一束月光。"吉姆把特蕾西送回家时，她冲进前门，稳稳地摆出一个模特造型，大声说道："明星需要一瓶雪碧！"

灰尘和疲倦无疑给我们带来了问题。这些粘附力很强的细小灰尘钻进了工具内部的运动部件上，工具开始出现故障。然后，临时凑合的挡灰板也掉落了，不管我们开往哪里，都会有更多的灰尘扬在我们身上。而且，由于车上的东西都需要紧紧地扶着，我们的整个上身（特别是手和小臂）感觉像花岗岩一样沉重。原来只是粘在指甲周围的灰尘，现在都深深地嵌在每一个指甲缝里，就像被榔头敲进去似的。

尽管如此，我们在雕刻山丘结束石头搜集工作后，还是乐呵了一阵。我们现在已经适应了这种低重力环境，可以自如地四处走动，所以，平稳地爬上山坡虽然有点儿累，但并不存在任何困难。但我没有走回来，而是像袋鼠那样齐腿蹦着，"咚咚"地回到了月球车旁。杰克假装在滑雪，嘴里还发出了"嗖——嗖——嗖"的声响，让飞行任务控制中心的人们摸不着头脑。

由于不停地爬山、挖掘和搬运石头，我们感到很疲惫，可是等我们到达范塞尔格陨石坑时，杰克提议放宽我们的安全限度，在这里多待一段时间。但飞行指挥官格里·格里芬不同意来场加时赛。我们该回去了。

回到"挑战者"旁边，我们相互把身上弄干净，装上我们最后一箱石头，然后，杰克爬上梯子，消失在舱门里。此时，我们在月球上比任何其他乘组待得时间都长，走得都远。我们行走了大约19英里，收集了220多磅的石头样本。我们还没有登上飞船，位于休斯敦的科学家们就兴奋地宣称，这是一次最有意义的月球探索。我们用活生生的事实证明，"阿波罗"计划已经产生了效益。

杰克清理飞船内部时，我把月球车开到离登月舱大约一英里远的地方仔细停好，这样电视摄像头就可以摄录我们第二天的起飞过程。我下车后，花了点时间跪在地上，用一根手指在月球的灰土地面上划出了特蕾西名字的首字母：TDC。我知道这三个字母将留在这里很长时间，时间长久得超乎人们的想象。

我一个人蹦跳着回到"挑战者"，一想到这次经历的重大意义，我就心潮澎湃。仅仅站在这里就是科学技术的伟大胜利，就需要庆祝很多年，但这不仅仅是个人梦想的实现，因为我觉得我代表着全人类。

"阿波罗"计划将永远留在人类的历史中。艾萨克·牛顿曾经说过："如果说我比别人看得更远，那是因为我站在了巨人们的肩膀上。"在这个奇异的洒满阳光的黑色天空下，所有那些投入大量时间把我们送到月球的男人和女人们，现在都和我一起站在了这艘月球着陆器的旁边。所有进入太空、使我能够飞得更高、停留时间更长的宇航员，都在我的身边。当我伸手去摘星的时候，他们就是让我踩上肩膀的巨人。我几乎可以感受到罗杰、格斯、埃德和所有其他宇航员（包括苏联宇航员）的存在，他们死在了登月的征途上。我们继续前行，完成了他们未竟的事业。

我真切地看了地球最后一眼，心里感到非常自私，因为我无法很好地分享我的感受。我想让自己星球上的每个人，都能体验到实际踏上月球时那种美妙无比的感觉。我知道在技术上这是不可能的，但作为"天选之子"，我心里确实有些内疚。我一只脚踏上飞船的盘形支脚，双手抓住梯子。我知道我在过去的三天里发生了改变，我不再仅仅属于地球。从今以后，我将属于整个宇宙。面对家乡的所有听众，我没有拿出写在检查项目备忘本上的草稿（装在宇航服的袖套口袋里），而是当场说出了自己的心里话。

"我们就要离开月球和金牛座-利特罗山谷了，我们的离开就像我们到来时一样，是为了全人类的和平和期望，如果上天有意，我们还会回来。"我把另一只脚从月球的尘土中抬起来，补充道："我为今后很长一段时间踩下这最后几个脚印，我只想向世人证明，美国今天面临的挑战决定了人类明天的发展方向。"我转身的时候，再次看见了一位不知姓名的好心工人贴在梯子下面的那行字，我每次进入或离开"挑战者"时，都会把它念一遍。"祝福'阿波罗'17号乘组。"说完，我爬进了飞船。

在未来的很多年里，我的脚印将是人类在月球上留下的最后的脚印。

进入飞船，我们做了最后的清理，把一堆非常昂贵的装备扔出了飞船。相机、工具、生命保障系统背包和其他不再有用的材料都扔在地面上。要想安全地飞离月球，我们需要减轻一些重量。任务规划人员已经精确地计算出了我们所需要的重量平衡；每箱石头在存放到飞船上之前，都要用一个手持式称重仪进行称重，并按六分之一地球重力进行换算。我们的燃料仅够把我们送上月球轨道，几乎没有失误的余地，所以，飞船的总重量（包括乘员和石头的重量）非常关键。我们几乎扔掉了所有没有固定在飞船上的东西。

杰克和我非常疲惫，所以晚上睡得特别踏实。第二天早上，我们穿上宇航服，戴上头盔和手套，与飞行任务控制中心交流，让飞船做好了飞离月球的准备。罗恩·埃文斯驾驶"美国"飞越上空，忙着准备迎接我们。

休斯敦给我们发来计算机数据，我们打开了阀门，看着氦气的压力升起来，这些氦气会把燃料压入上升发动机。如果一切正常，一旦计算机发出指令，或者我按下点火按钮，燃料就会流到一起，瞬间发生爆燃，我们就会飞离月球表面，冲向月球轨道，与罗恩对接，然后回家。这里没有罗科·佩特罗内的发射塔团队协助我们，没有冈瑟·温特确认一切就绪后给我锁闭舱门，没有格林·伦尼指挥这次发射，也根本没有第二次机会。我向圣母祷告，并在胸口画了十字，因为我需要一切可能的帮助。

两个星球上的时钟开始同步进行缓慢的倒计时。除了最后两个，其他的阀门都打开了。在休斯敦，视频上尉把月球车的摄像机聚焦在"挑战者"上，为发射做好了准备。

下午 4:56（休斯敦时间），我把左手食指的指尖放在黄色的点火按钮上。10 秒钟，倒计时持续进行。5……4……3……2……我转向石头博士，说出了 20 世纪人类在月球上说的最后一句话："来，杰克，我们让这个混蛋飞起来。"

31　继续探寻

　　人们问我最多的一个问题是："登月对你有什么改变吗?"我很想说我还是原来的我，因为我还是一条腿一条腿地穿裤子，身上划破以后仍然流血，到时间以后仍然需要付房贷。这和别人完全一样。但在另一个星球上生活过之后，怎么可能不会给自己至少带来某种变化?行走在月球上与行走在中央大街上是完全不同的两种体验。我任何时候都可以重返中央大街，但我再也不能返回金牛座-利特罗山谷了，这一冷酷的事实常常让我躁动不安。那可能是我人生中最辉煌的时刻，我再也回不去了。

　　经历了一次重大的历史事件之后，我失去了作为普通人的快乐。站在月球上回望我们的地球会使人产生一种非常强烈的敬畏感，连艾伦·谢泼德都流下了眼泪。到访过另一个星球之后，再在一个完全不同的世界里生存并不容易，这也许就是有些登月者愿意隐居的原因吧。

　　我花了很多年去寻找下一件大事，为的是让它取代我辉煌的月球探险。我时常问自己：现在哥伦布在哪儿呢?我意识到别人对我的看法和我对自己的看法并不一样，因为我是登上月球仅有的 12 个人类成员之一。我已经可以坦然接受这一现实，以及相关的巨大责任，但因应观众要求，找到一个合适的加演节目几乎是不可能的。

我们在月球轨道上又待了两天，为的是完成"阿波罗"计划中其他的月球探索任务。我曾经对此持保留意见，但这是在任务规划最后阶段，我与杰克以及他的科研团队达成的一项妥协。对我来说，我们的主要目标已经实现，而且取得了巨大的成功，在这种情况下，在月球轨道上停留时间过长（又不是绝对必要）似乎是一种多余的风险，就像等着潜在的灾难发生一样。

最后，关键时刻——在月球背面进行火箭发动机的跨地球轨道切入点火，终于到来了，随后我们就冲出了月球轨道。当我们从月球背面转出来、飞往家乡时，飞行任务控制中心首先听到的，是迪恩·马丁再次低声吟唱的《回到休斯敦》。

回程中最引人注目的，是罗恩获得荣耀的一次机会；这位美国上校完成了很棒的一次太空行走，取回了他在月球轨道上照相的胶卷和做实验的数据。我们举办了一场电视直播的记者会，但实际上已经变成了昨天的新闻，因为电视台当时没有时间播出。1972 年 12 月 19 日，我们在太平洋的溅落结束了一个重要的历史时期。我们溅落时，罗恩曾经服役的航母——"泰康德罗加"号就在附近。吞下一顿真正的三明治以后，我们进行了身体检查，并依照常规接听了总统打来的电话。两天后，我们回到埃灵顿，数百人顶着 12 月的强风迎接我们回家。当特蕾西紧紧地搂住我的脖子时，我情不自禁地默想道："感谢上帝，没有'黑色九月'。"

这一年的圣诞节非常特别，为了使它更加难忘，我们在罗伊·霍夫海因茨位于宇航世界大酒店顶楼的套房，举办了最不寻常的溅落庆祝聚会。我的老朋友吉米·德马雷特站在钢琴上吟唱了圣诞颂歌，美国副总统泰德·阿格纽为我们祝了酒。我的好朋友、罗克韦尔国际公司（指令舱和服务舱的承制商）首席执行官鲍勃·安德森邀请我们去比米尼群岛度新年周末。石头博士拒绝了，但罗恩和我愉快地接受了。我们已经完成了初步的飞行任务报告，这次度假使我们有了与家人一起放松、对这次任务进行认真回顾的第一次机会。

就像"阿波罗"10号任务之后，大牧师拉里·波伦博士伏击我一样，这次隐藏在灌木丛后面的是参议院拨款委员会主席威廉·普罗克斯迈尔。他对我们的比米尼群岛之旅非常愤怒，声称罗恩和我是到政府项目承制商那里免费度假，罗克韦尔国际公司不可能不从我们的短暂度假中获益。不久，NASA就屈服了，我在完成执掌最成功的"阿波罗"任务之一几周后，收到了一封训诫信。这件事困扰了我一段时间，但终于意识到这只是政治操弄而已，并很快把它忘到一边了。

几个月后，我们进行了一次非凡的横跨美国之旅——到访了29个州和53个城市，人们对我们赞叹不已。在白宫参加完正式庆祝晚宴之后，总统让我们进行一次展现爱国主义情怀的环球之旅，都是一些酷热的地方。我们访问了非洲和亚洲沿赤道带的每一个国家，包括巴基斯坦、印度和菲律宾。我们在马拉坎南宫的阳台上庆祝 7 月 4 日国庆日，和马科斯总统一起放爆竹。在我们此行的两年内，几乎所有接待我们的总统和独裁者都被暗杀、流亡国外，或者正往这条路上走。

然而，这种款待、庆祝游行和旅游只是一种虚假的兴奋，因为我心里一直在思考一个问题：现在怎么办？接下来的路怎么走？

从担任"双子星座"9 号任务的后备宇航员开始，我一直投身于太空飞行，生活节奏非常快，就像从一辆快速火车上下来后立刻又登上另一辆快速火车一样。现在，火车停运了，我站在废弃的火车站，无所适从。我生命中的 13 年过得太快了，我总也赶不上岁月的脚步。我面见过很多总统和教区牧师，有很多朋友都是各界的名人，但没人能够解决我的难题。与我的个人困境形成对比的是，美国出现了风向转变——一种积极的变化。麻烦虽然还没有完全消除，但事情正在不可逆转地走向平静；那些叛乱分子很快就会变成律师和会计师。当历史学家回顾历史时，他们也许会把"阿波罗"17 号飞船的白色塔尖当作事情开始好转的里程碑。几年后，越南战争结束了，战俘们回到了家乡，美国历史上最分裂的时期之一也终于结束了。

"阿波罗"17 号之后，太空计划的橱柜里几乎空无一物。太空实验室项目没有我的事儿，当期待已久的与苏联人的合资项目——"阿波罗-联盟号试验计划"启动时，我代表美国宇航员加入了谈判团队，又和以前一样有很多的时间离家在外（也许比以前更多），这让芭芭拉觉得难以接受。从 1973 年到 1975 年，我去了苏联很多次，令我惊喜的是，我在曾经的死敌——苏联宇航员中找到了恒久的朋友。

我曾经短暂地考虑去竞争首批航天飞机的指令长，虽然这种飞机代表着下一代的太空飞行，但它们一直处于地球轨道，而我的飞行经历远远超出了地球轨道，所以，我就放弃了这个项目。我发现自己有一份很棒的履历，但当我真想飞的时候，却没有任何机会。

我想现实一些，已经没有多少重大任务需要我去完成，只能面对现实："我不会去火星，也不会重返月球，说实话，我甚至连重返太空都不大可能。""阿波罗"计划已成过去，NASA 宇宙探索的黄金时代正在快速淡出人们的记忆。

海军希望我能够接管它的战术太空计划——一个两星将官的职位。这是一个非常棒的机会，可是，如果重返现役，我想执掌一艘航母，而不是获得一份办公室工作，哪怕是一份办公桌上插有国旗的办公室工作。但由于我早就提前晋升为上校，现在再去当航母的指挥官被认为是大材小用，因此，我深深地陷入自己无法摆脱的困境中。

1976 年 6 月，我从海军退役，同时离开了 NASA，依然在寻觅下一个重大挑战。

时不时地有人劝我进入政界——一次是代表伊利诺伊州的美国参议员职位，几次是代表得克萨斯州的美国众议员职位。这些提议都是自我炫耀的好机会，但我不感兴趣。我更喜欢投入的活动，是面对一群充满好奇的学生发表演讲，我在这样的场合也许更能发挥作用。每次演讲之后，都会看到孩子们离开时眼里闪耀着自信的光芒，年轻人的脸上焕发着追求梦想的意愿和激情，没有什么比看到这些更让我心满意足的了。

我坚信，今天的小学生中就有把我们带向火星的首批宇宙飞船宇航员。这些孩子可不想仅仅重返月球（因为我们已经去过了），也不会满足于在地球轨道上待上几个星期或几个月。我们已经在另一个星球上生活过，完全可以把宇宙称作我们的家园，因此，他们想去更远的地方，而登上火星就是人类下一次的飞跃。

这样的飞行任务极有可能是国际合作项目，需要很多国家的资源和人才，而执行长时间飞行任务的宇航员将不限于飞行员。包含六到十人的飞行乘组可能由不同专业的人员构成，也可能由科学领域扩展到艺术领域，这样，想进入太空的诗人和艺术家们也就有了这样的机会。

乘组还有足够的时间去适应这种飞行任务，因为随着21世纪的到来，我们还没有做好向火星飞跃的准备。相关技术还处于进一步开发状态，尽管今天已有的某些技术可以帮助我们实现这一目标。就目前来说，飞往火星需要几个月的时间，然后在那里待上大约两年才值得跑这一趟，从那里回来又需要7到9个月的时间。然而，等到我们可以实施这样一项计划时，相关技术会取得很大的进步，可以为宇航员提供能够加快这一旅程的新的推进系统，就像新的风帆或木质船体的设计以及简陋导航工具的开发，使早期的探索者可以在适当的时机跨越大洋一样。

我们将冒险重返外太空的主要原因，是我们必须这样做。这是人类发展的需要，而不是一时的心血来潮，而且用对科学的追求来解释也不能让人信服，因为我们真的不知道我们能从火星那里学到什么。我们要去火星，因为这样做才符合逻辑；作为人类，我们的好奇心不允许我们继续在自己的星球上待得太久。人类必须探索，因为我们想知道山那边或者拐角后面有什么。灵感、汗水、挑战和梦想让我们登上了月球，它们也会把我们带到火星和更远的地方。这就是我们的使命。

我进入私营企业以后，也翻开了我与芭芭拉婚姻的最后一页。我的工作提供了有趣的机会和不同的生活方式，但我发现自己和以前一样经常出差在外。更高的工资有所帮助，但并不能解决我们之间的问题。当然，我们之间的问题就不是钱的问题。

我们仍然住在与世隔绝的拿骚湾那座小房子里，但已经不再属于现役的宇航员队伍。新的年轻宇航员和他们的家人一起搬到了这里，他们不会觉得我们可能也愿意参加他们的聚会，到他们的家里一起吃饭，或者认识他们。具有讽刺意味的是，对这些年轻一代来说，我们这些最喜欢社交的人，已经变成了像约翰和安妮·格伦、艾伦和露易丝·谢泼德这样被我们认为不可接近的人，尽管他们其实并不是那样的人。年轻的宇航员们心想：塞尔南上校上过三次天，而且登上过月球！芭芭拉几乎像电影明星一样有名！我们怎么能邀请他们这样的人过来吃热狗和土豆沙拉呢！于是，我们好像被这个群体开除了。

1977年，我们在休斯敦西边的纪念园高档住宅区建了一座新房子，想着搬了家也许会使我们的婚姻改善，但实际情况并不如愿。1980年，特蕾西还是十几岁的孩子，但芭芭拉和我还是分居了，然后在第二年夏天就离婚了。回想起来，我知道像很多航天计划中的其他妻子一样，她厌倦了宇航员妻子这个角色。那些年，生活中充满了兴奋和快乐，但这些已成为过去，她希望有自己的身份。她曾经说过："我的名字不会因为我做了什么事而被载入史册，但我知道我确实做过一些事情。"实际上，所有这些不同寻常的妻子都应该被载入史册。

今天，我的商业利益位于休斯敦，但我的心则位于远在克尔维尔郊外我那400英亩的牧场，它处于宁静的得克萨斯州山乡地区。只要有时间，我就驾驶我的双引擎塞斯纳"金鹰"飞机飞过去。它不是一艘飞船，但它把我和"挑战者""史努比"以及能做特技飞行的"毒刺"飞机联系起来，满足了我对航空的持续热爱。我特别愿意坐在驾驶舱里，穿过薄薄的紫色晚霞，飞往我新的"卡米洛特"。我总是带上一只狗，让它趴在身后的地板上，和我做伴。

在空中的几个小时给了我足够的时间来思考登月计划到底意味着什么，但答案依然难以理解。也许再过一百年我们才能理解"阿波罗"计划的真正意义。月球探索并不等同于一座美国金字塔——一座毫无用处的科技纪念碑，它更像一个罗塞塔石碑——

一把开启未来梦想的钥匙。我们留给世人的遗产是人类不再被束缚在地球上。我们打开了通向明天的大门，我们到另一个天体的旅行将被认为是人类在智力成熟年龄段取得的最后胜利。至于投入，它是历史上最合算的一个项目。

有时候人们觉得"阿波罗"计划过于超前。肯尼迪总统把手远远地伸向 21 世纪，抓过来 10 年时间，妥帖地把它塞进 20 世纪的 60 和 70 年代。从逻辑上讲，"墨丘利"计划和"双子星座"计划之后，我们应该开始建造航天飞机，然后再建造环绕地球轨道的太空站，接下来才是登月。结果，我们先完成了几乎无法完成的任务，然后又回到了正常的发展道路。这一观点就好像在说路易斯和克拉克的探险队发现西北航道之后，我们年轻的国家就不应该再去跨过密西西比河一样。

我常常想起阿灵顿那个寒冷的冬天，我站在罗杰·查菲的墓穴旁，琢磨着那最后几声安息号是不是也意味着我们航天计划的丧钟。现在，我们已经去过月球，很显然，我们不仅经受住了"阿波罗"1 号火灾的磨难，而且取得了超乎我们想象的成功，现在的问题是："我们为什么没能继续走下去呢?"

我们的国家对那些最令人吃惊的成就都缺乏耐心和恒心。我们六次登月之后，也许在进行下一个计划之前需要花些时间思考一下我们都学到了什么，而太空实验室和航天飞机也是过渡时期值得投入的领域。后来，随着时间的推移，管理层的积极进取精神让位给了小心谨慎，除非成功有保证，他们甚至都不想尝试任何冒险计划。"挑战者"号航天飞机的爆炸（数百万人在电视上目睹了这一灾难）进一步促使管理层做出了似是而非的决定——让太空旅行成为没有风险的业务，这怎么可能呢？令人难过的是，我们曾经用 10 年的时间一路奔跑着登上了月球，这在今天即使国家意志和资金都没有问题（这本身就是个很大的问题），恐怕都要花上双倍的时间才能完成。

我一直认为自己的身体坚不可摧，但 1990 年罗恩·埃文斯在睡眠中逝去这一事实给我上了活生生的一课。一个在越南执行过一百次空中作战任务而且去过月球的人怎么这么容易就不在了呢？我一生中需要去做的最难的事情之一，是在他的葬礼上致悼词，但我在《高飞》这首诗中获得了安慰，我知道罗恩终于可以"伸手触摸上帝的圣脸"了。他是一个非常特别的人，我和他曾经一起踏上了一生中最难得的一次旅程。

尽管我俩依然没有多少共同点，但今天杰克·施密特和我是很好的朋友，这主要是由于我们有过一段非常独特的共同经历。现在回想起来，我意识到，他作为宇航员所承担的任务使他处于几乎不可能完成的境地，我们那时肯定不会轻易让他进入由具有男子汉气概的试飞员组成的小圈子。杰克是个难得的天才，他克服了各种障碍才踏上了月球表面，而且在月球上证明了在探索的道路上为什么应该有科学家的一席之地。

多年来，我与自己达成了停战协议——把登月的经历放在一边，通过有爱的家人、好朋友和具有挑战性的工作，来使自己生活在当下，而不是一直生活在过去。旧生活翻篇之后，我过上了一种全新的生活，而且感到特别幸福。

1984 年，我认识了简·南娜——一位可爱的黑发女士，她说她第一次看到我是在她家客厅的电视上，当时我从"阿波罗"17 号飞船上走下来。她当时说道："他们终于有了一个高个子的宇航员。"说完就把我和航天计划全都忘掉了，直到在休斯敦的一次聚会上见到我。1987 年，我们在爱达荷州太阳谷群山中的一个小教堂里结婚了，从此使我那种风雨交加、漂浮不定的生活有了稳定性和方向感，我看待生活时也有了新的、更加全面的视角。

这次婚姻也使我多了两个漂亮的女儿——凯莉和丹妮尔，现在，我有了不断增加的一群外孙和外孙女，包括特蕾西的一对双胞胎。这种个人成长对我来说是一种快乐，因为尽管我依然是个具有强烈进取心的竞争者，但不再被我太空时代的狭隘思维所左右。简、女儿们、她们的丈夫和下一代才是我关注的重点。哥伦布终于回归家庭了。

熟悉我的人都知道，我人生中还有一位非常重要的女士。当我面试完一位娇小、充满朝气的田纳西姑娘后（她来应聘我的秘书这个职位），我在民用领域职业生涯的最精彩部分就开始了。克莱尔·约翰逊是一位既温柔又刚毅的南方女性，她除了是我的拥护者，还是我非常特殊的朋友。

今天，我最喜欢的事情是待在我的牧场，喂养长角牛，或者满身脏兮兮地挖围栏的立柱坑。在凉爽的夜晚，开敞门廊尽头那石砌壁炉里的木柴"噼啪"地燃烧着，简和我看着小鹿来到池塘喝水，然后就在牛群里静静地吃草。我们的三只拉布拉多猎犬慵懒地趴在一起，外孙和外孙女们尽情地跑来跑去，让人有一种诗情画意之感。

在这样的夜晚，我喜欢看着圆圆的月亮慢慢升起，它是那么明亮。每次看到这样的景象，我的心立刻飞回到曾经被我称为家的那个山谷，我在那里有房子、工作和汽车，而且还开车上班。太阳照耀着大石头和群山，我会再次体验到那种绝对宁静的美妙感觉和我们的地球存在于太空的深刻认知。这种清晰的记忆和儿时的记忆没有什么不同，比如爷爷家农场里的谷仓和玉米地，或者爸爸妈妈带着我和姐姐到梦寐以求的地方去度假。有些东西不会因为属于遥远的过去而变得不真实。

在这样的一个夜晚，当月亮慢慢爬过山丘，我抱起 5 岁的外孙女阿什莉，就像在类似的一个夜晚我抱起她妈妈特蕾西一样。我心想她现在的年龄也许可以理解、记住而且也愿意听我的故事了吧。

然而，我还没有张口，她就指向天空，兴奋地说："姥爷，那有你的月球！"她每次看到月亮都这么说，我也不知道为什么。

我问她："小傻瓜，你知道月球离这儿有多远吗?"

她好像被难住了，这个年龄的孩子不可能理解这样的距离，于是我继续用她熟悉的词语对她说："它在天上非常非常远的地方，远到上帝居住的地方。姥爷乘坐火箭飞到那里，然后在月球上住了整整三天。我还把你妈妈名字的首字母写在了月球的沙地上呢。"

阿什莉又盯着月亮看了一会儿，然后再把目光转向我，她看到的不是她出生前那个时代一位身穿宇航服的高大英雄，而是她头发花白的姥爷。昆虫和动物开始了它们夜间的鸣唱，几只在阴影里跑动的羚羊引起了她的注意。她身体扭动了一下，想回去了，因为她睡觉前要给那几匹马喂胡萝卜。她又朝天上看了一眼，然后对着我说："姥爷，我不知道你去过了天堂。"

我想着她的话，心头一震，几乎有一种触电的感觉。她对生活那天真无邪的认知解开了我多年的疑惑。我的太空之旅不仅仅是为了月球，而是为了更丰富、更深刻的东西——我人生的意义，它不仅要由大脑里的事实来评判，而且还要由心灵的感受来评判。此时，我感觉自己又站在了另一个世界，看着我们的蓝色地球在漆黑的太空里慢慢转动。这个世界有太复杂的逻辑，太多的意图，如此美丽的世界是不可能意外造就的。我的使命不仅是探险者，而且还是来自外太空的信使——未来的传道者。

很多年过去了，我依然是最后一位在月球上行走的人。今天在地球上某个地方，有一位拥有坚定意志和勇气的女孩儿或男孩儿，她/他将从我这里拿走最后的登月者这一荣誉，把我们带回到属于我们的地方。

然后，她/他会说："来，让我告诉你们那里是什么样的情况……"

我紧紧地拥抱了一下阿什莉。她刚刚洗了澡，身上散发着清新的气息和活力，婴儿爽身粉的味道比远方月亮神的粉尘香脂清香多了。我有一个精彩的昨天，而简、孩子们和外孙外孙女们是我明天的希望。

我一边抱着满脸笑意的小姑娘走向马圈，一边说："是的，小傻瓜，你姥爷去过天堂。他确实去过。"

　　第三批报到的 14 位宇航员。左列（从后往前）：沃尔特·坎宁安、巴兹·奥尔德林、麦克·柯林斯、比尔·安德斯、艾伦·比恩和我。中列：迪克·戈登、克利夫顿·威廉姆斯、查理·巴塞特、拉斯蒂·施韦卡特和罗杰·查菲。右列：泰德·弗里曼、唐·艾西尔和戴夫·斯科特（美国国家航空航天局图片）

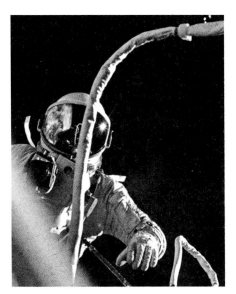

我在太空行走期间，与脐带线缆挣扯
（美国国家航空航天局图片）

"双子星座"9号溅落后，我与汤姆·斯塔福德和飞船
的合影（美国国家航空航天局图片）

约翰·扬、汤姆·斯塔福德和我进行"阿波罗"10
号的训练（美国国家航空航天局图片）

"阿波罗"10号发射前一天，汤姆·斯塔福德、约翰·扬和我与
泰德·阿格纽副总统分享笑话（美国国家航空航天局图片）

"阿波罗"17号壮观的夜间发射（美国国家航空航天局图片）

抵达月球，准备行动（美国国家航空航天局图片）